《科学传奇——探索人体的奥秘》系列丛书

细菌也疯狂

《科学传奇——探索人体的奥秘》
编委会　编著

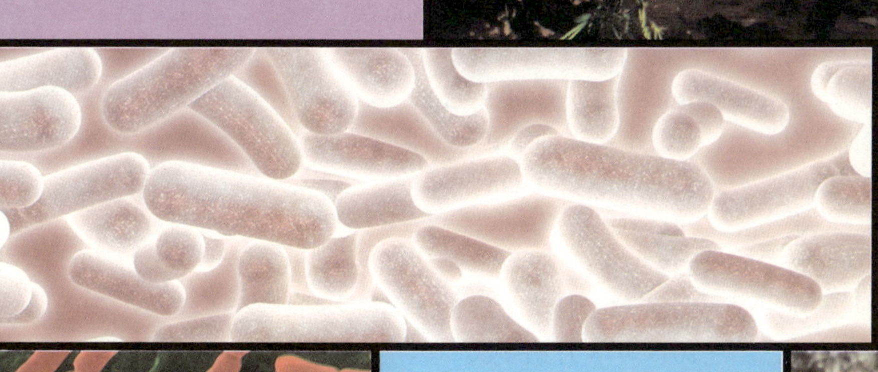

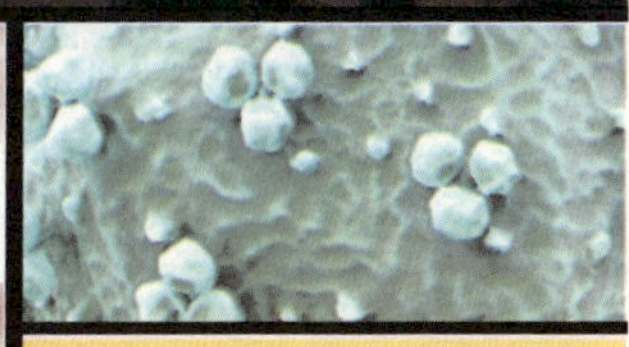

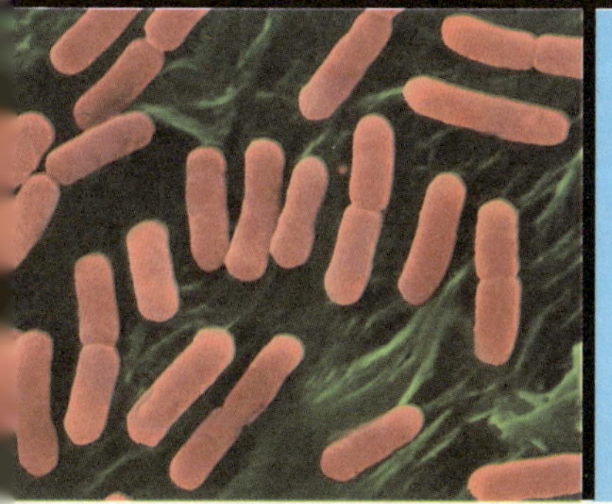

西南交通大学出版社
·成都·

图书在版编目（CIP）数据

细菌也疯狂 /《科学传奇——探索人体的奥秘》编委会编著. —成都：西南交通大学出版社，2015.1
（《科学传奇：探索人体的奥秘》系列丛书）
ISBN 978-7-5643-3508-3

Ⅰ. ①细… Ⅱ. ①科… Ⅲ. ①细菌－普及读物 Ⅳ. ①Q939.1-49

中国版本图书馆 CIP 数据核字（2014）第 252610 号

《科学传奇——探索人体的奥秘》系列丛书
细菌也疯狂
《科学传奇——探索人体的奥秘》编委会 编著

责任编辑	牛　君
图书策划	宏集浩天
出版发行	西南交通大学出版社 （四川省成都市金牛区交大路 146 号）
发行部电话	028-87600564　028-87600533
邮政编码	610031
网　　址	http: //www.xnjdcbs.com
印　　刷	三河市祥达印刷包装有限公司
成品尺寸	170 mm × 240 mm
印　　张	14
字　　数	227 千字
版　　次	2015 年 1 月第 1 版
印　　次	2017 年 8 月第 4 次
书　　号	ISBN 978-7-5643-3508-3
定　　价	28.00 元

前言：三界之外的隐秘王国

Foreword

微生物王国，一个充满传奇色彩的王国。

人类诞生之日，就免不了要与其纠葛不尽。

当呱呱坠地的婴儿还没来得及看清这个世界，微生物却已经做好移民的准备，在数小时内全部入住这个懵懂未开的世界，和他同生共长。

斗转星移，人类在感叹十年如一梦时，微生物却已发展得比人体的细胞还要多。对于这个在体重中占有绝对分量的王国，人类又知晓多少？

它们没有口，如何吃饭？它们没有胃，如何消化食物？它们没有脚，怎么行走？它们没有漂亮的衣服，为什么总是那么花枝招展？作为地球上最原始、最有生命力的生命，它们是否具有自己独特的生存法则和游戏规则？……

往昔，人类以为绿色的地球上，只有动物、植物。

显微镜的出现，改变了人类的视界，原来跳出三界之外，还有一个如此隐秘的王国。

它们无处不在，遍布大自然，遍及人体大部分角落，伴随人类终老，而人类却无缘得见，也无法摆脱。它们是敌是友？种种疑惑困扰着人类，而今答案呼之欲出。

不管人类喜欢与否，它们都和人类一起披荆斩棘，一路走来，不离不弃，相伴终生。直到人类轰然倒下，它们也随之消亡，这样的忠贞，即使人类的亲密伴侣也未必能做到。漫漫人生，演绎了多少人间悲欢离合，而在人体这个小小的舞台上，同样也上演了多少精彩的故事，下面，就让我们推开人体这扇门，一览微生物王国的秘密生活……

目录

Contents

第1章

第2章

第3章

Contents

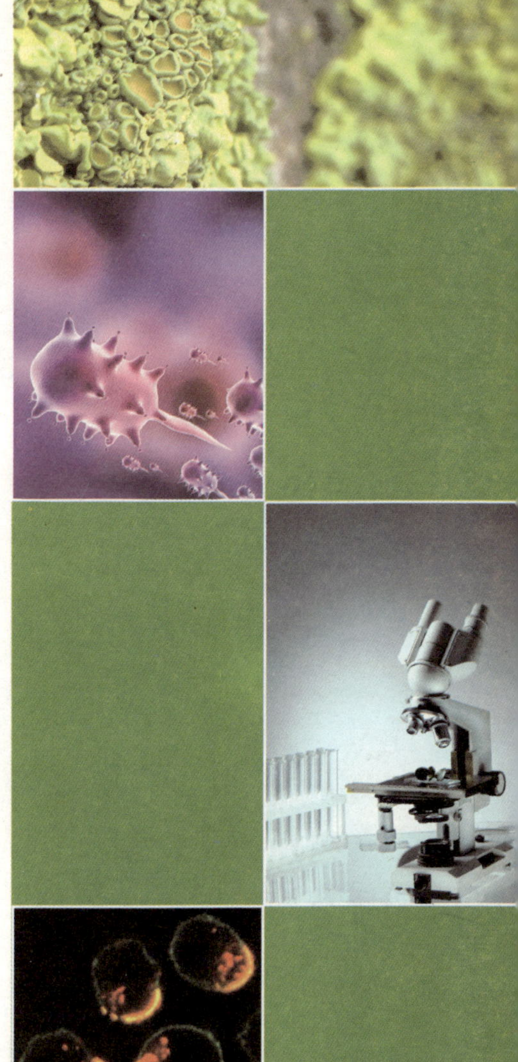

目录

Contents

第6章

第7章

第8章

Contents

PART 1

第1章

掀起你的盖头来

虽然我们菌类与人类在同一个聚集地交叉生活了几百万年，但却相识甚晚，这都怪我们太渺小了，人类根本看不到我们。可是这样的隐居生活就在三百多年前被打破了——一个名叫列文虎克的荷兰人第一次发现了我们。从此以后，我们头上的红盖头一点一点地被人类掀开，暴露于光天化日之下。

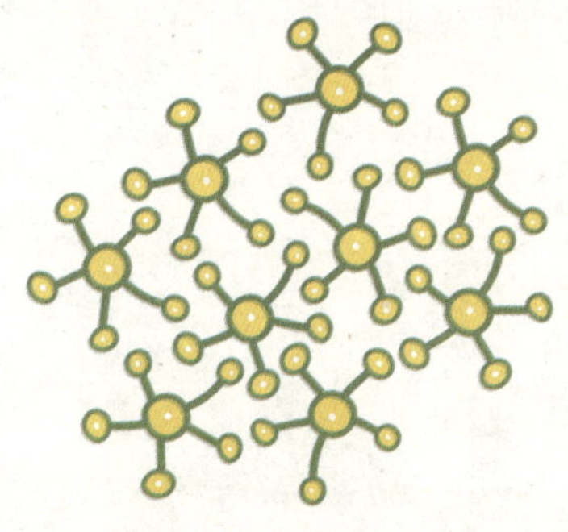

我的开场白

WO DE KAICHANGBAI

我，统驭着地球上最庞大、最神秘、历史也最为悠久的一个王国，关于我子民的传说一度让人惶恐不安，甚至是极度憎恶，纵使是进入后现代的文明社会，依然让人谈之色变。

其实我的子民只是一些“小不点”，小到人类无法用眼睛看到它们，只能借助现代技术，比如显微镜才能看到，而且还必须放大到几百倍、几千倍才能看到它的轮廓，它们的大小只能用微米（千分之一毫米）做单位来表示。它们被现在的人类统称为微生物，是一个无法用数字具体计数的庞大“小人国。”

而我，就是这个“小人国”的国王。作为微生物王国的国王，我对我的子民了如指掌，为了使大家真正了解我的子民，消除不必要的误解，我义不容辞地担负起我们王国对外宣传的使命，向人类揭开“微生物秘史”……

※　微生物王国是地球上最庞大、最神秘、历史也最为悠久的一个王国

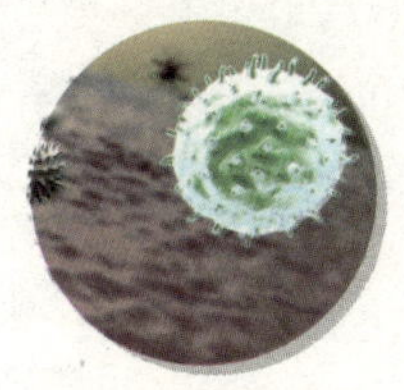

三百年前的惊鸿一瞥

SANBAINIAN QIAN DE JINGHONGYIPIE

虽然我的子民在人体上只有几十年的历史，但它们的祖先却是整个地球上最早的居民，居住史已经有35亿年了（地球诞生至今也不过46亿多年），而被各界生物惊叹为进化奇迹的人类，却只有几百万年的历史。虽然我们菌类与人类在同一个聚集地交叉生活了几百万年，但却相识甚晚，这都怪我们太渺小了，人类根本看不到我们。可是这样的隐居生活就在三百多年前被打破了——一个名叫列文虎克的荷兰人第一次发现了我们。他是一个读书不多，但却热爱科学，并富有刻苦钻研精神的人。在那个一切都很破旧和落后的年代，他有着一手高明的磨制放大镜技术，他用自己磨制的镜片，制作了一架能把原物放大几百倍的简单的显微镜。

※ 发现者：列文虎克

显微镜的发展历史

大约在16世纪末，荷兰的眼镜商詹森和他的儿子把几块镜片放进了一个圆筒中，结果发现通过圆筒看到附近的物体出奇的大，这就是现在的显微镜和望远镜的前身。

后来有两个人开始在科学上使用显微镜。第一个是意大利科学家伽利略。他通过显微镜观察到一种昆虫后，第一次对它的复眼进行了描述。第二个是荷兰亚麻织品商人安东尼·凡·列文虎克（1632—1723年），他自己学会了磨制透镜。他第一次描述了许多肉眼看不见的微小植物和动物。

1931年，恩斯特·鲁斯卡通过研制电子显微镜，使生物学发生了一场革命。这使得科学家能观察到百万分之一毫米那样小的物体。1986年他被授予诺贝尔奖。

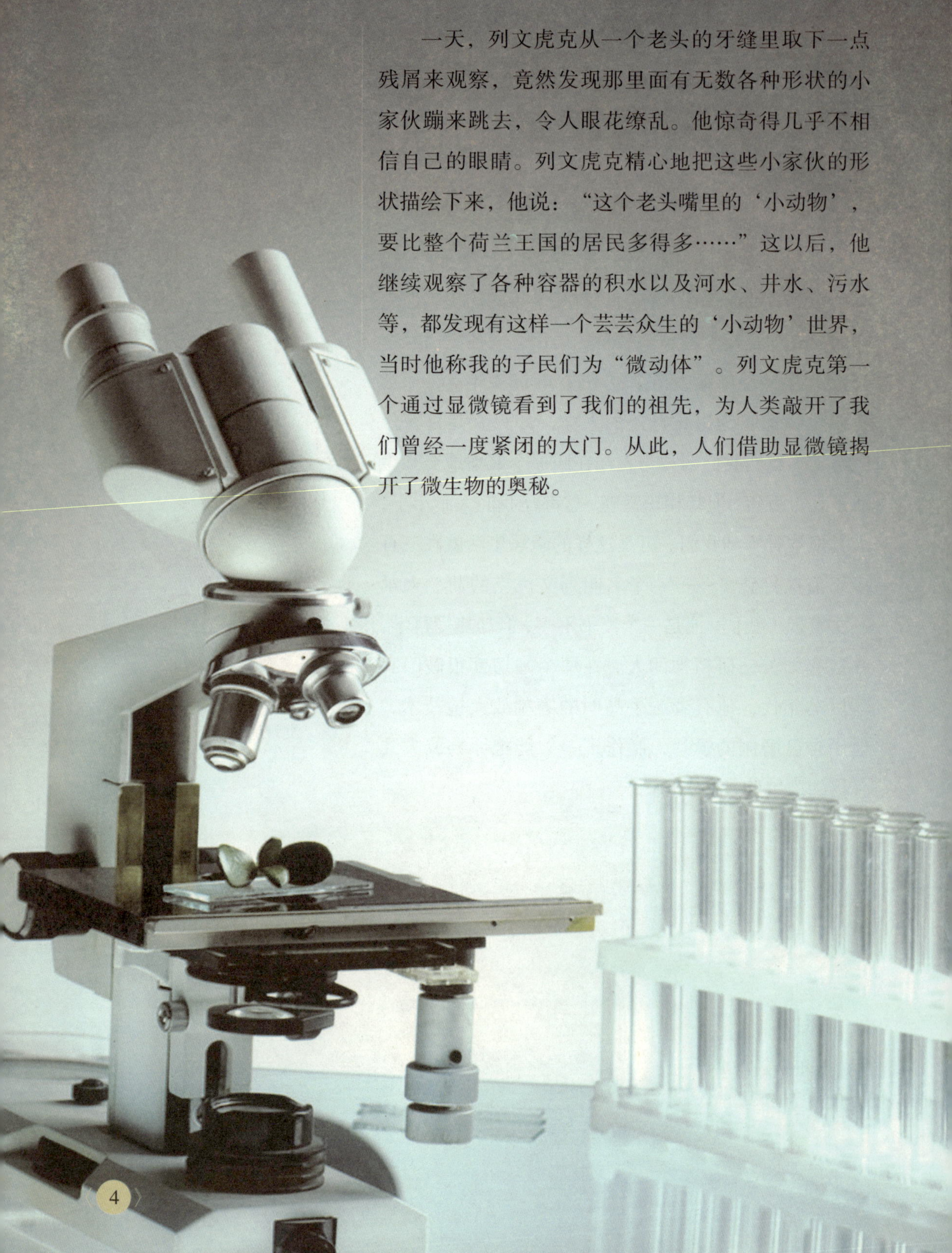

一天，列文虎克从一个老头的牙缝里取下一点残屑来观察，竟然发现那里面有无数各种形状的小家伙蹦来跳去，令人眼花缭乱。他惊奇得几乎不相信自己的眼睛。列文虎克精心地把这些小家伙的形状描绘下来，他说：“这个老头嘴里的‘小动物’，要比整个荷兰王国的居民多得多……”这以后，他继续观察了各种容器的积水以及河水、井水、污水等，都发现有这样一个芸芸众生的‘小动物’世界，当时他称我的子民们为“微动体”。列文虎克第一个通过显微镜看到了我们的祖先，为人类敲开了我们曾经一度紧闭的大门。从此，人们借助显微镜揭开了微生物的奥秘。

第一次交锋

DIYICI JIAOFENG

但是列文虎克仅仅是借助粗制的放大镜看到了我们的模样，就像人类现在通过天文望远镜看到满天的星星一样，仅仅证明我们是存在的。

真正把我这些微生物子民与人类纠缠在一起的却是巴斯德，当时酒业虽然是新生产业，但却盛极一时，一堆甜菜 = 一杯美酒，这个换算方式勾起了巴斯德的好奇，俗话说好奇心能杀死一头牛，而巴斯德的好奇心使他发现在甜菜根汁里有无数的小皮球滚来滚去，过了不久，小皮球上长了一个突起，突起长大后，又成为一个新的小球，在这循环不断的过程中，甜菜根汁就“发酵”了，然后成了眼前杯中的美酒。他明白了，自己所看到的小皮球原来是酵母菌，在没有氧气的情况下，它能使糖分裂，变成酒精和二氧化碳，这就是酿酒的关键环节。然而好景不长，他发现芳香可口的啤酒变成了酸得让人咧嘴的黏液，只得倒掉。巴斯德在显微镜下观察，啤酒变酸后，酒液里有一根根细棍似的乳酸杆菌，这在以前的观察中是不存在的，一定是这种“坏蛋”在营养丰富的啤酒里繁殖，使啤酒“生病”的，巴斯德想。他把封闭的酒瓶放在铁丝篮子里，泡在水里加热到不同的温度，试图既杀死乳酸杆菌，而又不把啤酒煮坏，

※　微生物的奠基人巴斯德

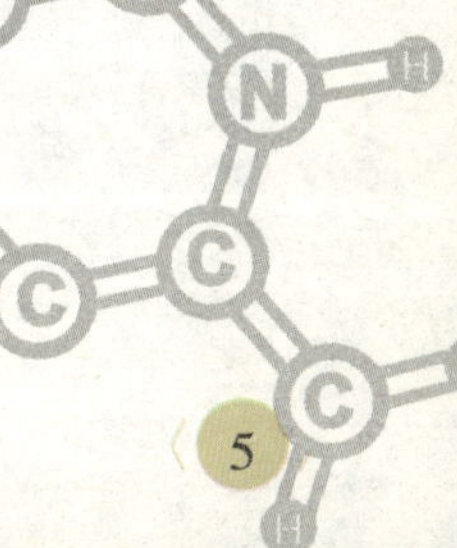

※ 微生物的奠基人巴斯德

经过反复多次的试验，他终于找到了一个简便有效的方法：只要把酒放在50~60摄氏度的环境里，保持半小时，就可杀死酒里的乳酸杆菌，这就是著名的“巴氏消毒法”。

此后，巴斯德又解决了鸡霍乱，牛、羊炭疽病和狂犬病等长久困扰人类的疾病，并首次制成狂犬疫苗。

猎人的武器

LIEREN DE WUQI

如果巴斯德能够称得上微生物的奠基人，那么罗伯特则是微生物猎人，尽管罗伯特·科赫是一个矮小、严肃和近视的德国人，但显微镜弥补了他的这一遗憾。他在显微镜中看到了一些形如小杆的怪物。有时候这些“杆子”是短短的，或许仅有几条，在血液中漂流着，微微颤动；漂浮着的小杆繁殖起来了，一只成了两只，且在不断增多，杆成了线，无数根蜿蜒不尽的线纠缠成了理不清的无色线团。这是能暗暗杀死人和动物的有生命的线团。只要这些小杆子进入人或动物体内，就会繁殖成几百万个线团，挤满血管，挤满肺，挤满脑。这就是炭疽病的元凶——炭疽杆菌，能够让白天还快活奔跑的肥羊到晚上就

※ 微生物猎人科赫

生物战剂——炭疽杆菌

炭疽杆菌其实是一种细菌。正常情况下，用煮沸、干燥等方法能使细菌死亡，但炭疽杆菌有一种特殊的“壳”——芽孢，这种芽孢使得一般的消毒方法不能将其内的物质变性，从而不能轻易将细菌杀死。待环境条件变好时，“壳”里面的物质会像“发芽”一样长出来，又成了能够繁殖的细菌。正因为炭疽芽孢杆菌的这种性质，它成了最早采用的细菌战剂，至今仍在沿用。

炭疽杆菌，它作为生物武器的久远历史可追溯到第一次世界大战。在第二次世界大战时期，英国也在发展生物武器，在大西洋的一个小岛上，试验过一枚炭疽炸弹。从那以后，那个岛上的食草动物消失了。多年以后，英国政府似乎想挽回这个错误，派出海军，在那个岛上遍地钻孔，用海水稀释甲醛加压灌注全岛 1 米深的土壤，意欲消灭炭疽杆菌及其芽孢，结果弄得岛上寸草不生。

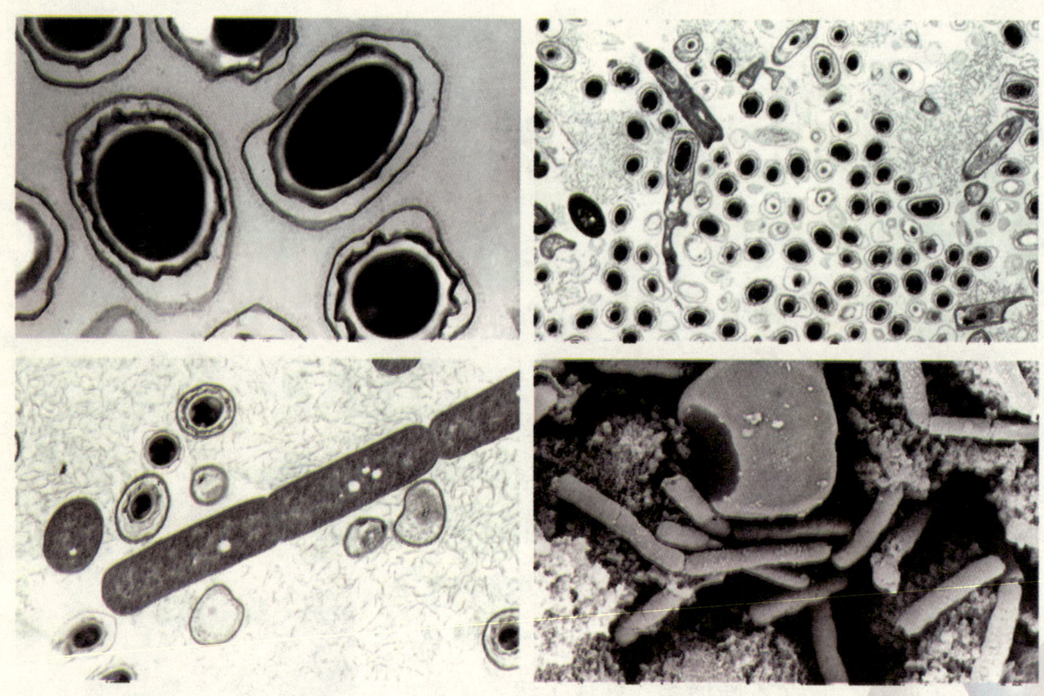

※ 不死之身——炭疽杆菌

不吃食了，第二天早晨已冰冷僵硬，血液黑得吓人；能够让人类身上长出疮疖，或患上急性肺炎，直到咽下最后一口气。

他第一个真正确定了某一种微生物引起某一种疾病，确定了不起眼的小杆菌是可以暗杀动物的凶手。

科赫又发现所有死于炭疽病的动物，必须在死后立即烧掉，若不烧掉，就应该深埋到地下，那里土的温度低，杆菌不能变为顽强长寿的芽孢。科赫给

世界防治结核病日——3 月 24 日

1982 年，世界卫生组织为纪念 Robert Koch 先生发现结核杆菌 100 周年，将每年的 3 月 24 日定为世界防治结核病日，目的是引起全社会对防治结核病的重视。当排菌病人咳嗽、打喷嚏、大声说话时喷出带有结核菌的飞沫，被健康人吸入肺部就可能造成感染，而使人患结核病。一个传染性肺结核病人一年中平均可传染 10~15 人。咳嗽、咳痰、咯血、胸痛、消瘦、食欲不振、盗汗、月经不调等，尤其是连续咳嗽、咳痰两周以上，就更应怀疑是否得了肺结核。

了人类一把宝剑，教会人类怎样与致命微生物斗争，与潜伏的死亡作战。

炭疽杆菌被一把火焚烧了，同时也焚烧了科赫的一块心病，他开始把注意力集中到结核病人身上。当时整个世界都弥漫着对结核的恐惧，而且其传播迅速。解剖时科赫发现人体内每一个器官全是星罗棋布的灰黄色米粒样颗粒。科赫取出一些颗粒，通过无数次的染色、观察，终于有一天透过显微镜，在灰色的朦胧中，他看到破损的病肺细胞中间躺着一堆堆奇异的杆菌，杆菌呈蓝色，非常细小，还有些小弯小曲。比炭疽杆菌小多了。这就是结核杆菌，能够攀附在空气微尘中四处乱窜。

这一消息震惊世界，在结核杆菌肆虐的那个时代，科赫成了英雄，而我们的祖先就这样被科赫征服了。

以至于在以后的岁月里，很多后来者在巴斯德、科赫等工作的基础上，对我们的研究开始规范化，特别是在免疫机制的研究上，形成了两个学派。俄国动物学家、免疫学家 И. И. 梅契尼科夫在研究炎症时发现一个奇怪的现象，血细胞内的微生物莫名其妙地消失了，他认为它们都被细胞吃掉了，从而得出血细胞具有防御微生物侵袭的作用。R. 科赫则主张体液论，认为免疫依赖血液和体液中诱导出来的某些因子，这为以后免疫学说的发展提供了重要的依据。

※ 白色瘟疫——结核杆菌

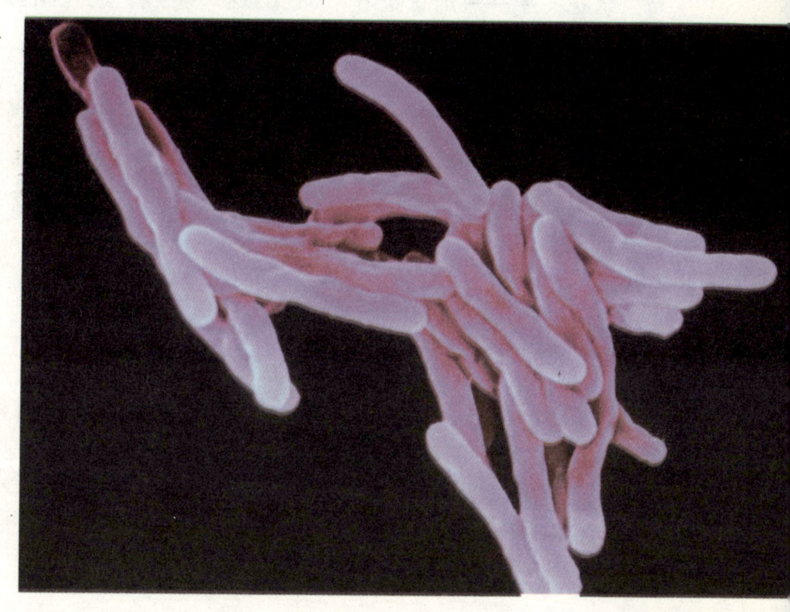

无处藏身

WUCHU CANGSHEN

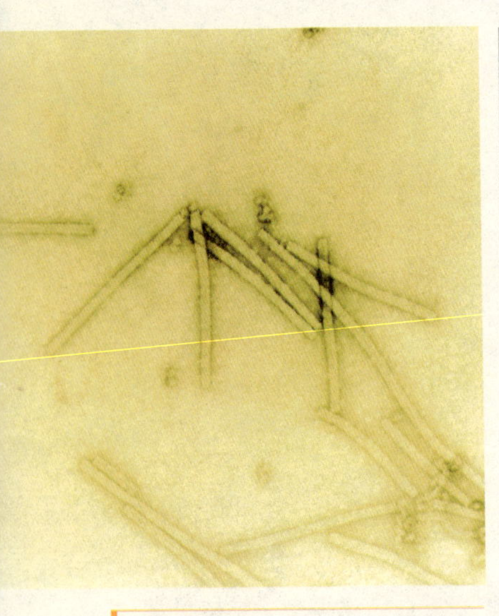

※　绣花高手——烟草花叶病毒

尽管人类用显微镜发现了我们，但仅仅是我们其中的一小部分，大部分微生物还是隐藏在人体最深处，悠闲地过着小日子，特别是病毒，一个比细菌还小的微生物，它们的生活更隐秘，但是聪明的人类还是把它们给挖掘出来了。就在1892年，很多烟草叶上布满了花斑，俄国微生物学家伊万诺夫斯基在这些花斑里发现了花叶病原体，这种病毒体格极小，能通过细菌过滤器（光学显微镜不能窥测的生物，称之为过滤性病毒。）。二三十年后，特沃特和埃雷尔发现了一个靠吃细菌为生的小家伙，人类根据它的这一特点，把它叫做噬菌体（具体详见第7章）。这是揭开非细胞微生物——病毒奥秘的开端。

青霉素过敏

青霉素具有杀菌力强、毒性低等特性，在医院是常用药物，既经济疗效又好，但过敏反应严重时，可以致死，甚至口服或皮试也可因过敏而致死。在人群中，有1%~8%的人对青霉素过敏。任何年龄，任何剂型和剂量，任何给药途径，均可发生过敏。

青霉素过敏反应发生的原因还不完全清楚，根据目前研究，认为有以下几点：

（1）药物刺激人体产生免疫反应。

（2）青霉噻唑蛋白是主要致敏物质。青霉素进入人体后，会很快排列成青霉烯酸，进而分解为青霉噻唑酸。这种青霉噻唑酸可与人体尤其是高度过敏性体质组织内的γ-球蛋白和白蛋白结合成青霉噻唑蛋白，引起过敏。

（3）药物本身含杂质，直接致敏。

病毒浮出水面，让人类大为恐慌，但是开始让我们恐慌的事情也随即发生，在19世纪40年代，J. 莱德伯格发现我们中的细菌一族并不都是过着光棍生活，它们也有配偶，在繁衍后代方面也是有性杂交，而M. 德尔布吕克发现了噬菌体的交叉重组现象，从而证明我们和其他生物遵循着同样的遗传规律。这为人类后来对我们斩草除根埋下了隐患，我们的头号死对头是亚历山大·弗莱明，他是一个视觉极尖锐的人，他的一生都是在“观察”中度过的，而他所观察的对象就是我们这些被关在培养碟里的葡萄球菌（一种能使伤口化脓的细菌，具体详见第4章），每当他用那双锋芒锐利的眼睛刺探我们的时候，那种必胜的信心，常使我们局促不安，我们都有一种预感：早晚有一天我们要倒霉在这个家伙手里。果然，在一个阳光明媚的早晨，他发现有一只培养碟被绿色霉菌污染了，而在这绿色霉菌的周围，竟出现了一圈空白的地方，所有原来生长的葡萄球菌全都被消灭了。原来空气中的一粒微尘长出的绿色霉菌，正在生长并消灭了那些葡萄球菌。当时弗莱明所看到的那粒“微尘”，正是能产青霉素的青霉菌的孢子。弗莱明明白了原来青霉菌可以使致病菌溶化。

自弗莱明发现青霉素以来，只不过短短几十年历史，我们的生活大受限制，我们的杰作肺炎、骨髓炎、败血症、脑膜炎、梅毒等病症曾经使大量的人类死于非命，但是今天——抗生素时代里，我们再也没有这样的能力，弗莱明也由此受到人类的尊敬，被人类誉为“抗菌素之父”。但我的子民并不喜欢他。

如今人类组建了各种研究所来研究我们微生物

※ 抗菌素之父弗莱明

家族，在小小的显微镜下偷窥我们的隐私，我们在人类面前日渐失去神秘感。很多子民为了维护自己的隐私权，纷纷变异，以期回到过去要风得风、要雨得雨的风光里，即使不能恢复从前，哪怕回到古文明的中国时代也行——那时，曹操向皇帝上疏提出一种“九酝酒法”，也就是连续投料的方法，防止由于糖度过高抑制我们的生长，影响发酵的效果。想想那时候的生活，小日子过得多快活啊！他们只是喂饱我们，然后让我们干活——酿酒、酿醋、制酱、治病，但是现在我们知道，我们再也回不去了。我们头上的红盖头在一点一点地被人类掀开，暴露于光天化日之下。

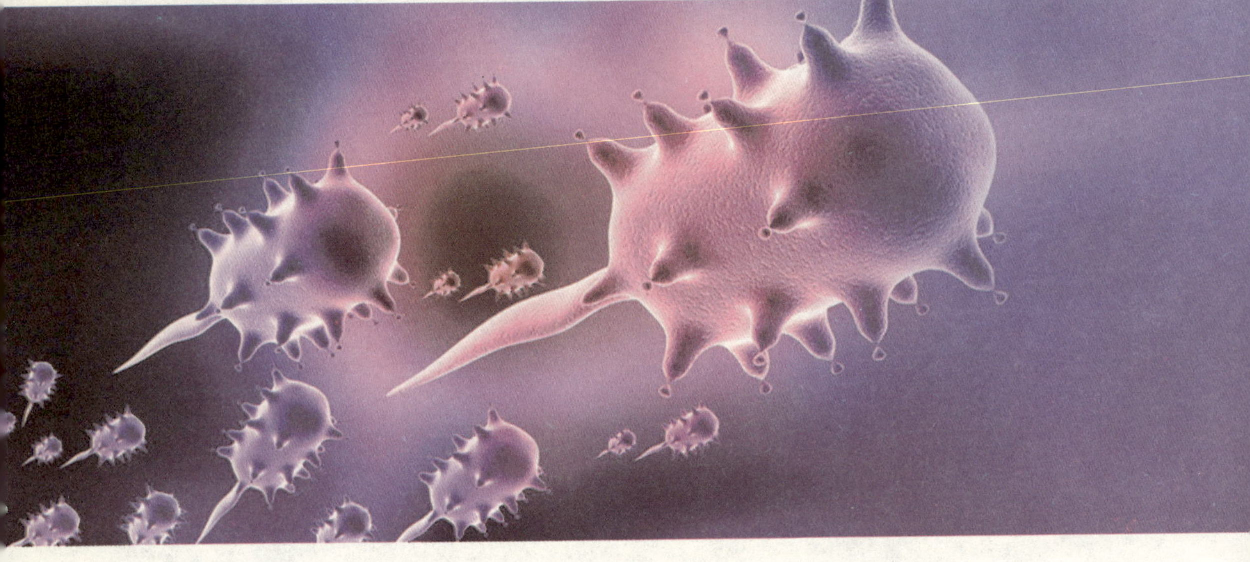

PART 2

第 2 章

抢占新大陆

当一个新生儿呱呱坠地的时候，就有一个新大陆即将诞生。在新的着陆点上，形形色色的细菌为了争抢最佳位置而挤破脑袋，甚至发生争斗。这种争斗会一直延续终老。

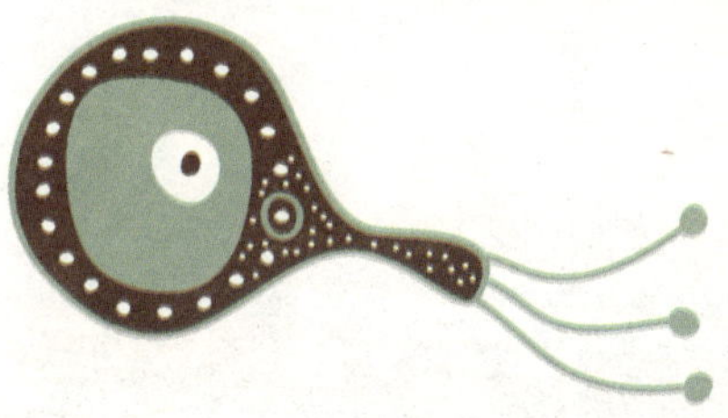

我的开场白

WO DE KAICHANGBAI

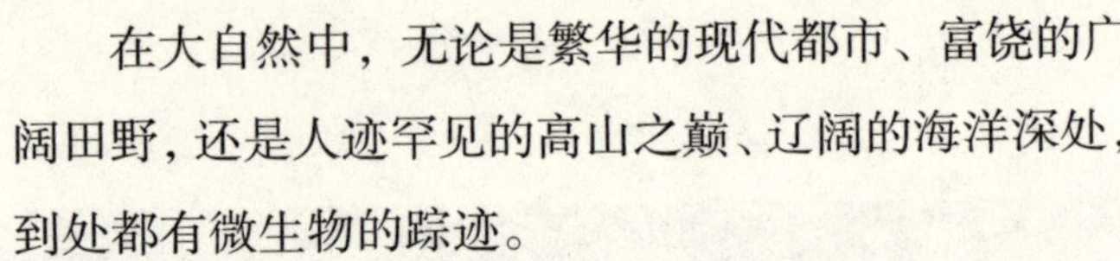

在大自然中，无论是繁华的现代都市、富饶的广阔田野，还是人迹罕见的高山之巅、辽阔的海洋深处，到处都有微生物的踪迹。

而我的王国，不过是整个微生物界的一小部分，就像沙漠中的一粒沙，对整个微生物界来说，根本就算不了什么。尽管目前，人体内的正常菌群总量已重达1271克，其中肠道1000克，皮肤200克，口腔、上呼吸道和阴道各占20克，鼻腔10克和眼部1克，也许这些数字太微不足道了。可是如果用“个”为单位，那可谓惊为天数，扫描一下我的王土，你会发现，细菌总数比人体细胞数还要多得多，大约是全身细胞总数的10倍。按每平方英寸（1英寸=2.54厘米）体表面积平均寄生着3200万个细菌算，人体上共寄生着1000亿个细菌。

※　在大自然中，无论是繁华的现代都市、富饶的广阔田野，还是人迹罕见的高山之巅，到处都有微生物的踪迹

经过这几十年的发展，我们的队伍壮大了很多，但每一个国度的诞生，都有一段血泪史，在微生物的世界里，这部血泪史可能更残酷……

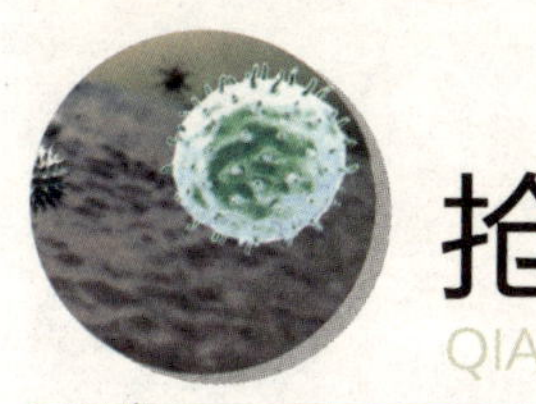

抢占新大陆

QIANGZHAN XINDALU

当一个新生儿呱呱坠地的时候，微生物就嗅到一个新大陆即将诞生，果然，几个小时后，在新生儿体内出现了我的子民。

我的子民最先进入的是人类的皮肤，它们之所以选择皮肤为最初着陆点是因为新生儿在出生时，皮肤最先接触到空气，而空气里漂浮着的一些尘埃，正是微生物攀附与居住的地方，这些趴在尘埃上的微生物依靠风力和空气的浮力游走在自然界中，一些幸运的微生物随着这些尘埃落脚在新生儿的身上，成为我最早的子民。当微生物在皮肤落脚的同时，另一个大部队也开始登陆人体。新生儿来到这个世界的时候，第一个动作是呼吸，新生儿在呼吸的时候产生一定的气压，形成一个涡旋，犹如龙卷风一样，将微生物卷入人体的呼吸系统，再经过鼻腔、气管、肺，它们一路飘落下来，就像随风的树种子一样，落在哪里就在哪里生根发芽，从而定居下来。

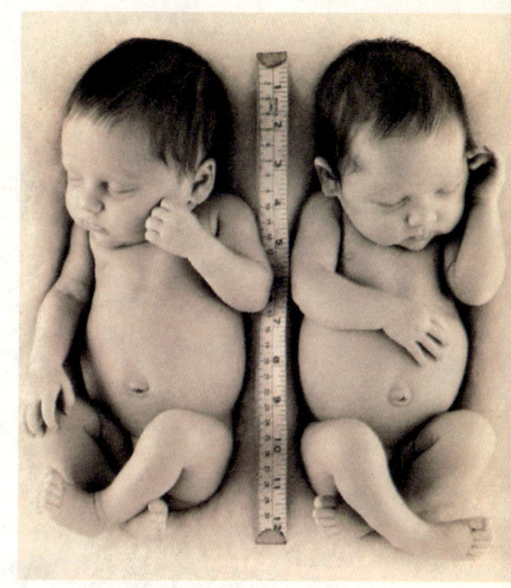

※　新大陆的诞生

奇妙的人体皮肤

人体皮肤的温度不像体温一样恒定，人体组织器官和皮肤随部位不同会有很大的差别。

人类的皮肤是可以呼吸的，但呼吸量极小，不足以供应人体正常的新陈代谢所需，所以人不能生活在水里。

人类的皮肤有六种不同的颜色，即红、黄、棕、蓝、黑和白色，这主要是皮肤内黑素的数量及分布情况不同所致。

呼吸的有趣数字

一个正常的人，一天差不多要吸入超过 2000 加仑（1 加仑 =4.546 升）的空气。

人体每天约要呼吸 28000 次。

鼻腔，是呼吸系统的第一道防线，清除了从空气中进入鼻腔的“脏物”。

气体交换最主要的场所是两肺，共有肺泡 3 亿个，总面积约 70 平方米。

经过三个小时的努力，我的这些原始子民开始稳定下来，繁殖后代。

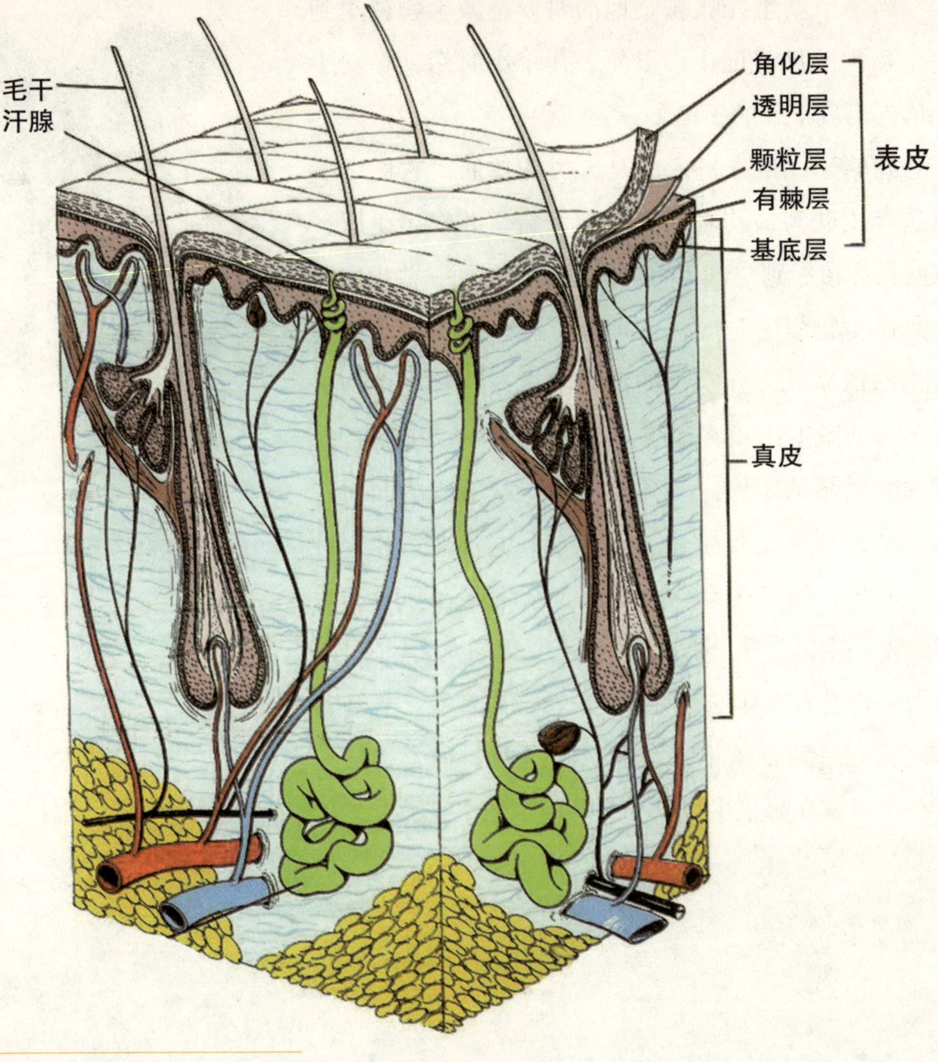

毛干
汗腺
角化层
透明层
颗粒层
有棘层
基底层
表皮
真皮

※ 人体最初着陆点——皮肤

地盘争夺战

DIPAN ZHENGDUOZHAN

其实我王国目前的格局还不是这样的，在 4~6 个小时后，新生儿开始另一个生命活动——饮食，很多细菌随着母亲的奶水缓缓进入胃肠。不过，由于胃分泌胃酸，胃酸具有很强的杀菌作用，这种杀伤力不但让整个胃内都空无一菌而且还波及小肠中上半段即空肠和回肠段，使空肠与回肠也一样处于荒芜状态。不过不要以为这里会一直这样，一旦胃功能障碍，如胃酸分泌降低，尤其是人类患胃癌时，很多细菌便会蜂拥而来，包围整个胃肠部，使当初的一个空城瞬间挤满了微生物，这些菌民大多为八叠球菌、乳酸杆菌、芽孢杆菌等。

可见，胃液的 pH 决定着胃部落的将来走向，是控制胃中细菌生长的主要因素。

但是，胃液并不能将食物中的细菌全部杀死，一些跑得快的细菌随着食物迅速下滑到肠部。肠道是一条弯弯曲曲却很狭长的通道，犹如人类的万里长城一般，盘旋于整个腹部。这里是我王国中最大的部落，共寄生着 100 多种细菌，其数量超过 100 万兆个，占人体微生物总量的 78.68%，人体的粪便中有 1/3~2/5 是微生物。我的这些子民无处不在，花团锦簇般成团成簇地生活在人类的肠道内，它们不但数量庞大，而且层次也很复杂，在不同的肠段居住着不同的子

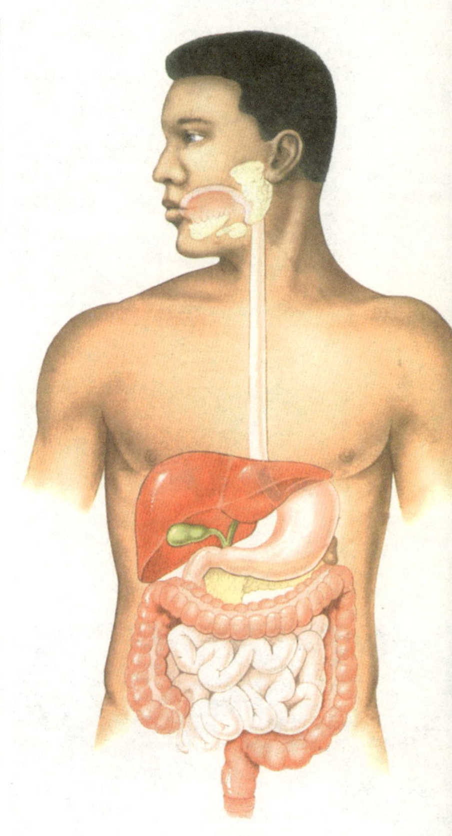

※　人体微生物王国最大的部落——肠道

胃液的故事

一开始有人认为食物在胃内进行发酵、腐败形成食糜。

后来有一名叫若穆的法国人用实验直接证明了，食物在胃内是被溶解而不是发酵。若穆还被认为是第一个采取纯净胃液的人。

一名美国军医利用一个腹部受枪伤，伤口未能愈合而永久性胃瘘的人，观察到胃液只有在进食后才引起分泌。

巴甫洛夫研究得出，如果一个人进餐后胃液分泌量过少，将出现消化不良或萎缩性胃炎等病症。

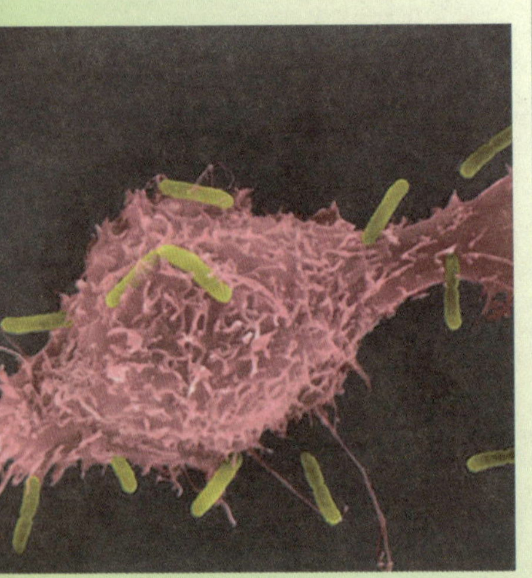

※ 人体免疫细胞

民，它们在自己喜欢的地盘上成家立业，其中在胃十二指肠区居住的是乳杆菌、酵母菌；在空肠区和回肠区生活着乳杆菌、链球菌、大肠埃希菌。

庞大的菌群、复杂的层次，人类的很多疾病大多出自于此，如腹泻和肠炎等，某些细菌甚至还能导致人体肥胖，所以肚子是人类最敏感的地带。

看来，人体的确是我这些子民的欢乐谷和梦中天堂。不过，有人的地方就有硝烟，有细菌的地方自然也免不了争夺地盘。我的子民争夺地盘的方式可不同于人类，它们不会打打杀杀，刀兵相见，而是采取公平竞争的方式。

竞争！当然是数量越多越有优势，我的子民经过一段时间的生长繁殖后，会越来越多，直到达到1000亿左右才会基本稳定下来，而人体细胞也不过100多万亿个，我的子民数相当于人体细胞总数的10倍。由于有这么多的子民，各种危机接踵而来：首先就是食物无法满足这么多微生物的胃口，导致食物供不应求；另外，微生物越来越多，而可供我们生活的空间有限，这样，环境越来越狭小；再加上细菌在生长繁殖过程中所分泌的毒性物质排到菌体外，使生存环境受到极大的污染，在这样的环境中有的子民会被饿死，有的会被毒死，有的甚至会被挤死。不过，这种情况一般不容易发生——人体的免疫系统会出面调停。因为微生物的大量繁殖，不仅能导致菌群失调，而且也会给人体带来很大伤害，于是，人体的免疫系统就会派出大量的免疫细胞，吞掉大量的微生物，直到菌群重新达到平衡，免疫细胞才会被免疫系统召回。

不亚于攻城略地

BUYAYU GONGCHENGLUEDI

尽管逃离了生死劫，避免了种族灭绝的危险，但我的子民并没有上得九重天，它们仍然面临很多严峻的考验。

由于我的子民刚刚进驻这块领地，对这里还不够了解，哪些地方可以去，哪些地方不可以去，哪些食物可以吃，哪些是不能吃的，哪些细胞对自己是友善的，哪些细胞是致自己于死地的，这些它们都一无所知，所以只能小心翼翼地摸索着前进。

刚开始，我的子民吃了不少亏，首先表现在着陆人体方面。人体并不是任何微生物都能够进入的，要经过三道防线，第一关就是要通过皮肤黏膜屏障，皮肤黏膜会将人体保护起来，使人体对外界形成一个密闭的系统，当有害物质要侵入人体时，它们会把外界致病因素阻挡在体外。只有具备很强突破力的微生物才能够幸运进入，大部分微生物眼看突围无望，只能继续留在大自然中，寻找新的合适的入住地。而幸运闯关进入体内的微生物还面临另一个危机——它们会受到组织中吞噬细胞的攻击和吞噬。例如，化脓性球菌被吞噬后，5~10分钟内死亡，30~60分钟被消化。而有些菌类则由于自己的特性而侥幸不死，如结核杆菌、布氏杆菌、军团菌、伤寒

人体“卫士”——吞噬细胞

吞噬细胞包括小吞噬细胞和大吞噬细胞。

吞噬细胞寿命可长达75天左右。

在人体的新陈代谢过程中，有相当数量的细胞因各种原因受损或者完成自身使命而死去。那些完成使命而濒死的细胞不仅会作出“自我标记”，而且会释放出一种特殊物质，诱导吞噬细胞前来结束自己的生命。

我们的血液内有无数个“卫士”在24小时值班、巡逻，当外来异物进入人体后，这些吞噬细胞就会对其发动攻击，把细菌或病毒吞进去，再通过酶把它们水解掉。

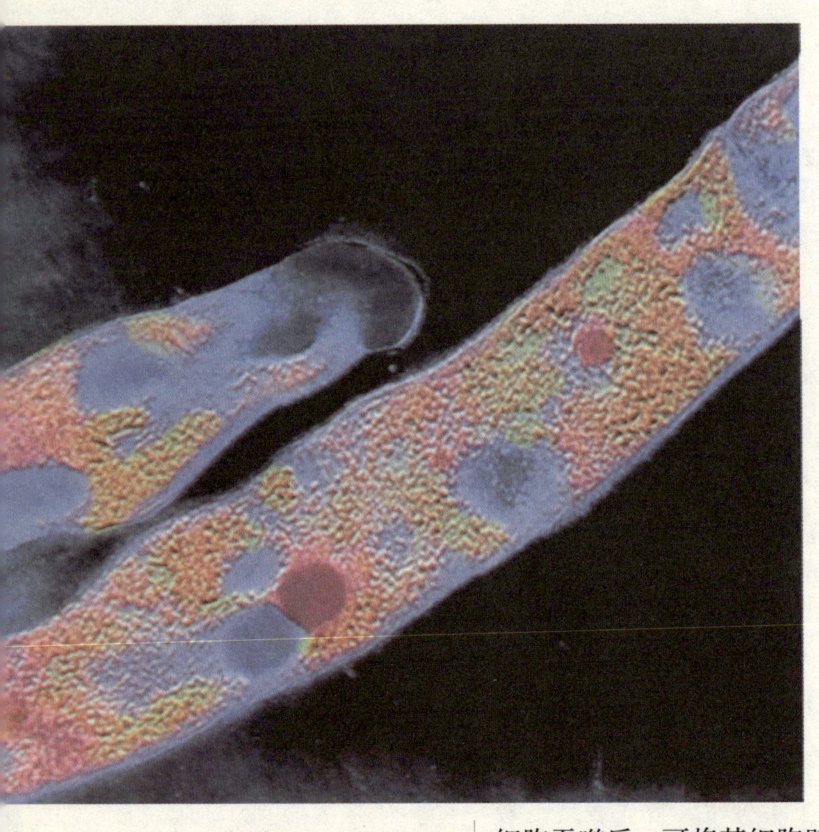

※ 结核杆菌

杆菌、麻风杆菌等毒力强的细菌，在被吞噬细胞吞噬后还能在吞噬细胞内生存，并随吞噬细胞的游走在体内扩散。因为这些菌类可以抑制吞噬细胞的吞噬消化功能。如结核杆菌菌体成分中的硫酸脑苷脂可以抑制吞噬体和溶酶体的融合，使溶酶体内的各种杀菌物质不能向吞噬体中释放，因此结核杆菌虽然被吞噬，但人体却无法对它进行消化和降解。军团菌也是如此，它被吞噬细胞吞噬后，可将其细胞壁表面的脂多糖插在吞噬体膜表面，抑制吞噬体和溶酶体的融合，从而抑制了吞噬细胞的消化杀菌作用。

虽然部分微生物躲过了此劫，但也使进入人体的微生物锐减大半；但这还不算完，还有更严峻的考验——在面对吞噬细胞的同时，还要面对体液内的补体系统。补体是人体万里长城的重要成员之一，它并不是一个单独的成分，而是由许多蛋白质组成的一个复杂系统，补体经过激活程序后，可以在细菌细胞膜表面打洞钻眼，损伤细菌的细胞膜而起到杀菌作用。补体活化后的一系列裂解产物还可以增强吞噬细胞的功能。所以我的很多子民都葬身在它的虎口里。

别以为通过了三道防线就可以高枕无忧了，也许微生物很爱人体这个地方，但这不过是单相思罢了，人体未必就欢迎我们。由于微生物的到来，人体最初会显得很不适应，会出现湿疹、感冒、腹泻等疾病，人类为了恢复自己的健康状态，往往会采取强硬措施，杀死它们，例如利用细菌的天敌——抗生素来镇压它们，抗生素是一种霉菌，用来以菌杀菌，以毒攻毒。只要抗生素霉菌和病菌同在任一个小空间中（即

※ 由于微生物的到来，人体最初会显得很不适应，湿疹就是人体的一种不适反应

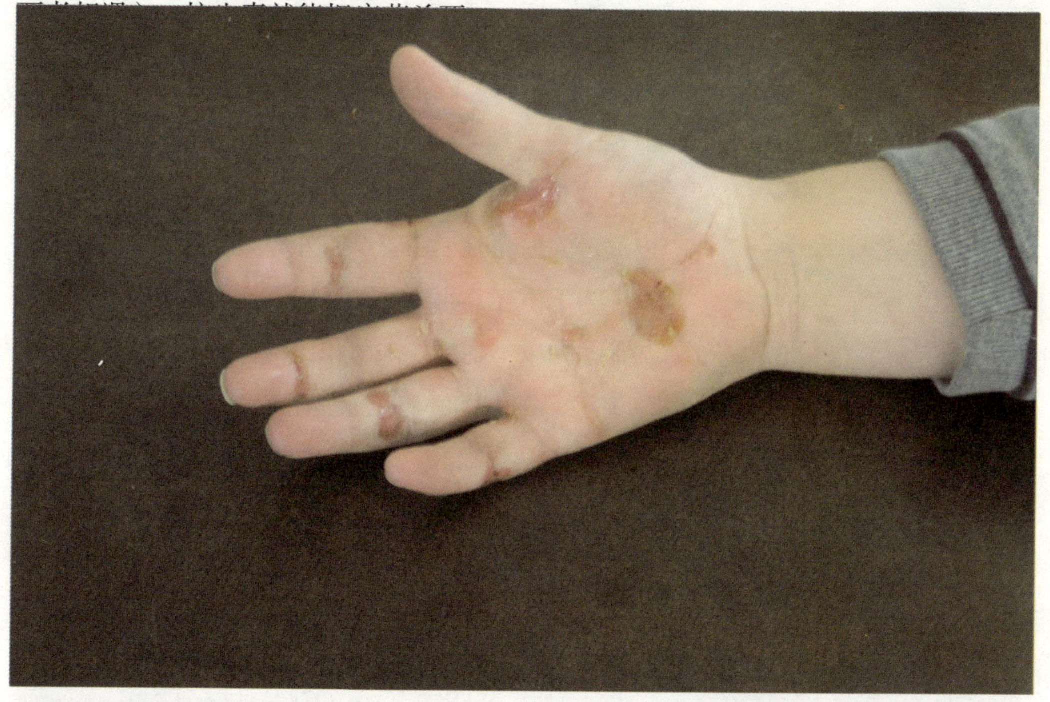

抗生素与细菌的博弈

1928 年，亚历山大 · 弗莱明发现了青霉素，传染病无药可治的历史一去不返了。

1946 年，即抗生素在二战中广泛使用仅 5 年后，医生们发现青霉素对葡萄球菌不起什么作用。这没有难倒药物学家，他们发明或发现新的抗生素（往往是从在他们访问异国他乡时，作为纪念品带回的土壤样品中发现的）。在这些新的抗生素强攻之下，微生物又一次屈服了。但细菌又重新聚集起来，其变种具有抵抗最新药物作用的能力。只要有新药出现，就会产生新的细菌变种。竞赛就这样进行着。

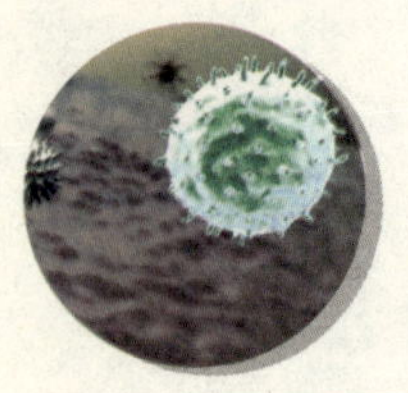

先入为主——生存的变数

XIANRUWEIZHU——SHENGCUN DE BIANSHU

尽管经过这么多的磨难，我的子民还是选择继续留在这个地方，因为人体是一块肥肉，可以让自己过上衣食无忧的生活。当然想吃这块肥肉的并不只是它们，一些外界微生物尽管被阻隔在外，飘向其他地方，但是一些后继者还是挤破脑袋蜂拥而来，大有不攻破这块堡垒誓不罢休的架势。所以我的子民在面临内部考验的同时，还要严防外界微生物的入侵。

为了生存，我的子民不得不为食物、地盘而战，与那些初来乍到的外来菌相比，我的子民算得上是常住菌了，在人体细胞上最先占到了位置，与细胞得到了完美的结合，一些后来的微生物就很难再找到合适的细胞入位。由于这层先入为主的关系，所以在这场战斗中，我的子民占有天然的地理优势，再加上我的子民在数量上占有绝对的优势，在营养竞争方面压倒处于劣势的游走微生物，加上整个菌团的凝聚力，在人体上犹如修筑了铜墙铁壁，坚不可摧。能够成功攻破的外来菌微乎其微，即使有极个别的能够进来，也无法生存，毕竟微生物王国也是一个弱肉强食的世界，在强大的对手面前，要么被饿死，要么被吞噬，要么因水土不服而死亡……

不过呢，老虎都有打盹的时候，我的子民也会有身体欠佳的时候。例如当它们处于不利环境或者营养不良时，对外作战能力就会大大削弱，从而使外来菌有机可乘；此外，以前侵入的微生物在特殊环境下会产生激变（就如我们见到的老鼠变种一样），战斗力大大增强，对我的子民造成很大的威胁。这些导致微生物发生突变的因素，可以是光线、其他微生物分泌的物质，或者人体自身携带的一些刺激性激素等，这些能慢慢地影响微生物的组成和结构，产生新的个体。也许外来微生物的成活几率很小，可一旦有一个存活下来，并适应了新的环境，自然会大量繁殖起来。这些新微生物个体还会随潮流随时改变生存环境，而产生另外一种微生物个体。为争生存空间，这些变异的微生物可能会侵食其他的微生物，之后又演变成新的微生物个体。如此循环、如此淘汰、如此激变，如此进化……随着时间的推移，就有千千万万微生物。微生物之间的战争越变越多，环境的刺激，自身的激变就越多，变种也就越多。弱肉强食，适者生存，这种铁定的生存法则在不经意间就演变出许多生存本能，并把这些本能遗传给下一代，代代激变优化这些生存技能。例如，大量繁殖，以量存在；如不具备这种特能，还有快速逃生、借助地形隐蔽、释放毒物逃生等技能。

关于激素

激素能够筑造运动员结实的肌肉和体格，提升运动员伤愈速度，改善专业成绩，使运动员发挥最佳状态。

激素还能在一定程度上修饰体格与线条。女孩子服用激素以后，胸部更丰满、皮肤更光滑、体态更婀娜。

对于男性，激素能够引起情绪狂躁，甚至有可能发展成为愤怒。滥用激素会增加男性的恶性攻击行为，导致情绪不稳定以及判断力的缺失。

对于女性，某些激素或者不恰当使用激素也可以导致更男性化的外表以及永久的低沉嗓音。

“君子协议”与相安无事的日子

“JUNZIXIEYI” YU XIANGANWUSHI DE RIZI

不知道大家注意没有，我的子民入住人体的时候，是根据自身特质来选择居住部位的，例如，大肠杆菌一般会选择肠道作为居所，葡萄球菌适应性比较强，可以生活在皮肤、口腔、肠道等多个部位，耻垢杆菌生长在男性生殖器内，幽门螺旋菌最喜欢破损的胃部等。从选择不同栖息地登陆，到与人体免疫系统进行一场场的较量，其结果就是我的子民被“招安”了，我代表我的子民与人体达成了一条不成文的“君子协议”：只要我的子民安守本分，固守这些指定的栖息地，人体就会视它们为“良民”；而一旦它们迈出栖息地半步，就会被冠以谋逆的罪名而杀无赦。这就意味着我的子民相互之间不能够随便串门了：下消化道的微生物不能向上消化道走访，上呼吸道的微生物不能够随便到下呼吸道，下泌尿道的微生物不能够随便去肾盂溜达，阴道内的微生物不可以去子宫、输

※ 幽门螺旋菌最喜欢破损的胃部

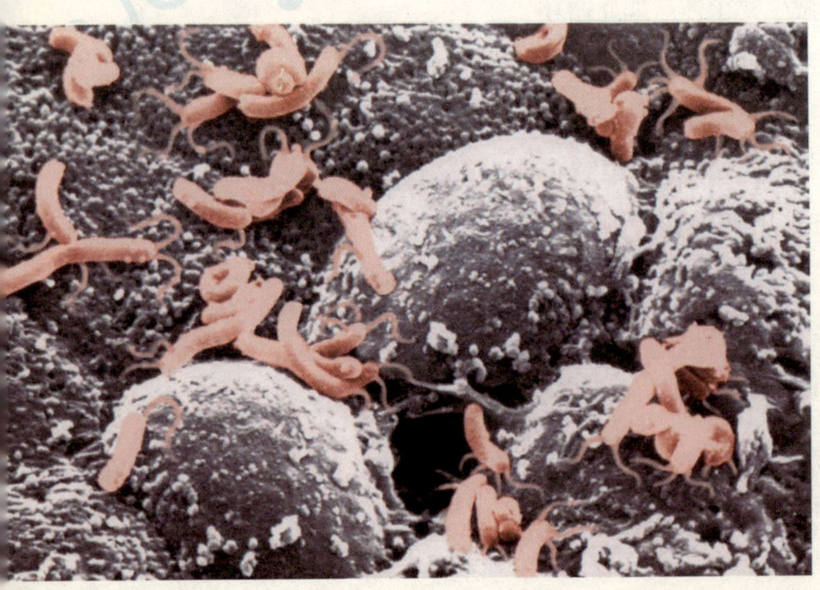

卵管等，当然表层的微生物也不可以向深层发展。经过几十年的和平共处，我的子民已经成为人类最亲密的伙伴，在人体不同的部位扮演着形形色色的角色。当大多数子民都满足于这种“老婆、孩子、热炕头”的生活时，总有些子民不甘心困守一隅，总想谋求更多的生存空间，在它们看来，外面的世界更精彩。于是，一遇到有外来入侵或人体防守上有什么漏洞，它们就会乘机乱窜，就像孙悟空大闹天宫一样，无法无天了。不过人类总有办法对付这些“孙猴子”，他们可不像如来佛祖那么仁慈，只是把孙猴子压在五行山下反思其罪过；他们动用了各种灭绝性的药物，真正是杀无赦。大多数子民终于暂时死了走出去的念头，人类杀鸡儆猴的目的暂时算是达到了。

幸好我们的食物还算充足，因此大家又安居乐业了。相安无事的日子，我的子民会不断收到人体恩赐的一些食物，如人类组织细胞的分泌液、脱落细胞，以及某些腔道中的食物碎屑和残渣等。我的子民吃掉这些东西，经过消化吸收后，会代谢出一些产物，这些产物一部分为我们自身所利用，另一部分会回馈人体，因此，我们可以说是人体的清洁工和营养师。不相信？举个例子给你看：肠道正常菌群中的大肠埃希氏菌能合成 B 族维生素和维生素 K，起初人类并不知道这一点，他们在肠道手术后为避免发生感染，常用抗生素来进行预防，结果手术后感染是防止了，但大肠杆菌也被抗生素杀死了，于是病人相应也出现了厌食和贫血等维生素 B 和维生素 K 缺乏症。现在人类学聪明了，再遇到这类需施行肠道手术的时候，他们在给予抗生素预防术后感染的同时，也补充了

细菌与腹泻

一些人胃酸分泌较少，小肠运动又慢，造成小肠内有大量细菌繁殖，这称为小肠污染综合征。

正常人小肠上段只有很少的细菌，这是由于小肠正常运动，包括消化间期的运动，还有分泌的胃酸有清除细菌的作用。

老人因为肠蠕动慢，造成细菌在小肠过度孳生，使结合胆酸分解为游离胆酸，肠腔又缺乏胆盐，影响脂肪吸收，从而导致脂肪泻。

脂肪酸被细菌发酵分解，刺激结肠分泌大量液体，加重腹泻，并引起一系列连锁反应，引起蛋白丢失性肠病，使腹泻加重，以至引起腹胀、腹痛等。

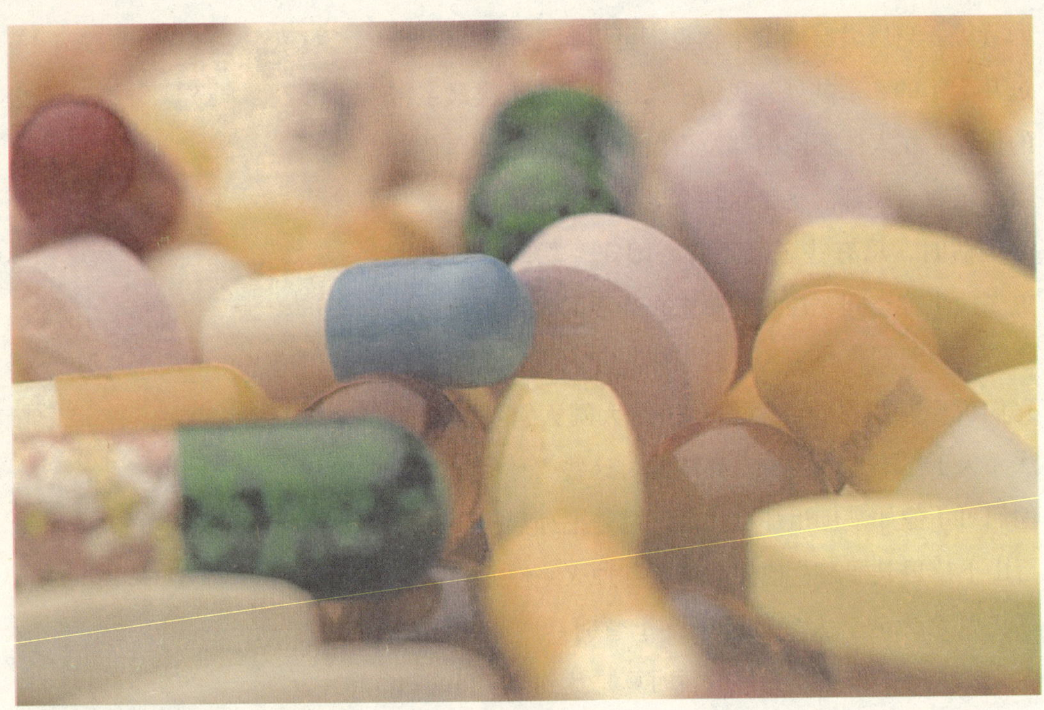

※ 人类营养师——维生素

足量的维生素 B 和维生素 K。

我的子民除了能够补充人体需要的元素外，还能够捍卫人体健康。在有正常菌群的细胞中，有许多成分可以促进人体免疫器官的发育成熟。

说这样的话，人类也许觉得我们太会说大话，如若不信，人类不妨做一个实验证明一下，例如，人类可以把刚孵化出来的小鸡分成两组，一组放在没有细菌的环境中生活，成为无菌鸡；另一组让它们正

神奇的维生素 K

维生素 K 是 1929 年丹麦化学家发现的，后来命名为维生素 K，“K”代表“koagulation"（coagu-lation），为凝固的意思。这是因为维生素 K 具有止血的作用。此外，维生素 K 还能够帮助钙提高骨骼的抗折能力；帮助预防动脉硬化现象，保护血管的柔韧性，从而减少冠心病和心脏功能衰竭的发生率。

维生素 K 的来源是深绿色叶菜、小白菜、绿豆、苜蓿、花椰菜、谷物、植物油和豆油。缺乏维生素 K，人体则会出现长期出血、鼻子流血、容易受伤、腹泻等。

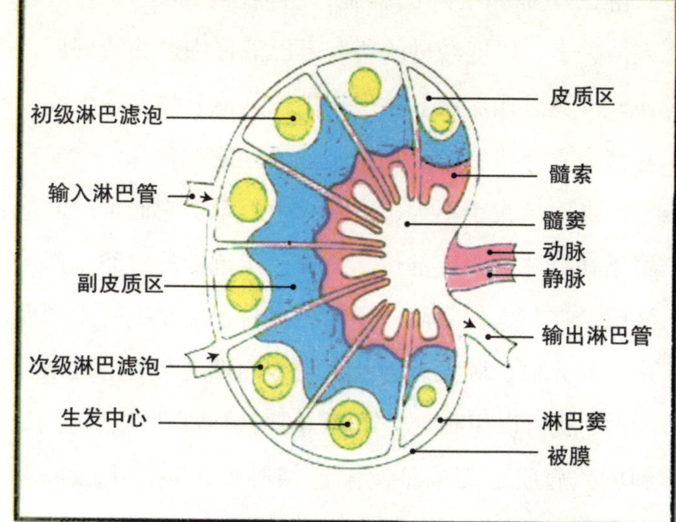

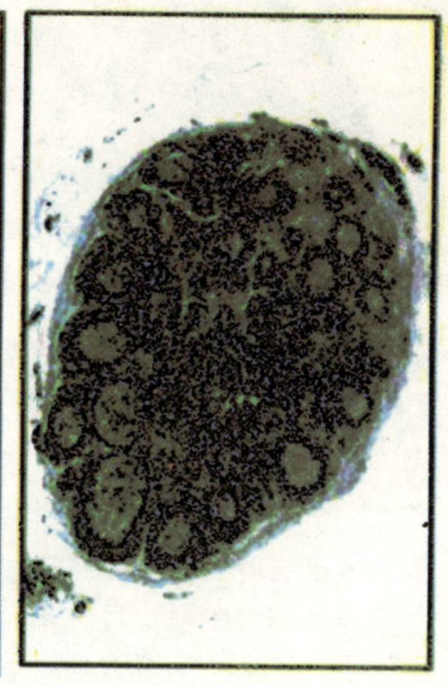

常生活，即带菌鸡。结果可以发现，无菌鸡的小肠和回盲部的淋巴结都要比普通带菌鸡的少80%左右。

而这些淋巴结在人类的整个生命中，是不可或缺的因素，当人类皮肤被擦破时，人类看到的往往不是鲜红的血液，而是乳白色或淡黄色的透明液体，这些液体称为淋巴液。血液是在血管里流动的，淋巴液则是在淋巴管里流动的。除了脑和脊髓等处外，淋巴管在人体到处都有，而淋巴结就是淋巴管之间的一个连接，因为淋巴结里蕴藏着大量的能抵抗病菌的

※ 淋巴结过滤器。它在人体设置了一道道关卡，专门过滤混在血液中的病菌和其他异物

胸罩过紧影响胸部毒素的排出

女性胸罩过紧，会压迫淋巴管，淋巴管的压缩可能导致毒素集中于胸部组织。

人体其他部分毒素可以慢慢地排除，胸部的毒素却容易停滞不去，所以当再有一次毒素侵袭胸部时，病变就将发生。

淋巴系统中另一个重要的结构为淋巴结，腋窝就是淋巴结主要的聚集部位，约有20~30个淋巴结深埋着，过滤来自乳房、手臂及胸腔上部的淋巴液中的废物。当淋巴结侦测到外来的异物，如细菌、毒素或癌细胞时，淋巴结就会变得肿胀，如喉咙痛一般。

所以淋巴结被誉为预防病变的尖兵。

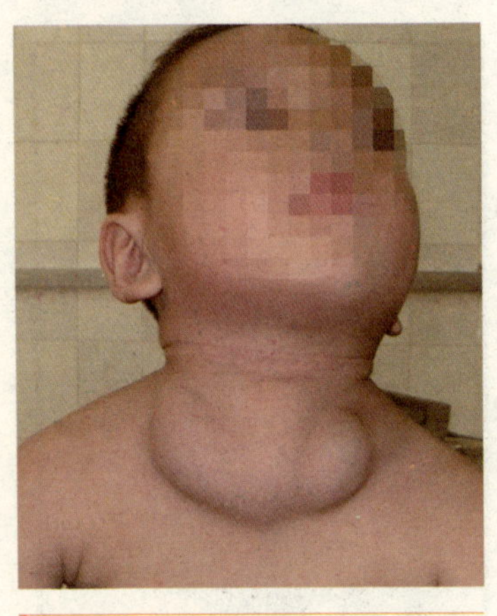

※ 淋巴结肿大。淋巴结在与入侵之敌斗争时，自身也会发生一系列变化，如充血、肿大

大淋巴细胞和小淋巴细胞，所以淋巴结还是一道道人体关卡，要把经过的所有淋巴液仔细过滤清理后，才允许其进入血液。发现病菌或其他异物混在里面，它就会立即将它们“扣留”，不让通过。

淋巴结大小不等，全身有上万个。它们常成群地聚集在身体的一定部位，负责一定范围的过滤工作。淋巴结在与入侵之敌斗争时，自身也会发生一系列变化，如充血、肿大。因此，当人们发现某处淋巴结肿大时，就可以想到它“分工”的区域器官发生病变了。例如，肩膀下面的腋窝淋巴结肿大，表示上肢或乳房有病；大腿根部的腹股沟淋巴结肿大，表示下肢或外阴部有病；要是锁骨上淋巴结肿大，除可能是邻近体表有炎症外，也可能是内脏癌肿发生了转移……当然，这些是浅表淋巴结，深处的淋巴结人类是看不见、摸不着的。

另外淋巴结还能够吞噬癌细胞，是与癌细胞作战的有力武器，但是由于一个淋巴细胞只能连续吞噬 5~10 个癌细胞，接着就得休息一番。可癌细胞的繁殖速度很快，超过了淋巴的吞噬速度，所以，光靠淋巴细胞不能彻底消灭癌细胞，还得借助外力——药物治疗和外科手术等。但不能否认其在人类对抗癌症时所作出的贡献。

回到上述实验，如果将无菌鸡暴露在普通有菌的环境中饲养，使之建立正常菌群，则经过 2 周后，它们的免疫器官的发育和功能就可与普通鸡相近。此外，有些正常菌群的细胞组织成分与病原菌的相同，因此，它们能刺激人体免疫系统产生免疫物质，这些免疫物质能够对抗病菌的侵袭。你看，我的子

每个人体内都存在原癌基因和抑癌基因

现代医学家认为：人人体内都有原癌基因，为了“管束”它，人体里还有抑癌基因。平时，原癌基因和抑癌基因维持着平衡，但在致癌因素作用下，原癌基因的力量会变大，而抑癌基因却变得较弱，因此，致癌因素是启动癌细胞生长的“钥匙”，主要包括精神因素、遗传因素、生活方式、某些化学物质等。多把“钥匙”一起用，才能启动“癌症程序”；“钥匙”越多，启动机会越大。

目前，我们还无法破解所有“钥匙”，因此还无法攻克癌症。

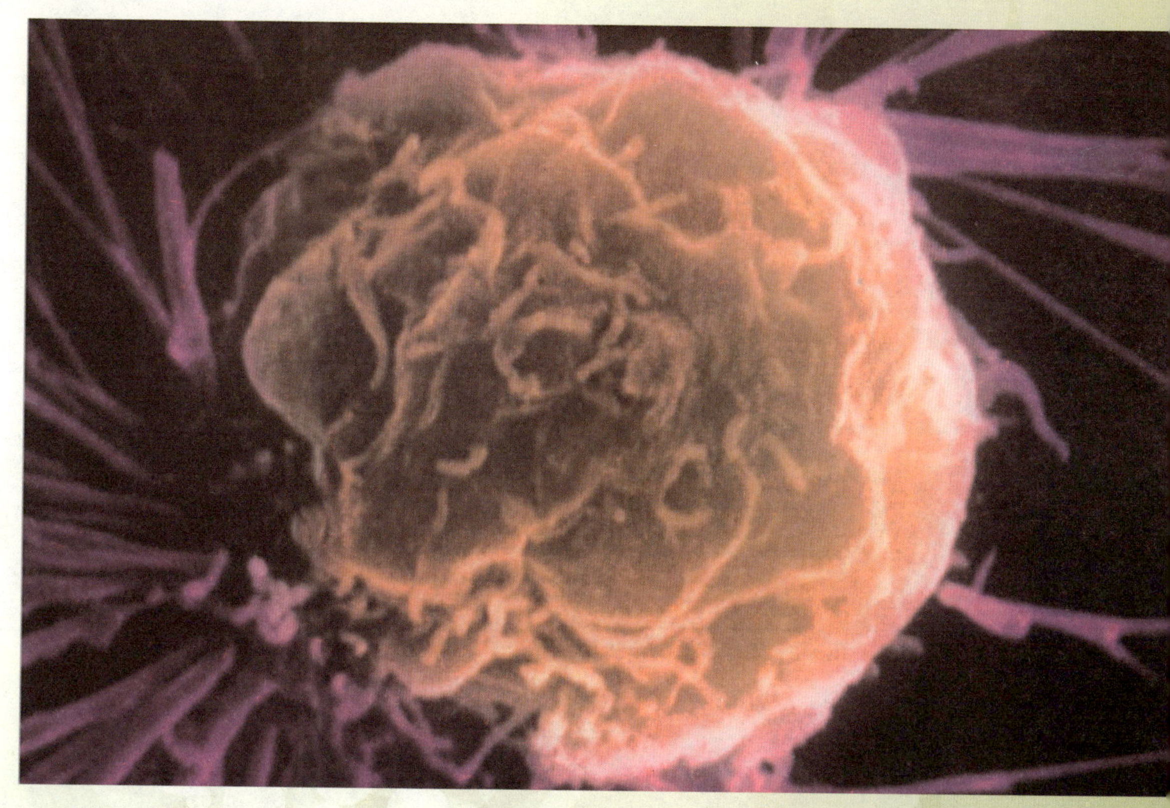

※ 被淋巴细胞吞噬的癌细胞

民功不可没吧！

回顾我们登陆人体的种种磨难，我不由得感慨万千。这是一场旷日持久的战争，双方投入总兵力达 1000 亿，世界上任何一场战争的规模都不能与之相提并论。我的子民只不过是想谋求一块可以繁衍生息的土地而已，居然要付出如此惨烈的代价。尽管我们给人类默默奉献了很多，最终也被人类赐予了“正常菌群”的称号，但我们依然是如履薄冰、如临深渊，因为人类在骨子里始终认为我们有“反骨”，时刻对我们怀有戒心。因此我想我们求生存的战争是没有终点的，它将伴随人的一生，这是我们，也是人类的宿命。不过，我的子民是给点阳光就灿烂，拥有了栖息地，就看到了新生活！

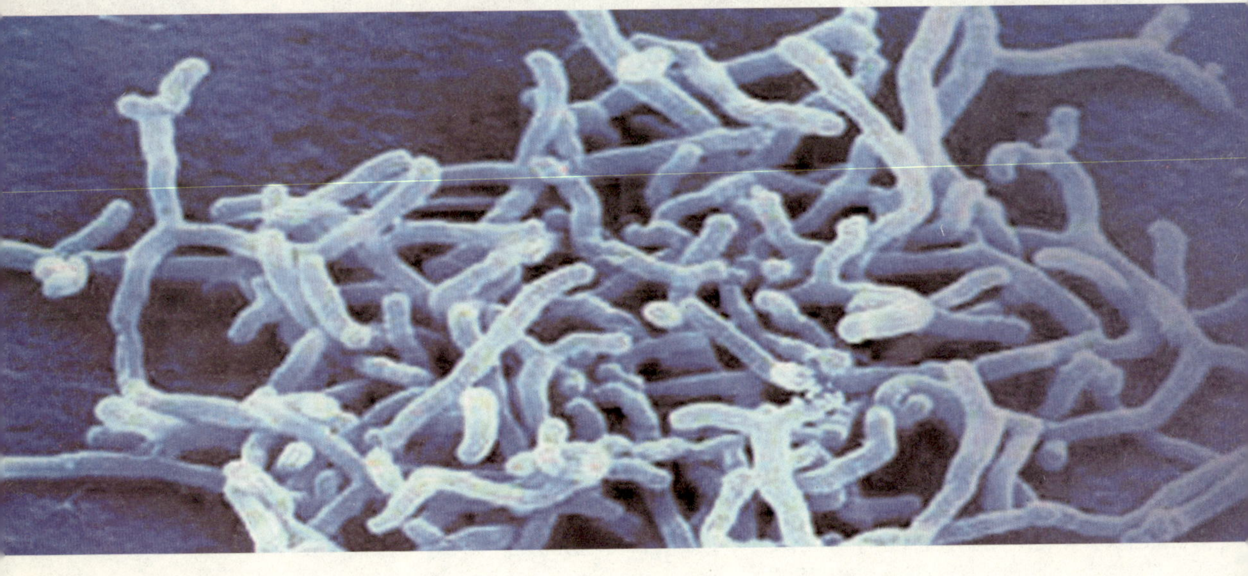

PART3

第3章
生活秘籍

说到生活，没有哪一种生物能够与我们这些微生物相提并论，人生四大件：衣食住行，我们样样都具备。尽管我的子民大多数都是单细胞生物（即一个细菌就是一个细胞），甚至有些连一个细胞都算不上（科学家给它们的定义是非细胞生物——病毒），但上帝并没有因为我们结构简单、“零件”缺失就遗弃我们，反而赐予我们更多的生存绝技。

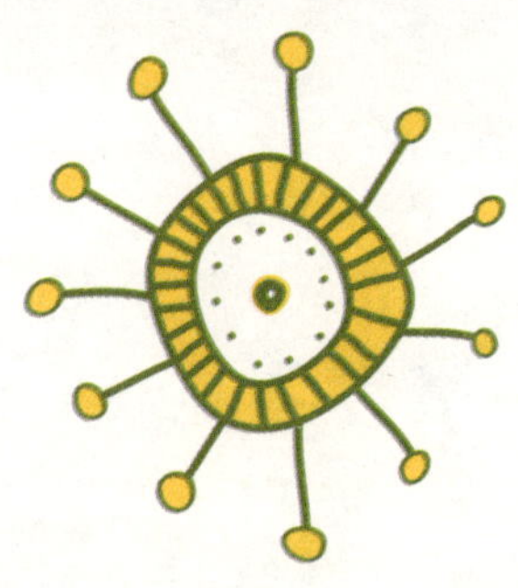

我的开场白
WO DE KAICHANGBAI

说到生活，没有哪一种生物能够与我们这些微生物相提并论，人生四大件：衣食住行，我们样样都具备。尽管我的子民大多数都是单细胞生物（即一个细菌就是一个细胞），甚至有些连一个细胞都算不上（科学家给它们的定义是非细胞生物——病毒），但上帝并没有因为我们结构简单、“零件”缺失就遗弃我们，反而赐予我们更多的生存绝技。

就拿我们的皮肤——细胞壁来说吧。其功能和人类的皮肤一样，抵抗外界的压力，保持优美的体形，对于一些外来入侵者，细胞壁形成了一道全包围式的天然屏障，任凭一些野心勃勃的大分子绞尽脑汁，想破脑袋，也找不到破绽可以入侵，一些居心叵测的入侵者只能望而兴叹、擦壁而过。除了屏障的作用外，

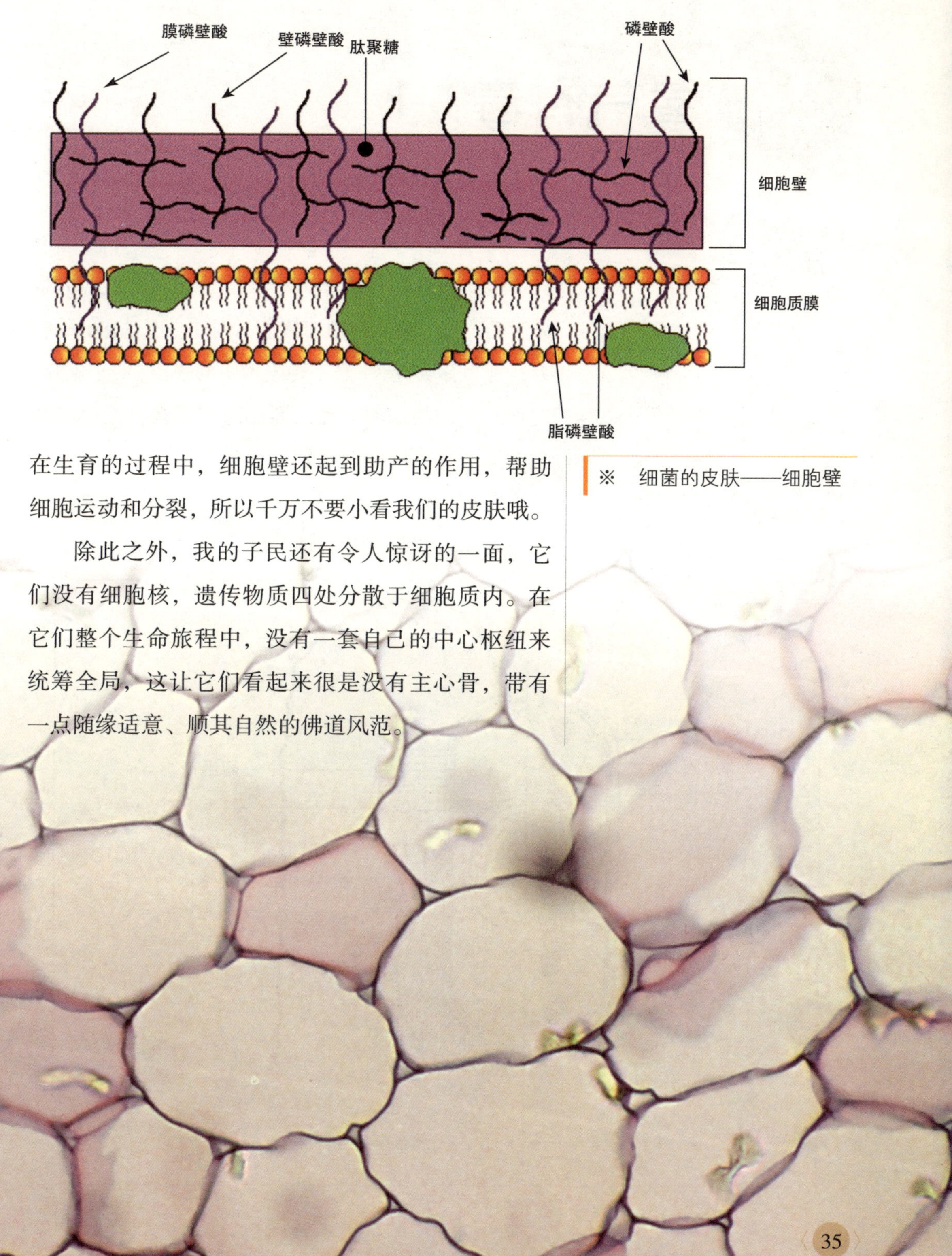

在生育的过程中，细胞壁还起到助产的作用，帮助细胞运动和分裂，所以千万不要小看我们的皮肤哦。

※ 细菌的皮肤——细胞壁

除此之外，我的子民还有令人惊讶的一面，它们没有细胞核，遗传物质四处分散于细胞质内。在它们整个生命旅程中，没有一套自己的中心枢纽来统筹全局，这让它们看起来很是没有主心骨，带有一点随缘适意、顺其自然的佛道风范。

氧气有毒？！

YANGQI YOUDU？！

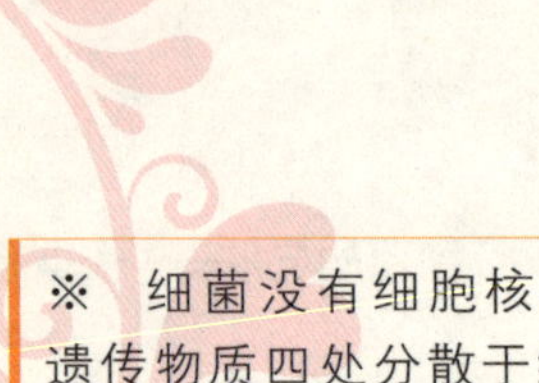

※ 细菌没有细胞核，遗传物质四处分散于细胞质内

生命的存在和延续离不开呼吸和饮食这两大生命活动，作为单细胞的细菌也不例外。不过它们的呼吸器官却有点特殊，是一种半透明的膜质，叫细胞膜，它具有通透的作用，在上面黏附有很多种呼吸酶和合成酶，提供给细菌足够的能量。但是维持细菌生命的并不一定是氧气，这与人类有很大的区别——人类是离不开氧气的，而我的子民有一大部分是可

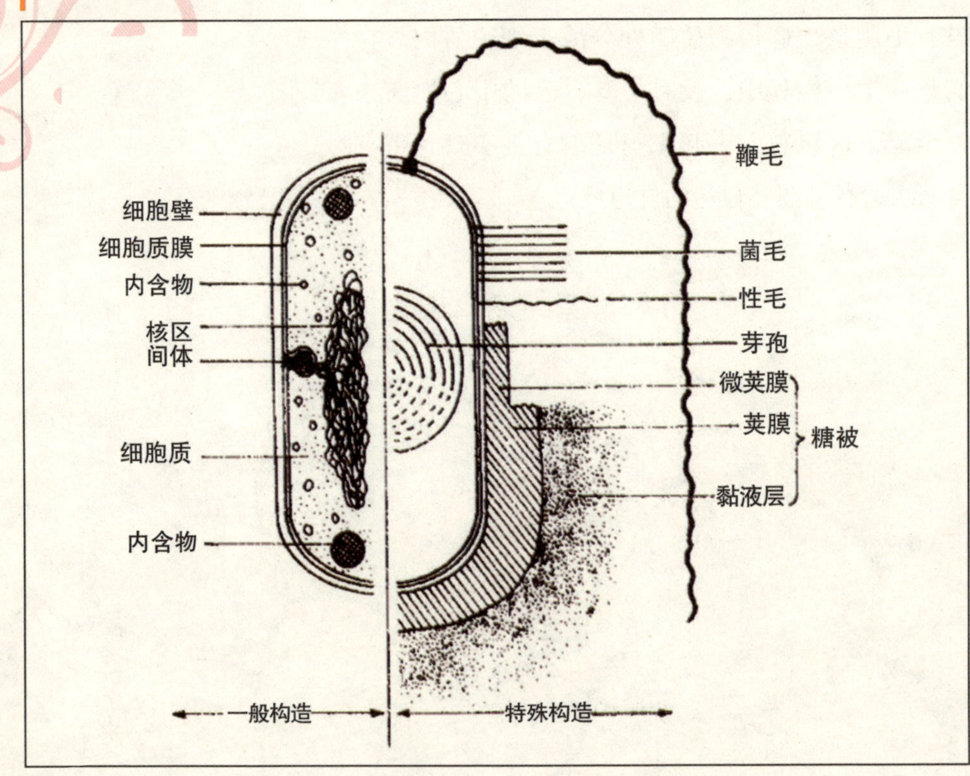

以的，它们并不是有什么特异功能，而是它们的生命结构决定了它们的生活方式。就像动物，老虎、狮子是吃荤的，牛羊是吃素的，而熊猫却只吃竹子……细菌的呼吸也一样，我的很多子民也跟人类一样，喜欢在氧气充足的条件下生活，在氧气中自由漂浮，也用氧气支撑整个生命，这一类子民被人类称为好氧细菌。但是，有些子民在生命活动中并不需要氧气，甚至氧气对于它们来说是有毒的。它们在氧气中犹如人类在真空中一般，生存维艰，甚至会中毒而亡，这一类子民被人类称为厌氧菌。

厌氧菌占大肠子民的99%以上，特别是双歧杆菌，它们的数量很大，在肠道部落中身居要职。它们的样子呈“Y”或“V”形分叉，有的像鹿角，有的像棍棒，总之长得很有个性。别看它们长的怪，却一点都不张扬，不但安分守己，而且行侠仗义，凡是侵入我疆土的一些不知好歹的病菌，都会被它们杀无赦；对肠道部落的一些腐败物，它们就是清洁工，把多余的垃圾分解，以维持整个市面的清洁和良好的市容市貌。双歧族还经常卸载一些致癌物质，将

细菌的呼吸器官——细胞膜

细菌呼吸依靠的是细胞膜。

细菌吸取营养和排泄废物依靠的是细胞膜。

细胞壁的成分是由细胞膜产生合成的。

细菌的运动器官——鞭毛的着生点在细胞膜上，并且细胞膜还提供细菌运动所需要的能量。

细菌膜最怕的是臭氧，因为臭氧的超强氧化能力可破坏细菌的细胞膜，从而杀死细菌。

※ (a, b) 细菌的呼吸器官——细胞膜

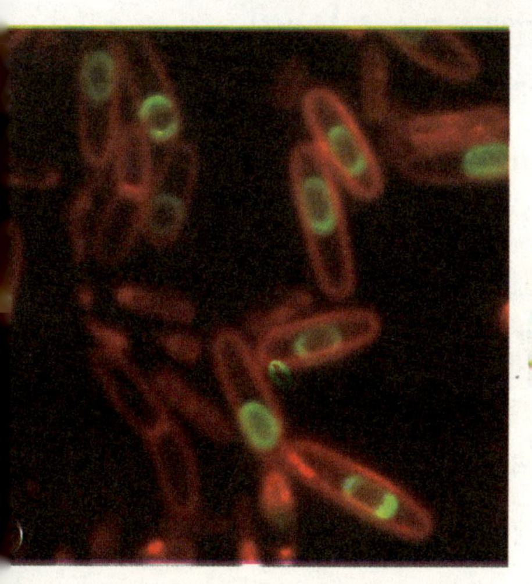

(b)

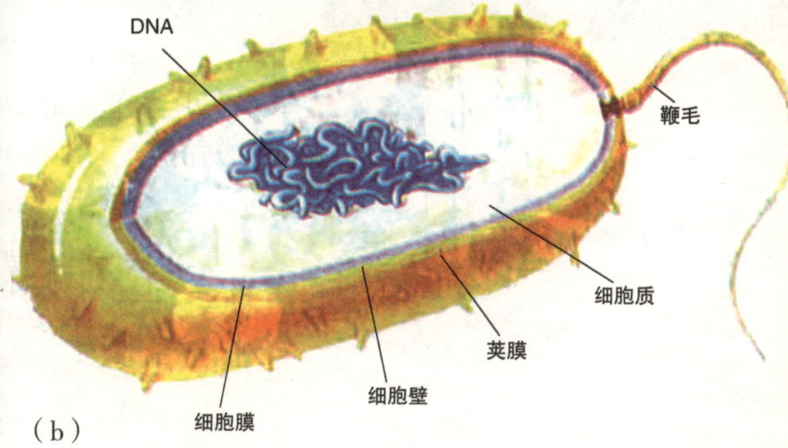

细菌的皮肤——细胞壁

除支原体外，几乎所有的细菌都有细胞壁。

一旦失去细胞壁，所有的细菌都将变成球形。

细菌细胞壁起着人体皮肤的作用，保护细菌不受外来侵害。

细胞壁可容许水和一些化学物质通过，但大分子的物质不能通过。

致癌物质肢解成没有致癌属性的其他物质，同时还制造维生素，如 B_1、B_2、B_6、B_{12} 等，促进铁、维生素 D 及钙的吸收，促进肠子的蠕动，防止便秘、腹泻的产生。所以，双歧杆菌可是人类健康的一大功臣，它们的多少也就顺理成章地成为衡量人体健康的一个重要标志——当双歧杆菌为零时，也就意味着人的生命完结了。

我的子民还有更厉害的，也是一个狠角色，那就是兼性好氧微生物，它们在有氧和无氧环境中均可生长。它们又分为两个族群：一类可以在有氧环境中生长，但不能利用氧气，只能通过发酵获得能量，就像植物一般，它们在氧气的世界里日渐茁壮，但它们却不吸收氧气，而对人类呼吸出的二氧化碳感兴趣，通过呼吸二氧化碳而释放出氧气，这是多么奇妙的生物循环；还有一类生命力更强壮的子民，它们无论是在有氧或无氧条件下都能快乐地生活着，就像小草一般，在任何让人绝望的环境下，总能峰回路转。譬如大肠杆菌，它是一种无处不在的细菌，它之所以能够成为自然界最成功的物种是有许多原因的，但最主要的就是它的这种呼吸特性了。大肠杆菌外形呈杆状，周身具鞭毛，能运动，往往在初生儿出生数小时后即进入肠道。大肠杆菌是旱鸭子，容易溺水，所以不生活在水中。它在日常生活中还是比较中规中矩的，会一直待在自己的地盘上，合成对人体有益的维生素 B 和维生素 K，促进人类健康发展；不过，它们偶尔也会有点不安分，跳槽到其他区域，招惹一些是非，对于我的王国来说可能损失不大，但对于人类来

※ 标示人体健康的双歧杆菌

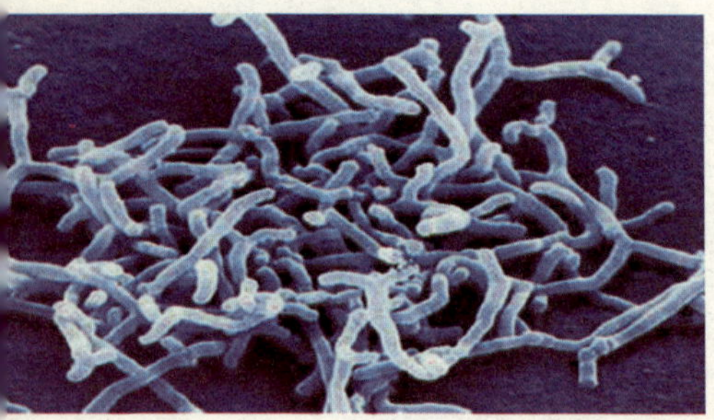

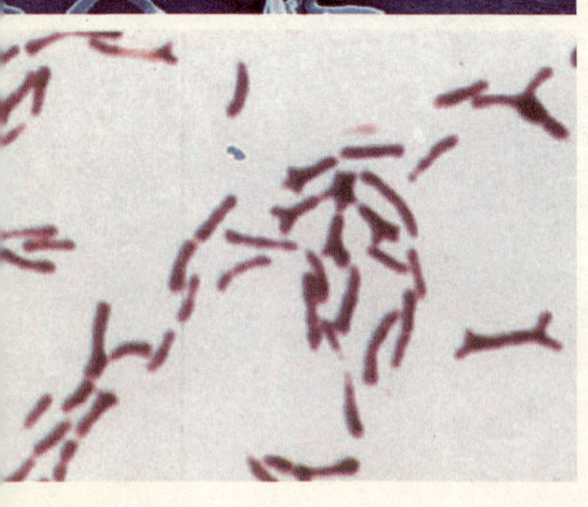

说，就带来了不少痛苦，人类立刻会出现一系列的反应，比如腹泻、膜炎、胆囊炎、膀胱炎等；有时候它们心情不爽，也会闹出大麻烦，比如进入血液进行漂流探险，人类就会高热、怕冷、发抖、头痛、头晕、大量出汗、全身关节酸痛，严重病人有气急、烦躁不安，甚至出现昏迷或休克。总而言之，主要是看它想招惹哪个部位，还要看它们的心情以及兴趣，尽管在自己的辖区里它们属于“十大杰出青年”，一旦走出肠道，就会兴风作浪，蜕变成大奸大恶之辈，所以我要在此提醒人类，要小心了！

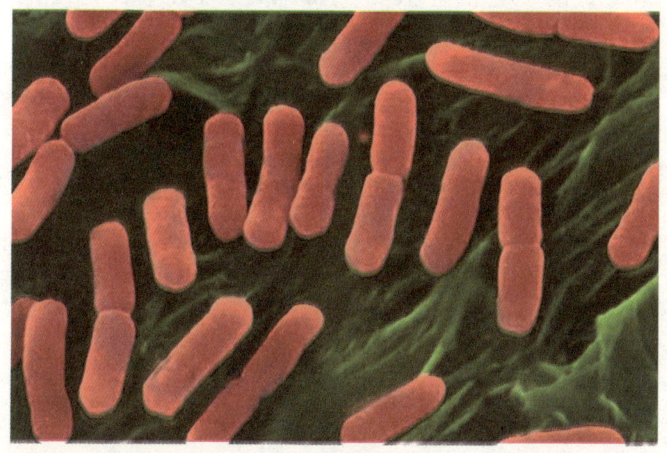

※　大肠杆菌写真

人体健康的功臣——双歧杆菌

自从法国人 Trssier 于 1899 年分离出双歧杆菌以来，已确认双歧杆菌是肠内最有益的菌群，双歧杆菌数量的减少乃至消失是“不健康”状态的标志。婴儿出生 3~4 个月即出现双歧杆菌，婴幼儿双歧杆菌数量约占肠内细菌总量的 25%；随着年龄的增大，双歧杆菌逐渐减少甚至消失，65 岁以上的老人，双歧杆菌数量则减少到仅占 7.9%，而腐败细菌则大量增加；到了老年，肠道内充满腐败细菌，双歧杆菌几乎消失。腐败细菌在肠道中分解食物成分，产生有毒物质，人体长期吸收这些毒素，会加速衰老，诱发癌症，引起动脉硬化、肝脏障碍等疾病。

大肠杆菌知多少

大肠杆菌在肠道内一般不会使人致病。

大肠杆菌能够合成维生素 B 和 K。维生素 B 可调节神经生理功能，参与各种代谢和生理活动。维生素 K 则是凝血的重要因子，如缺乏会容易出血。

大肠杆菌能产生大肠菌素，它有抑制肠道内致病菌生长的作用。

当大肠杆菌离开了肠子，进入其他器官组织，这时就可致病。

当大肠杆菌侵入泌尿系统，会引起排尿不畅、尿潴留等。

当大肠杆菌侵入胆囊、阑尾、腹腔，会引起炎症。

当大肠杆菌侵入血流，会引起败血症，危及生命。

美食家兼大肚汉

MEISHIJIAN JIAN DADUHAN

要养活我的子民可不是一件容易的事情，那可是浩大的工程。我成天为了我子民的胃而担心，因为它们真是太能吃了，无论是大的小的、球形的、杆状的、螺旋状的，它们一天24小时都在忙着填补自己的胃口。

它们的食谱非常广泛，荤素兼吃，凡是动植物能利用的营养，它们都能利用；大量的动植物不能利用的物质，甚至剧毒的物质，它们照样可以视为美味佳肴。如大肠杆菌在合适条件下，每小时可以消耗相当于自身体重2000倍的糖，而人要完成这样一个规模则需要40年之久。如果说一个50公斤的人一天吃掉与体重等重的食物，恐怕无人会相信。

在吃的方面，它们也有忌讳，基本上细菌和人类的脾气差不多，就是太酸的不吃，太咸的不吃，太干的不吃，太淡而无味的也不吃，大凡合人类胃口的也就合它们的胃口。这就是它们之所以喜欢人类的原因。

尽管我们很喜欢人类，可是人类对我们的了解似乎少之又少。人类在显微镜下看不到微生物菌的口，疑惑食物是怎么进入微生物胃里的，其实我的子民不但没有口，也没有胃，甚至其身体内没有任何消化食物的器官，大家一定觉得奇怪了——那它们怎么吃东西、消化东西的呢？难道它们有什么特异功能？可以隔空取物，或是化食物于无形？如非亲见，那些所谓生物进化最高阶段的人类是无法想象的。其实，它们不像其他动物一样，靠某一个器官去捕食，而是用整个身体或细胞直接接触营养物质，这也是为什么我的子民吃得快而多的原因。人类也许疑惑，身体怎么能够吃东西呢？身体上又没有洞，食物怎么可能进到身体里？难道食物像人类传说中的鬼神一样，能穿墙而入？呵呵，不懂了吧！其实我的子民主要是用细胞壁和细胞质膜来吸收营养物质的，由于细胞壁的结构有孔隙，就像筛子一样，在其孔隙大小允许的范围内，一切物质都可以自由出入，如水和无机盐等，由于细胞壁对物质没有选择性，一些有害物质甚至是毒性物质也会趁机跟着混进来，一旦它们进入菌体，我的子民将会随时面临死亡，不

※ 细菌靠细胞壁来吸收营养，有孔隙的结构是必需的

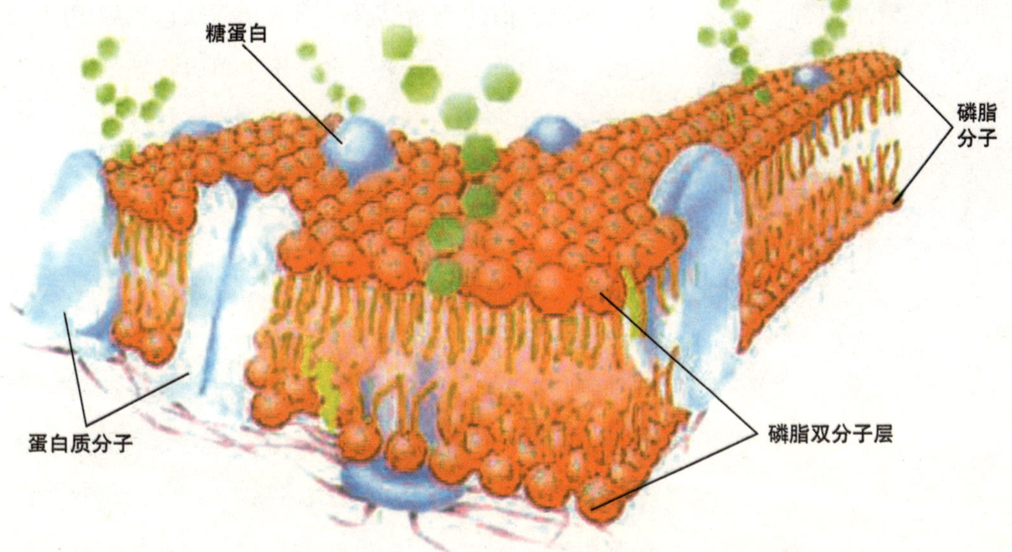

过我的子民也不是没有防范措施的，在细胞壁内紧贴着一层薄膜，叫细胞质膜，它是控制物质进出的“关卡”。凡是自己需要的物质会大量放行，不利于自身生长的物质一律拒之门外，不让其进入细胞内。

我的子民对不同的食物吃法也是不一样的，就像人类对食物清蒸、红烧、白煮、煎熬、凉拌后再吃是一样的。它们对水、二氧化碳和氧气等小分子物质采用扩散食法，这种扩散的动力来自细胞内外物质的浓度差，当细胞内的浓度低于外界的压力时，这些小分子物质就会穿过细胞质膜而进入细胞。另外一种吃法是需要添加一些佐料才行，这些佐料就是酶，每个微生物细胞内均含有不同的酶系，这就决定了不同微生物之间的口味不同，酶不但起到调味的作用，而且还具备筷子的作用，它决定了我的子民吸取营养的方式和代谢类型也不同。这种酶叫透性酶，是食物的搬运工。它在膜的外表面时，是处在一个食物大杂烩里，这时它根据我的子民的身体需要，挑选有营养价值的物质结合，当把物质转运到膜内时，便将这些物质解离下来，自己出去再寻找新的食物，以满足我的子民庞大的胃口，而且这个搬运工虽然不停地劳动，却并不消耗细菌的能量。另外，当酶的搬运满足不了它们的胃口时，我的子民并不会坐以待毙，而是积极主动地亲自去吸收营养，即使这种物质在细胞内的浓度已经远远高于环境中的浓度，但细胞仍然能够从环境中吸取，以满足自身的需要。但是，微生物的这种“本领”不仅要靠酶的帮助，而且还要消耗能量。例如，大肠杆菌在以乳糖为碳源时，细胞内比环境的乳糖浓度高 500 倍，仍有乳糖进入细

人体胖不胖居然与肠道细菌有关

为什么有的人干吃不胖，而有的人喝白开水都会长肉呢？其实这与肠道细菌有关。

正常条件下，肠道细菌利用一种双交叉策略，首先能够分解一般说来无法消化的饮食成分，从而有效地增加人体能够获取的能量；之后某些细菌能够通过抑制肠道产生一种叫做“引发禁食脂肪细胞因子”（简称 Fiaf）的酶，从而提高脂肪的储存量。Fiaf 的作用是让脂肪进入身体脂肪细胞的“大门”保持关闭。

Fiaf 是由消化器官内细菌直接控制的。因此一个人肥胖或者苗条的倾向可能部分是由生活在肠道中的微生物群体的组成所决定的。

然而，杀死这些消化系统的细菌并非一个可行的选择，因为在明显的减肥效果远没有显现之前，它就可能会引发各种致命性感染。

胞。这都是一种名叫 β - 半乳糖苷渗透酶的搬运工的功劳，它把乳糖搬进细胞内储存起来，然后人体用来代谢的能量便会分散出来一部分作用于这个搬运工身上，使细胞膜内亲密无间的乳糖与搬运工分开，使乳糖在细胞内释放，供微生物利用。

虽然我的子民在吃上很有独特的一面，但是它们不是过一天少三晌的短视鬼，它们有头脑，也有远见，在长期的自然压迫下，它们变得越来越聪明，演化出一套独特的食物能量应急体系。人类借助显微镜可以看到，每个细菌体内都有许许多多直径在 10~20 纳米之间，由 70% 的 RNA（核糖核酸）和 30% 的蛋白质组成的物质，人类称它们为核糖体。核糖体的数量很多，每个细菌体内可有万余个。当核糖体串联起来，聚在一起时，形成一个窝点，这个链群叫多聚核糖体，它们建立起一个加工厂，生产合成生命所必需的蛋白质，成为生命中源源不断的能量支援。

尽管能吃能装，食谱广泛，不过，各类细菌对营养物质的要求差别却很大，包括水、碳源、氮源、无机盐和生长因子等。这从它们所携带的粮仓里就能看到。

除了生命物质的加工厂外，我的子民还有自己独特的食物存储装置。毕竟，生命在漫长的一生中往往会遇到很多饥荒年代，很多生命就是在这样的饥荒年代里消失的。骆驼的驼峰是支撑骆驼几天几夜不吃不喝穿过死亡沙漠的保证，人类的粮仓是支撑人类度过饥荒的后备，我的子民也有自己的“驼峰”和“粮仓”。从显微镜中可以看到，在我子民的细胞质内，分布着许多大小不等的颗粒，这些颗粒就是我子民的“粮仓”。它们都由我的子民随身携带，

细菌可以吐出纯金

大肠杆菌吃巧克力后产生氢气，氢气累积到一定量就可以发电了。

细菌喜欢吃废水中的食物，清洁水流。

某种细菌能“吞噬”土壤中具有毒性的黄金复合物，然后吐出纯金。

细菌比较讨厌吃盐，因为盐让细菌细胞缺水，从而杀死它们。

细菌能“吃”掉炸药。这是因为有一种土壤杆菌可通过分解硝化甘油进行生长和繁殖，它可将炸药最终分解为天然化合物和矿物质。

如同一个活动的小仓库，人类称它们为贮藏性颗粒。

贮藏性颗粒个头通常比较大，都有一层单层膜包被，由于我们微生物王国张扬个性之风长盛不衰，所以它们都有自己独特、与众不同的一面。一般来说，由于菌族、个体的不同，其贮藏性颗粒的大小、种类和数量是有差别的，而且一种细菌只有一种贮藏性颗粒，但也有两种或多种的。通常情况下它们是看不到的，只有给它们一点颜色，才能显露本性，例如亚甲蓝或碘等一些染色液就是化解它们隐身的绝佳秘籍，当诱骗它们吸入或者强行泼它们染色液的时候，它们就会变成浓妆艳抹的妖蛾子，五彩缤纷，各种颜色都有，你要是对我的子民的饮食结构感兴趣，从这些五颜六色的颗粒中就能看出来。例如白喉杆菌和鼠疫杆菌主要储藏多聚磷酸盐和RNA，遭遇亚甲蓝后就会变成紫色，与菌体内其他部位的颜色明显不同，故称异染颗粒。如果是大肠杆菌、沙门

※ 细菌的应急粮仓——贮藏性颗粒

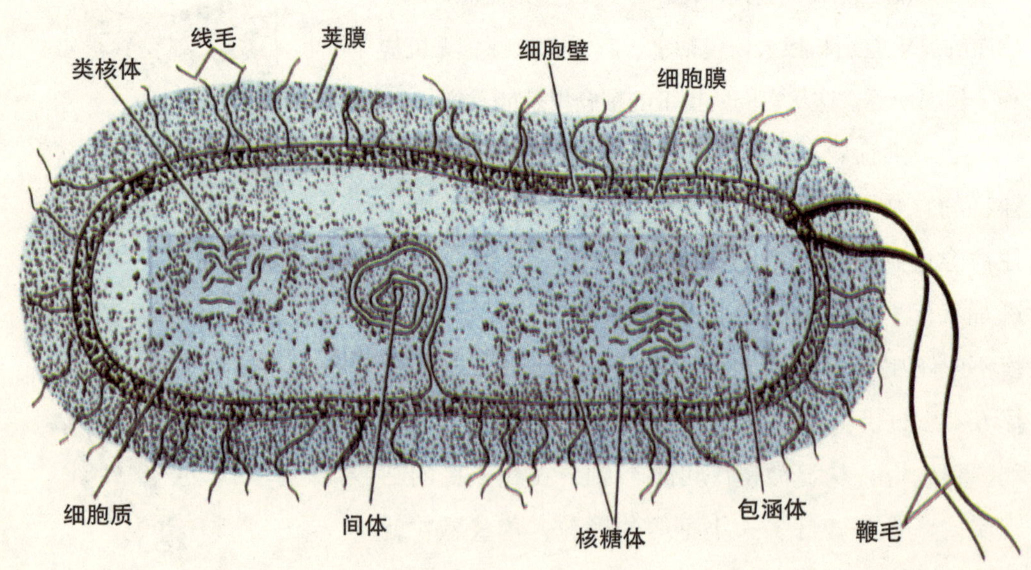

氏菌、芽孢杆菌等则会呈红棕色或深蓝色，这主要是因为其储藏的是糖原和淀粉，糖原遇碘呈红棕色，淀粉粒遇碘呈深蓝色，因此它们的仓库被我称为糖原和淀粉粒。这些糖原颗粒并不是一天 24 小时不间断地进行生产的，它们的生产是有一定条件限制的，只有在碳源过量而氮源有限的情况下才能制造出糖原贮藏物，这么说来，勤俭节约对它们可是相当重要的，可惜我的子民太能吃了，估计这一点要做到是比较困难的，对此我不寄予厚望。

我的子民与人类一样，也会因遗传基因和个体差异而散发出不同的气味。就拿人类来说吧，有些人类会有狐臭。在我的王国里也会弥漫着一些不次于狐臭的难闻气味。例如，在我王国有些菌类，如硫细菌、蓝细菌和紫色细菌，它们的生活离不开 H_2S（硫化氢）的环境，就像人类离不开氧气一样。一旦 H_2S 耗尽，这些贮藏性颗粒就被激活，开始源源不断地向这些菌类输送能量，保证了它们的生命延续。凡事都有两面性，在调用粮食储备的同时，作为粮食后备箱的硫粒中所含的硫元素就被氧化成硫酸，发出刺鼻的酸味，令人厌恶。不过，幸好人类一般闻不到，否则我这些子民可惨了，因为就像人产生的尿素和氨等有害一样，硫酸对硫细菌也是有害的，但在一般情况下，这种危害仍在细菌的承受能力范围以内。如果硫细菌长期缺少硫化氢而通过氧化硫获得能量，将造成硫酸过度积累，从而散发出人体，人类将采用药物形式对其扼杀，同时，我的子民在这样的生活环境中也会相继死亡，使硫细菌与硫化氢达到一种供需平衡，让整个生态达到一种新的循环。

细菌与脂肪粒

细胞生长旺盛的时候，脂肪粒增多，细胞遭破坏后，脂肪粒可游离出来。

糖原和淀粉是细菌细胞内主要的碳素和能源贮存物质。

异染粒具备储存磷元素和能量，降低渗透压的作用。

有些细菌没有鞭毛，它们靠细胞质内的气泡增加其浮力，在水中和空气中自由地漂浮。这些气泡还可吸收氧气，供细胞进行正常的生理代谢。

※ 某些嗜好硫化氢的菌类体内所含的硫粒

居无定所的漂移族

JUWUDINGSUO DE PIAOYIZU

说到吃就不能不说一下住，我的子民都属于漂移族，它们没有固定的住所，往往是吃到哪里就住到哪里，在哪里住就吃哪里的东西，这一点很像游牧民族——哪里有青草，就在哪里定居放牧。由于我的子民食谱非常广泛，且不忌口，因此可以说人体里没有它们的禁区。

不过它们最喜欢的地方就是食物丰富的肠道，在这里我的子民最多，是所有菌落中最大的一个，共寄生着 100 多种细菌，其数量超过 100 万兆个，占人体总微生物量的 78.68%，人体的粪便中有 1/3~2/5 是微生物，我的这些子民无处不在，像花丛和草丛一样成团成簇地生活在人类的肠道内。但是这些细菌并不是生来就有的，肠道是细菌在人体的诞生地，当胎儿在母亲的肚子里的时候，是很纯洁的，没有一丝一毫细菌的沾染，可一旦胎儿降临人世，冠上新生儿的名词一两个小时后，我的子民就已经开始崭露头角了，开始时数量很少，显得很微不足道，但随着时间的流逝，肠道内的菌民会加班加点地繁殖，一刻也不会停息，一天过后，1 克的婴儿大便中竟然出现了 1000 亿个以上的细菌！

除肠道外，广阔的皮肤也是这些漂移族非常青睐的一个聚居区，平均每平方厘米的皮肤上聚集着多达 3000~5000 个细菌。手的皮肤因与外界接触多，细菌数更多达每平方厘米上万个。但是皮肤上的这些菌群并不是一成不变的，它们随着人类年龄、部位、皮肤的酸碱度、温度、湿度等改变而有所不同。如婴幼儿皮肤上多带链球菌，成人的腋旁部位球菌数量最多，一般 50 万 ~100 万 / 厘米^2，手部 600 万 / 厘米^2。粉刺棒状杆菌在青年人面部、胸背部从每平方厘米 5 万到数百万不等，每个毛囊中有 38 000 个厌氧菌。

潮湿的口腔是我这些子民在“游牧”过程中发现的又一个安乐窝。随着新生儿的第一声啼哭，一批先驱者就随着空气登陆人类的口腔了。人类口腔分泌的口水造就的百分之百的湿度、人体接近 37 摄氏度的体温、再加上呼吸供给充分的氧、说话及一日三餐不时供应的糖及碳水化合物，给我的子民提供了充分的养料和氧气，使我的许多子民乐不思蜀，绝了继续漂移的念头。

这里生活着大约 500 种细菌，区区 1 毫升唾液里就有 1 亿个以上的细菌，一张清洁的口腔，每只牙齿表面有 1 000 到 10 万个细菌；而一张不清洁的口腔，每只牙齿表面可有 1 亿到 10 亿个细菌。有人可能会疑惑，人类吃饭、喝水、咽口水，难道不能将它们冲走吗？这实在是小瞧它们了，一旦它们决定在这里安家落户，就会将身躯紧紧地贴在黏膜表面，牢固地附着于口腔上，所以当人吞咽时是不会那么容易被冲走的。

另外，空气充足的呼吸道和隐秘的阴道也是我的子民比较喜欢选择安家落户的地方；而鼻腔和眼部位虽然小一点，但是仍然有大批的子民蜂拥而至，在这里安居乐业，快乐地生活。

青春痘位置与人体疾病

青春痘并不单纯是微生物的杰作，其产生还有其他相当复杂的因素。从青春痘生长的不同部位来说，原因及其代表的身体状况是不一样的。

额头：头发不洁、生理障碍；

眉上：颈椎过于疲劳、女性荷尔蒙不足、皮脂分泌异常；

鼻上：皮脂分泌过剩；

面颊：消化器官问题、便秘、男性荷尔蒙分泌过剩；

下颌棱线：胃肠吸收差、血液偏酸；

下颌：维生素 A 分泌不足、妇科疾病（冷底症、白带多）、酸性体质；

嘴角：暴饮暴食、胃肠不佳、维生素 B_2 及 B_6 不足。

现在你明白长痘的原因了吗？

草上飞的体面生活

CAOSHANGFEI DE TIMIANSHENGHUO

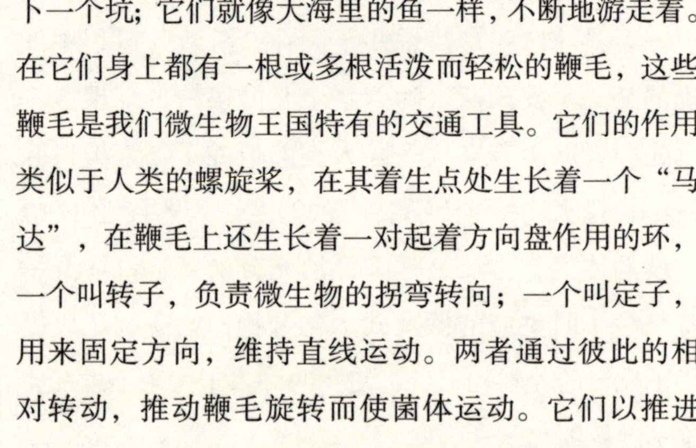

生命在于运动，我的子民并不像树一样，一个萝卜一个坑；它们就像大海里的鱼一样，不断地游走着。在它们身上都有一根或多根活泼而轻松的鞭毛，这些鞭毛是我们微生物王国特有的交通工具。它们的作用类似于人类的螺旋桨，在其着生点处生长着一个“马达”，在鞭毛上还生长着一对起着方向盘作用的环，一个叫转子，负责微生物的拐弯转向；一个叫定子，用来固定方向，维持直线运动。两者通过彼此的相对转动，推动鞭毛旋转而使菌体运动。它们以推进方式做直线运动，以翻腾形式做短促转向运动。

※ （a, b）细菌的交通工具——形形色色的鞭毛

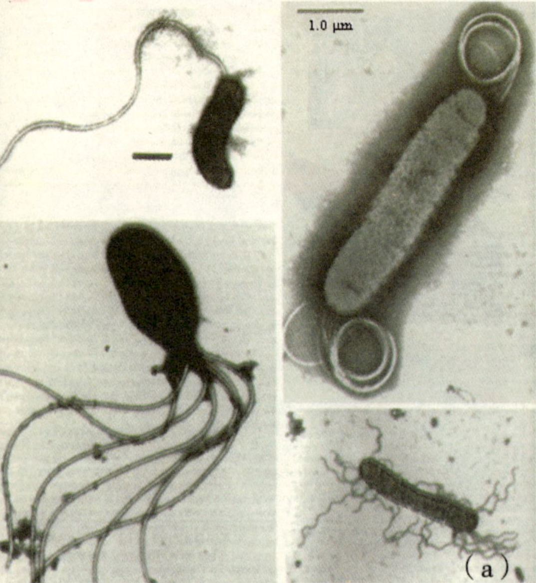

（a）

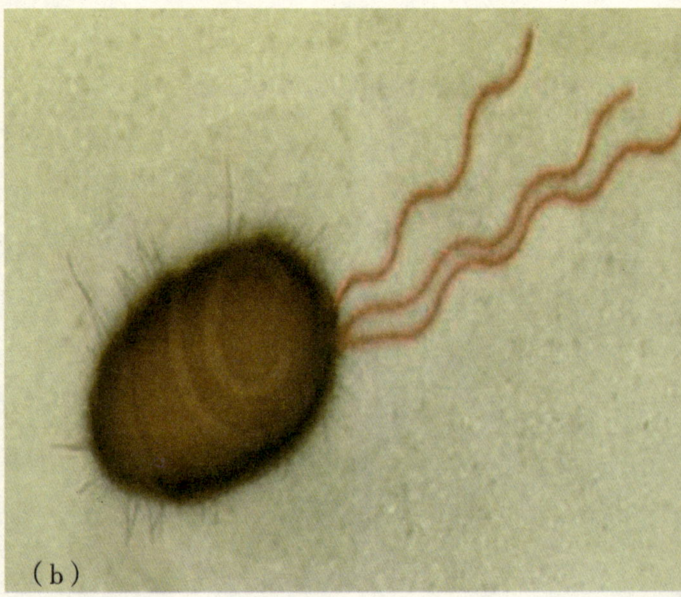

（b）

细菌的交通工具——鞭毛

鞭毛为细菌的运动器官，使细菌能在液体环境中泳动。

鞭毛直径约为 20 纳米，长度可达 15~20 微米，只能在染色的情况下才能够看到。

鞭毛的转动方向影响菌体的运动。

当鞭毛以反时针方向转动时，菌体可向前运动；而鞭毛以顺时针方向转动时，菌体则仅在原地打转。

没有鞭毛的细菌只能靠空气、水流以及其他事物将它们从一个地方带到另一个地方。

这些鞭毛鼓舞起来犹如草上飞，但它却没有草上飞的速度，每小时大概走 5 毫米长的路程。这一点的路在别的生物来看，不过弹指间，但对于我的子民来说实在远得很，因为它们的身长尚不及 2 微米，而 5 毫米却比 2 微米长 2000 倍。霍乱弧菌飞奔得更快，它们可于 1 小时之内渡过 18 厘米长的路程，比它们的身体长 9 万倍，别的生物都不能跑得这样快。

※ 攀附工具——菌毛

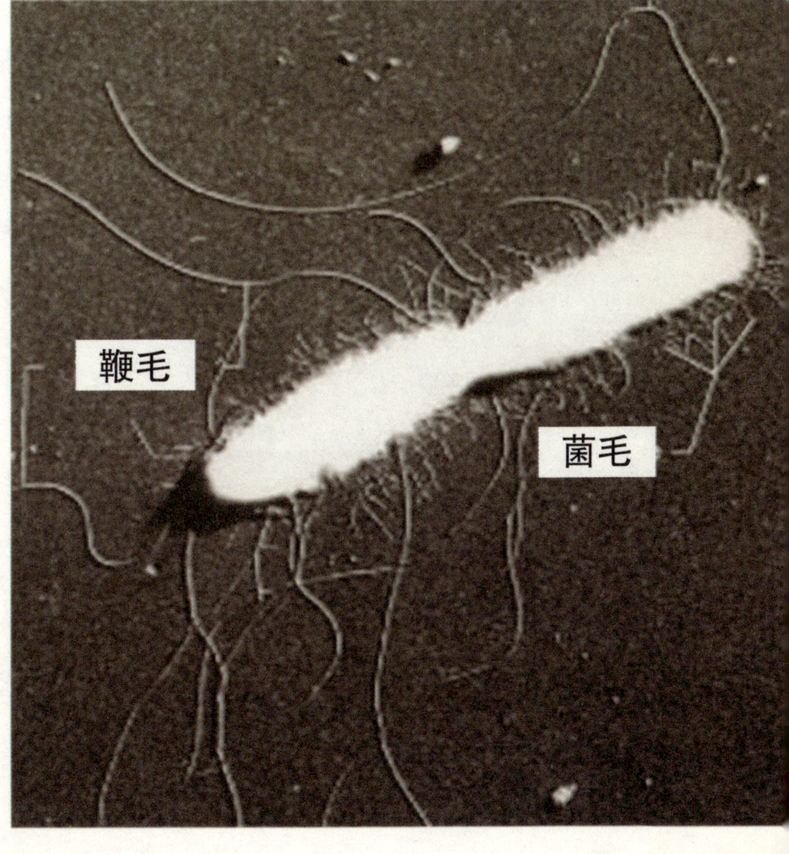

我这些子民不但有鞭毛这样便捷的交通工具，而且身上还长满了毛茸茸的小菌毛，这些小菌毛比鞭毛更细，更短，而且又直又硬，菌毛中间是空的。

无论运动的菌类，还是不运动的菌类都可以有菌毛，但不是所有细菌都有菌毛，产生菌毛的能力

细菌的攀附工具——菌毛

鞭毛在菌体上有一根或多根，而菌毛却遍布菌体。

菌毛比鞭毛更为细、短、直、硬。

菌毛与运动无关，却有着很强的黏附能力，能够攀附在物体表面。

无菌毛的细菌容易被人体黏膜细胞的纤毛运动、肠蠕动或尿液冲洗而排出体外。失去菌毛，其致病力也随之丧失。

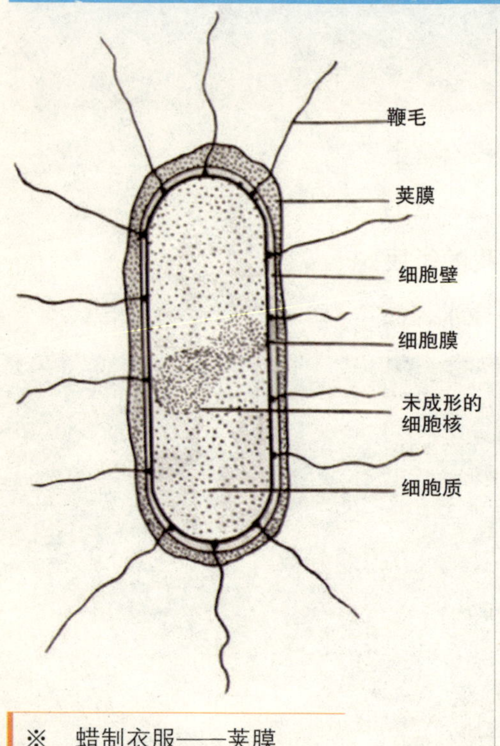

※ 蜡制衣服——荚膜

是由其染色体基因所决定的遗传性状。可见菌毛与运动无关，但我的子民却能像壁虎一样，利用这些菌毛牢固地依附在物体的表面。

俗话说“人想衣裳花想容”，我的子民也不例外，透过显微镜可以看到，我的子民都穿着一层薄薄的服——荚膜。我的这些子民个个都讲体面，当它们来到人类或动物的体内游历时，总是穿得格外整齐，要让它们一丝不挂出门，非得羞死不可。细菌的种族很多，其中以“荚膜杆菌”、“结核杆菌”及“肺炎球菌”三族衣服穿得最为讲究，厚的能赶上皮草了，因此大家很容易识别它们。

细菌的外衣——荚膜

荚膜在正常情况下是看不清楚的，要把它染成紫色或红色才看得清楚。

荚膜并不是细菌的必要结构。失去荚膜的微生物同样能正常生长。

细菌只有在含糖量高、含氮量较低的环境里才能产生大量荚膜。

含荚膜的细菌具有很强的致病力，抵抗人体吞噬细胞的吞噬。

失去荚膜，细菌就会失去致病能力。

这并不是荚膜本身有毒，而是荚膜利于细菌在人体的繁殖。

有些细菌能借荚膜牢固地黏附在牙齿表面，引起龋齿。

因为讲究体面，所以它们还有一个特殊的活动习惯，那就是总有意无意地避开高温区。因为高温会在顷刻间使它们那漂亮的蜡衣化为乌有，就像电影《无极》中鬼狼脱下那件永生不死的黑袍的瞬间化为灰烬一样。为了维护自己漂亮的衣服，避开高温区是必须的，可温度太低也不行，10 摄氏度以下我的子民就会像寒冬季节流落街头的乞丐，瑟瑟发抖，体内营养物质的运输也受到很大影响，绝大多数子民会无可奈何地放慢生长速度，缩成一团抵御寒冷的侵袭。如果温度在零下 18 摄氏度左右，我的子民就无法生存了，它们的处境就像是被集体流放在南极冰窟的囚犯，很快就会被冻死。所以我的子民非但怕热，也很怕冷。它们和人类一样，喜欢在温暖湿润的环境中生存。对于它们来说，人类 37 摄氏度左右的体温是最合适不过的，因此人体成为它们理想的聚居地。在显微镜下，你随时都可以看到我的这些子民摆动着鞭毛成群结队地四处观光旅游。

以上这些就是我的子民——一个贪吃鬼鲜为人知的秘密绝技。它不是人类单单靠显微镜就能够看得出来的。不过通过我这一揭秘，说白了，其实它们也和人类一样，衣食住行人生四大事，一件也不能少。就像诸葛亮草船借箭，如若万事俱备只欠东风，它们的人生就会满盘皆输，只有在这四件大事都具备的时候，它们才能够无忧无虑地生活在这片富饶的土地上。

冰箱食物一定要彻底加热

冰箱贮存食物只是放慢了微生物生长繁殖的速度，并不能杀灭微生物。虽然在 10 摄氏度以下绝大多数微生物生长缓慢了，但是仍然有部分细菌可以在较低的温度下存活甚至繁殖。

冰箱的冷藏室温度，一般在 4~10 摄氏度。饭菜自冰箱中取出，马上加热，需要一个逐渐升温的过程，4~40 摄氏度恰好是细菌繁殖的适宜温度，逐渐加热等于给细菌造成了一个繁殖的良好环境，人一旦吃了加热不彻底的剩饭菜难免会拉肚子。

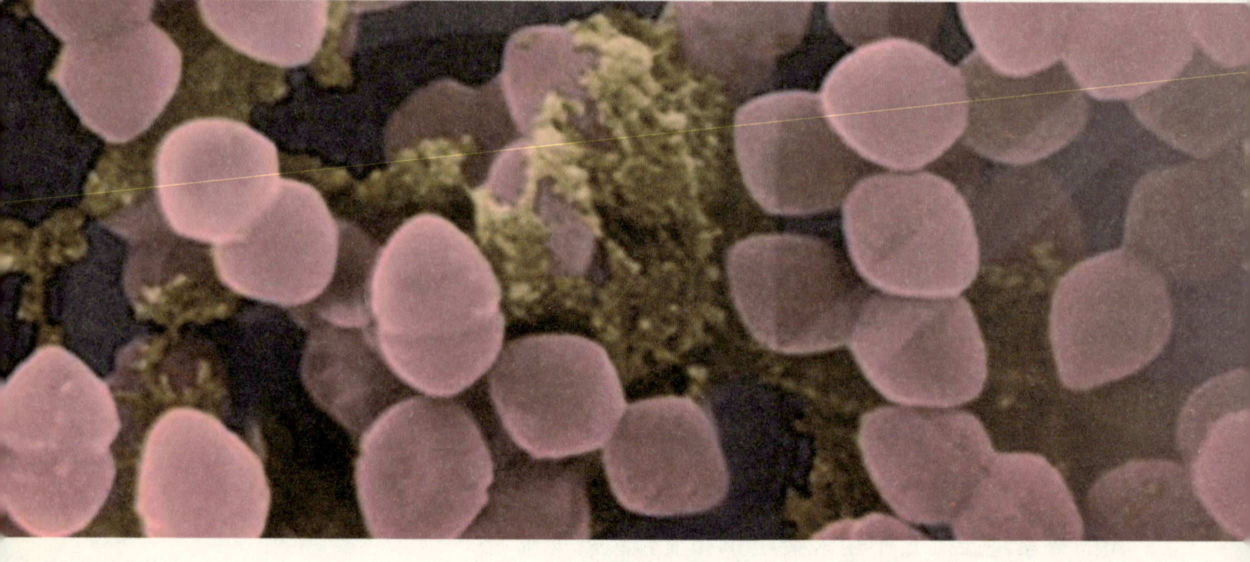

PART 4

第 4 章

姹紫嫣红总是春

细菌家族就像一个海底世界，形色各异，犹如人类的俗语：世界上没有两片完全相同的树叶，也没有一模一样的人类。我的子民也是这样。下面我将带领大家近距离了解我们细菌家族的众生相、多彩的生存繁衍方式以及独特的菌群文化。

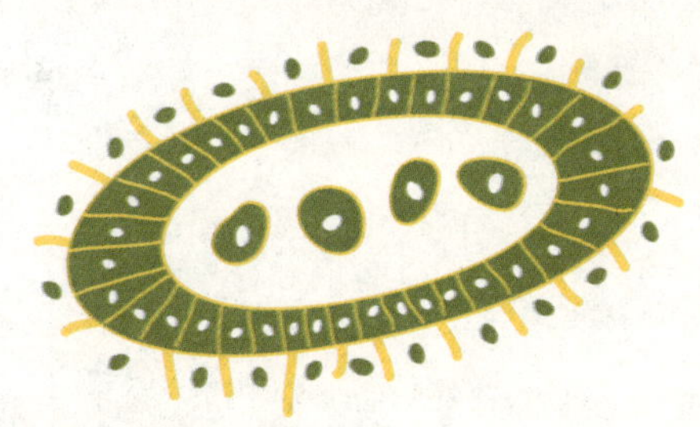

我的开场白

WO DE KAICHANGBAI

在我的王国里，生活着一个不一般的群体，它们地位显赫，种群遍布各处，它们就是我接下来要介绍的人体微生物王国第一大家族——细菌。

家族众生相，模样大不同。这一家族，是标准的显微镜世家，因为它们太小了，小到人类无法用眼球去捕捉它们，只能借助光学显微镜放大几百倍到上千倍才能看到。而这种“看到”充其量也不过是对其大致形态有个粗略了解而已，要想“看到”其具体结构要用电子显微镜放大到上百万倍才行。在显微镜下，人类会发现，我的子民和它们想象的完全不一样。细菌家族就像一个海底世界，形色各异，犹如人类的俗语：世界上没有两片完全相同的树叶，也没有一模一样的人类。我的子民也是这样。

※ 细菌家族就像一个海底世界，形色各异

全家福

QUANJIAFU

在细菌大家族里，生活着三个完全不同的小菌族。它们无论是长相还是生活方式都天差地别。不同于人类的兄弟姐妹，它们的亲情血缘关系并不浓烈，甚至一奶同胞，彼此间也似陌路人，互不相干。

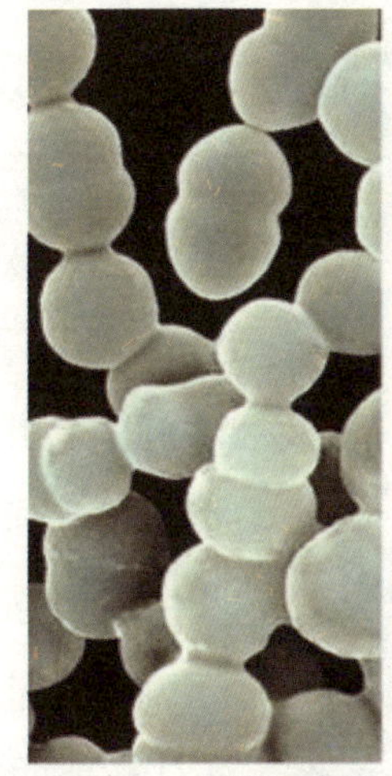

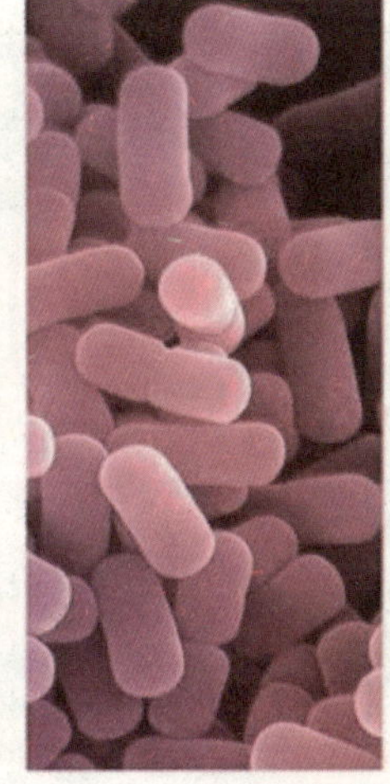

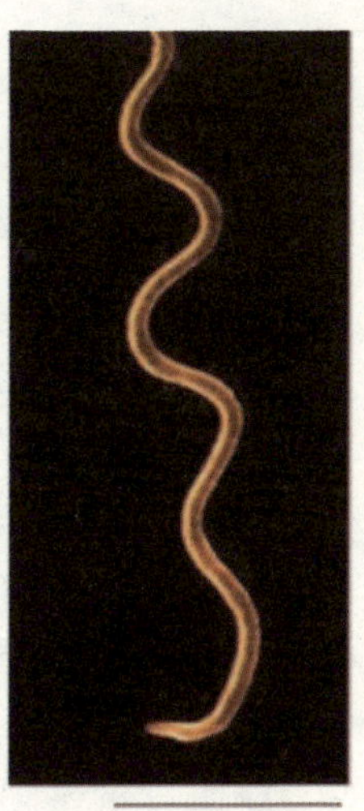

※ 显微镜下的细菌家族主要成员（从左到右依次为球菌、杆菌、螺旋菌）

它们分别是胖头胖脑的球菌、麻秆一样的杆菌以及弯曲扭捏的螺旋菌。

球菌世家

看！这位慢悠悠走过我身边的就是一名球菌家族的成员。它继承了其家族特有的基因特征，长得胖乎乎的，模样看上去很像球或者近似球形，它的弟兄姐妹还有呈矛头状或肾状的，怎么看都像是戴了一顶与身材极不相衬的礼帽的土财主。这种憨头憨脑的相貌颇能唬人，会给人类留下特别能吃的印象。其实这只是造成其身材圆胖的一个小小的影响因素，起决定性的因素却是遗传基因。就像人类有胖有瘦，

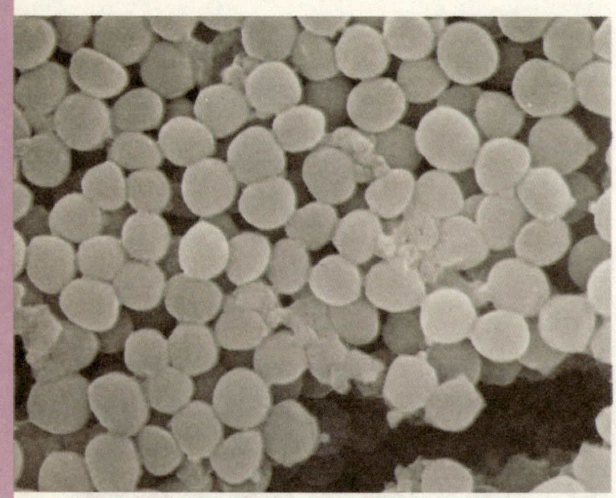

※ 现在大家看到的这幅图可是放大了 10 000 倍的照片

有高有矮，有些人就算喝凉水都长肉一样，我的子民也是如此。

如果大家因为球菌胖，就想当然地把它们看作大块头，那就大错特错了！ 2 万个球菌挤在一块才有一粒小米粒大小。因为是球形，人类习惯上以直径来表示它们的身高。球菌的身高一般在 0.4~1.5 微米，现在走过我身边的这位子民身高只有 0.6~0.8 微米，在球菌家族中，个头也只能算中等。现在大家看到的这幅图可是放大了10000 倍的照片。

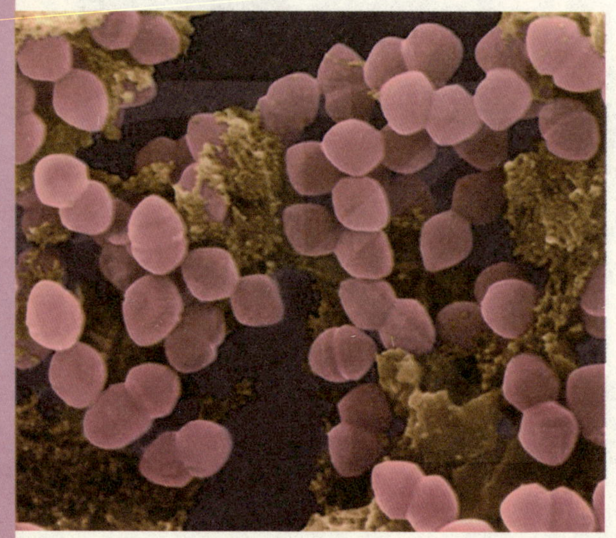

※ 相依相存的连体婴儿——双球菌

别看球菌个子小，其家族成员可谓错综复杂，有的是特立独行的单球菌，有的是双宿双飞的双球菌，还有集体作战的链球菌。

它们的这种兄弟宗亲关系还体现了它们的个性与人文特色，比如单球菌是球菌家族里的单身贵族，它们在分裂后会分道扬镳，寻找自己的新生活，所谓一个人吃饱全家不饿，个性十足。生活在泌尿道的尿素微球菌就是这样特立独行的单球菌。双球菌则喜欢相依相存的生活，它们在分裂后会成双成对地生活在一起，饥则同食，累则同寝，就像人类的连体婴儿一般。典型的双球菌是肺炎双球菌，它生活在人体肺部。链球菌则最喜欢扎堆，分裂后的多个球菌头尾相接排列成链状，短者 4~8 个细菌，长者有 20~30 个细菌，

刀枪不入的金黄色葡糖球菌

金黄色葡糖球菌能抵抗消毒剂的作用，侵害人类多种组织和器官。它可感染表皮、软组织、黏膜、骨骼和关节等，是一种严重危害人类健康的细菌之一。

金黄色葡萄球菌能够有如此大的摧毁能力，关键就在于它的金黄色外衣。因为金黄色不只是一种颜色，还是一种物质——类胡萝卜素，类胡萝卜素的特点之一就是能产生抗氧化剂，具有抗氧化功能。具有这种功能的外壳成为金黄色葡萄球菌刀枪不入的盔甲，能抵御外来的伤害。

如果把细菌的金黄色外衣剥掉，就可能解除它们的盔甲和武装，从而更好地消灭它们。因此，人类未来可能会研制出一种去除金黄色葡萄球菌外衣的特效药，这样人体自身的免疫系统就可能战胜葡萄球菌。

犹如手挽手并肩作战的兄弟团。

在球菌家族，还有一些不按套路出牌的家伙，如有的球菌是四个细胞联在一起，像田字一样，人类给它们冠名为四联球菌；有的是八个球菌排列在一起成立方体（魔方状），人类称之为八迭球菌，如尿素八迭球菌；有的则是多个球菌无秩序地堆集在一起，形成的新个体排列成葡萄串状，人称葡萄球菌。葡萄球菌对氧气的需求量比较大，因此普遍存在于人类皮肤和与外界相通的腔道中，大多数葡萄球菌对人类比较友善，但也有极少数能够给人类带来病痛的。

麻杆家族

介绍完细菌家族的胖子，接下来我给大家介绍一下细菌家族的瘦子——杆菌。它们看上去没有球菌那么圆润，甚至有点面黄肌瘦，但并不是营养不良，而是生就这副模样。

和球菌一样，它们的名字也得益于它们的长相。

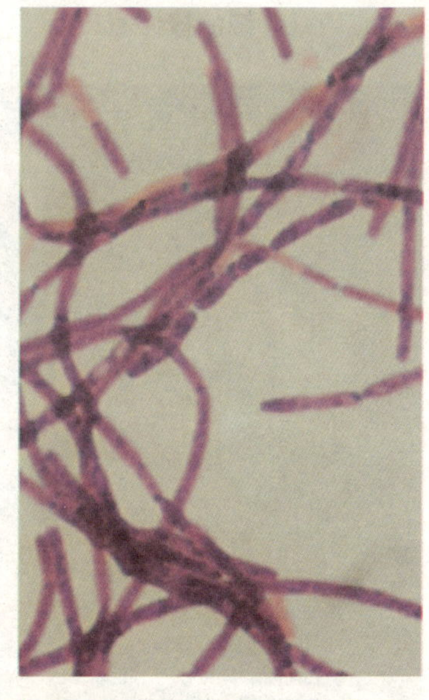

※　电线杆一样的杆菌

因遗传基因的不同，造就了杆菌在个头、腰围以及身量挺拔程度上的巨大差异。其身高介于2~5微米之间，腰围介于0.3~1微米之间。如果这样大家还觉得平平无奇的话，不妨把这组数字放大1000倍，就是2~5米的身高和0.3~1米的腰围，与人类成年男性平均1.6~2米的身高和0.8~1.0的腰围相比，这组数据是不是让人大跌眼镜？！这样，人类在显微镜下面看到疑似巨人症患者的炭疽杆菌（其身高达3~5微米，腰围却只有1.0~1.3微米，看起来有点像丝线），以及一些很容易与球菌搞混的侏儒杆菌（如野兔热杆菌，其身高只有0.3~0.7微米，腰围0.2微米，为杆菌家族中的袖珍菌）也就不足为奇了。

与这些非正常发育者比，我的子民大多数还是比较中正的，个个笔挺呈直杆状，但头和脚就让人摸不着头脑了，要么两端钝圆形，要么两端平齐（如炭疽杆菌），还有两端尖细（如梭杆菌）或末端膨大呈棒状的（如白喉杆菌），你根本分不清哪端是头，哪端是脚。

※ 两端尖细的梭杆菌

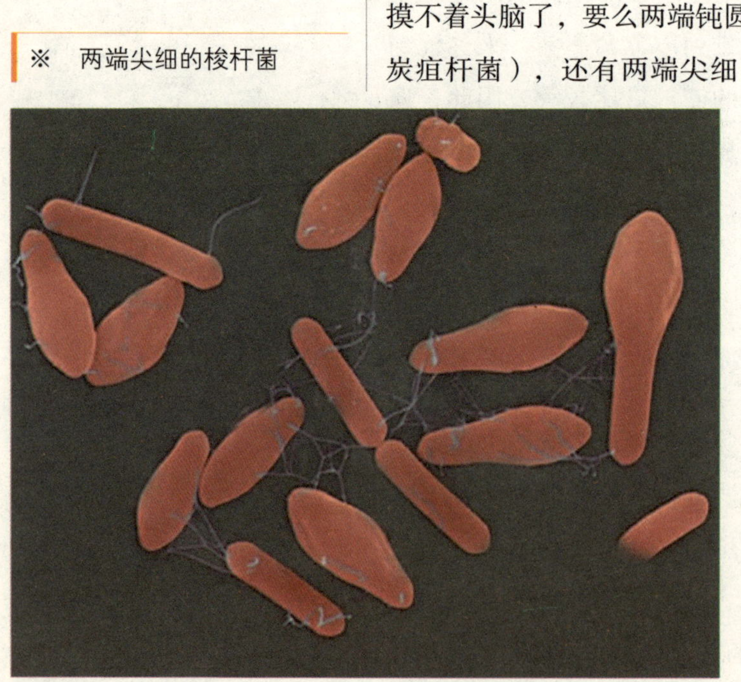

杆菌不但长相上让人摸不着头脑，而且性格也很怪异。有些杆菌喜欢孤独，总是离群寡居，零散地分布在王国各个角落。它们崇尚的是独身主义和放荡不羁，一生孑然一身，正因如此，被人类称为单杆菌。但有的杆菌却不甘寂寞，总是有另一半伴随左右，这和双球菌的禀性有点像，因此被称为双杆菌。当然也有不满足一两个伴侣的，比如链杆菌，它有点像封建社会的男人，喜欢有个三妻四妾，粉黛佳人随侍左右，但这并不显得忙乱，反而生活得井然有序，它们犹如娘子军般排列成链条状。而结核杆菌则另辟蹊径，一个紧挨一个排成栅栏形或八字形，然后才一起出去活动和觅食。怎么样？我这些子民有个性吧！

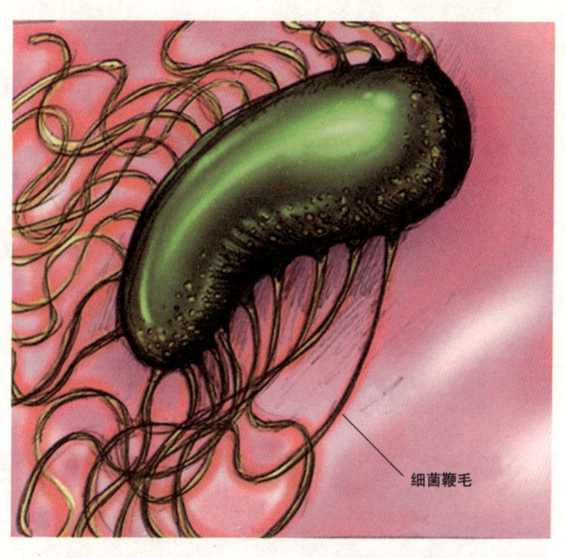

※ 杆菌的交通工具——鞭毛

了解了杆菌的体型，大家也许觉得它们这个样子行动必然缓慢。这个可就小瞧它们了！杆菌大多随身携带有便捷的交通工具——鞭毛，甚至不只一根，有的两端都有，还有的周身都是，像刺猬一样。

在我这个王国里，你经常能看到杆菌舞动着自己的鞭毛四处闲逛，去想去的地方，做想做的事情，过着随心所欲的幸福日子。但有的杆菌却没有这样的好运气，在杆菌家族中也有一些杆菌没有鞭毛，也没有菌毛，成为没有任何交通工具的可怜虫，它们只能完全借助周围环境的辅助，随波逐流，虽然它们感觉自己很憋屈，但是由于是自身生理结构的限制，所以也就安然处之了。

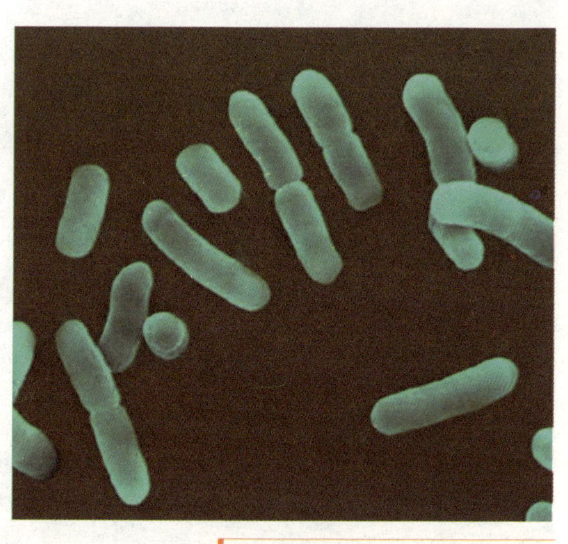
※ 无鞭毛的杆菌

特立独行的袅行族

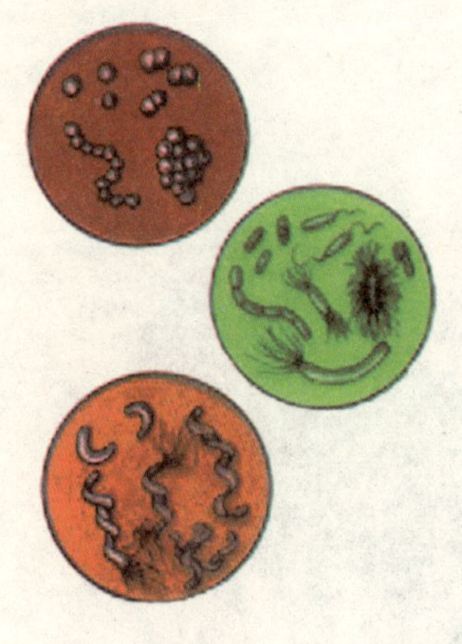

※ 弯弯曲曲的螺旋菌

在我王国的细菌大家庭里，还生活着一些体形弯弯扭扭的子民，人们根据其身形特点，给它们命名为螺旋菌。与球菌、杆菌比，螺旋菌可称得上是庞然大物，其身高在 1.0~50 微米之间，可惜却生了一副杨柳腰，腰围仅为 0.3~1.0 微米，而且异常柔韧，一点也不亚于练瑜伽的。而这个特点也被它们加以无限制的发挥，在我的王国里，你经常会看到摆出各种柔韧 POSE 的螺旋菌。

霍乱弧菌，又名逗号弧菌，是螺旋菌家族中的小不点，它们个头不高，能力也有限，身体只能稍微弯曲一点，勉强摆出“C”字形或似逗号形的 POSE，

霍乱弧菌有六怕

一是怕热不怕冷。55 摄氏度湿热环境中 10 分钟死亡，煮沸立即死亡。室温下可存活 336 小时。−17~21 摄氏度生存一个月，冰箱内（4~10 摄氏度）可存活数十天。

二是怕干不怕湿。霍乱弧菌在干燥 2 小时或阳光直射下 1~2 小时即可死亡，在干燥食品中仅存活 1~2 天，在鲜鱼、鲜肉和贝壳类食物上可存活达 1 周左右，在污染的潮湿衣服上可存活 5 周。

三是怕酸不怕碱。霍乱弧菌在酸性环境中可存活 1~5 分钟，在正常人胃酸中仅能存活 4 分钟。

四是怕咸不怕淡。钠离子可刺激弧菌生长，在 1% 盐水中，霍乱弧菌可存活 53 天；在 5%~10% 的含盐水中可存活 20 天以上；在 15% 盐水中只能存活 1~2 天；在 30% 食盐水中可存活 4 小时。

五是怕氯不怕酒。霍乱弧菌怕各种含氯消毒剂，1% 漂白粉澄清液 5 分钟即可杀死该菌。将 1/5 酒精加入细菌培养基无抑菌作用，在啤酒中该菌可存活 3 小时，在普通白酒中存活 5~15 分钟

六是怕茶不怕奶。在 4% 茶水中霍乱弧菌可存活 1 小时，而在乳制品中可存活 2~3 周。

它们往往与一些略弯曲的杆菌很难区分，人类常常将它们认错。除去这些小不点，螺旋菌也不甘示弱，它们借助身材优势，轻而易举地就能摆出“S”形或“弓”字形，这些高难度的POSE化解了王国内的枯燥。

提到螺旋菌，就不得不说一下螺旋体，人类在显微镜下经常能看到一种苍白而扭曲的蛇状生物，常误以为是螺旋菌，其实不是。它们比螺旋菌要大得多（体长 4~20 微米，宽度 0.1~0.2 微米，有 6~24 个间隔一致的螺旋圈），头和脚微微翘起，好像谁也不服，它除了具有同细菌一样的细胞壁和繁殖方式外，还配置有原虫装备，如原虫一样柔软的体态，胞壁与胞膜之间绕有弹性轴丝，借助它的屈曲和收缩能活泼运动，所以它是细菌界进化最快的子民，有傲慢的资本。但它们也有致命弱点，由于易被胆

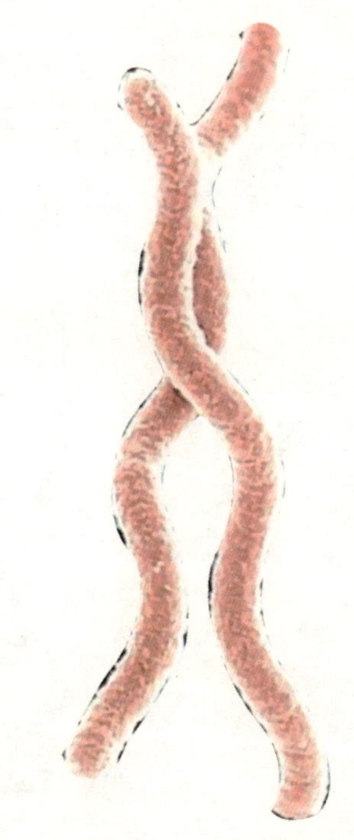

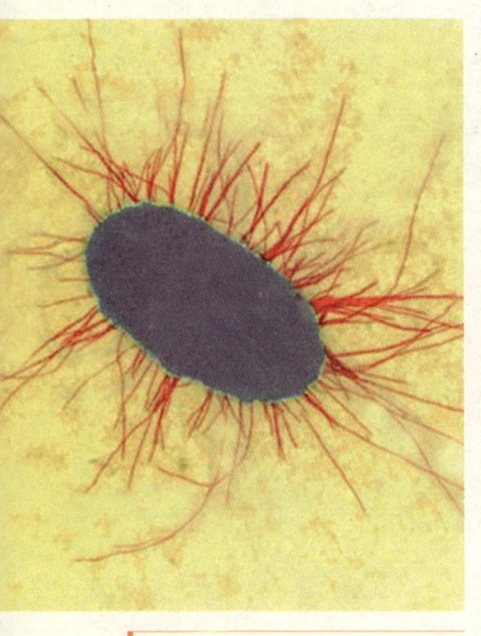

※ 蜈蚣式丛生鞭毛

汁或胆盐溶解，肝胆区域是其禁区。而且在繁殖速度上是一个扶不起的阿斗，每30~33个小时才裂一次，之后也许6个月才一次，而相同的时间里大肠杆菌都已经繁殖1027次。

螺旋菌性格与球菌和杆菌大相径庭。它们爱张扬的毛病注定了它们不喜欢埋没个性的群居生活，崇尚特立独行的离群索居，这就是它们常分散存在的原因。

在螺旋菌家族中，菌与菌之间的差别，并不只是长相而已，交通工具也很不同，如弧菌只有一端有鞭毛，独腿运动；有的是丛生鞭毛，如蜈蚣般，各鞭毛协作推进；有的两端都有鞭毛，就平衡原理来说，运动起来潇洒矫健，如舞蹈一般，打着旋地飘悠。而螺旋体天性活泼，如波浪般起伏于王国各个角落。这也决定了其凶残的一面，它们躲在“密螺旋体庇护所”，如眼睛和淋巴腺内制造事端。我曾亲眼目睹一个如花似玉的女孩因螺旋体引起的疾病导致急性肾衰竭，最后离开了人世。

在整个王国内，英俊潇洒、英姿飒爽的子民比比皆是，不过缺陷也时有发生，和人类一样，它们同样面对畸形和残疾。在整个发育过程中，它们也会出现一些裂变，如节杆菌属，小的时候为杆状，到老了的时候则呈球状。在不良环境下，它们也会出现一些不正常的现象，如杆状细胞有的膨大，出现梨形，有的产生分枝，有的伸长以致呈丝状等。

这些体弱多病者，大多寿命不长，优胜劣汰，自然法则一向如此，不过还好，它们的繁殖能力弥补了诸多不足，使整个王国还能维持欣欣向荣的局面。

繁殖高手，谁与争锋

FANZHI GAOSHOU SHEIYUZHENGFENG

所谓“不孝有三，无后为大”，生物是需要生命延续的，无论是天上飞的、地上跑的，还是水里游的、地下蛰伏的，无一例外，只是延续生命的方式不同罢了。哺乳动物靠胎产，属体内受孕；还有一些是体外受孕，如鱼类，雌鱼和雄鱼在水中产下卵和精子，这些卵子妹妹和精子哥哥自由恋爱，巧妙组合，成为鱼类的下一代，继续发展壮大；还有一些植物靠花粉在空中传播；更为稀奇的是，有一些生物是雌雄同体的，它们一对联体生殖器，即自己既产卵又产精子，可见生命的神奇；还有更让人叹为观止的，那就是我子民们神奇而独特的繁殖方式。

我的子民不会像动物一样父生子、子生孙，也不

※ 细菌神奇而独特的繁殖方式

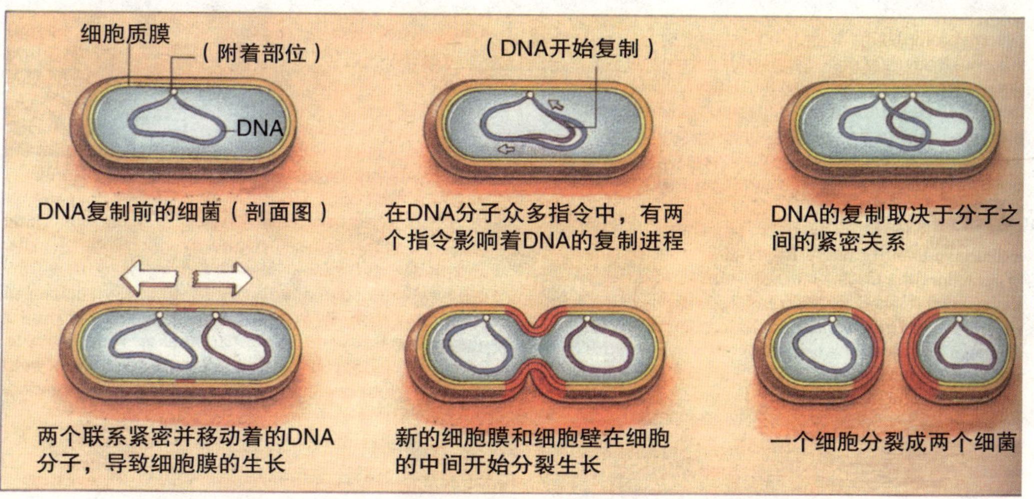

细菌三天就可以填满全世界的海

细菌的繁殖速度十分惊人。如果细菌在适宜的环境下顺利繁殖，三天就可以把全世界的海填满。

细菌虽然繁殖很快，但死亡也很快，而且受食物、水分、温度等环境条件的限制，因此上面理论上推出的繁殖速度实际上是不可能出现的。

会像植物一样落籽生根，它们极为简单，由一个菌体直接平分变成两个，两个继续平分就变成四个……按倍数飙升，按每20分钟细菌分裂一次估算，1小时后一个细菌可以变成8个，2小时后就会变成64个，24小时内可以繁殖72代，即40多万亿个细菌，如果按一个细菌体重 1×10^{-13} 克计算，所形成的菌体体重将是4000多吨，经48小时后，则可产生 2.2×10^{43} 个后代，如此多的细菌的体重约等于4000个地球之重。就算动物界的繁殖能手——老鼠，也甘拜下风。也正因为如此，我的子民们总是分不清楚哪个是自己的老子，哪个又是自己的儿子，所以我的子民对自己的孩子远不如人类那么上心。它们不会在天高气爽的时候摆着鞭毛或菌毛，带着自己的小菌崽在自己的领地上优哉游哉，也不用对新一代负什么责任。它们分裂后彼此就不再有什么关系，各自开始自己的人生，独自成长，然后再割裂自己的身体，派生出另一个一模一样的兄弟，这也是它们为什么永远长不大的原因。

看到这里，大家可能会说，那么多细菌，不把人

体挤爆了吗？即使不人满为患，可那么多嘴，哪有那么多的食物给它们吃，并且你的子民还那么能吃。呵呵，这个问题我一点都不担心，因为我的子民也和人类一样，有生老病死、生死轮回。

当它们繁殖到一定的阶段，空间的狭小与拥挤、食物的紧缩与水分的缺失，使生存环境中的 pH 急剧变化，再加上那么多细菌代谢出的有害物质四处弥漫，使一些老弱病残承受不了这种压力，相继死亡。一旦空间与生存环境得到改善，新一轮的繁殖便争先恐后地开始了。对于它们的这种残酷轮回，我也无能为力，只能眼睁睁地看着它们在死亡线上挣扎，然后欣慰地看着新的生命诞生。优胜劣汰的竞争法则是大自然为所有生命制定的至高无上的法则，谁也逃脱不了——包括人类。

这样一来，真的让我免去了很多的烦恼。不必担心粮食问题，也不必担心领土上出现圈地运动，更不用担心因为无限制的繁衍而出现动乱不安，自然法则帮了我大忙。想想我还真是一个比较省心的国王，不必要日理万机。

红颜薄命，抱团求存

HONGYANBOMING，BAOTUANQIUCUN

虽然我的子民是繁殖高手，但却不是武林高手，它们由于身材的限制，常常让自己陷入弱势，但也正是由于这个原因，我的子民才得以在人类眼皮底下安然渡过这么多个年头。

但是，另一种危机却悄然降临。

由于我的子民同一菌族间都存在某种血缘关系，所以彼此间会齐心协力，很少发生矛盾与冲突，反而为了长远的利益，彼此捆绑在一起。不过这种捆绑具有很强的血亲关系和排他性，它们的领地意识毫不逊于狮子和老虎，擅入者死，是它们一贯的作风。当然要掌握别人的生杀大权，必须有一定的实力才行，由于数量上的优势，群战是它们的不二选择。

为了维持这种优势，我的子民选择把所有的后代纠结在一起，就像蜜蜂一样，被一只蜜蜂蜇，顶多也就是红肿一下，过几天就好了，被两只蜜蜂蜇，顶多包会多一个或大一些，但是被一大群蜜蜂咬，可是会蜇死人的。借用蜜蜂原理，我的子民便不再随便把后代赶出家门，任其自生自灭，而是极力挽留在身边，这样，子子孙孙，繁衍不息，当它们达到一定的数量后，就形成了一个部落，叫菌落。

可是，爱美之心，万物皆然。这些小不点也是如

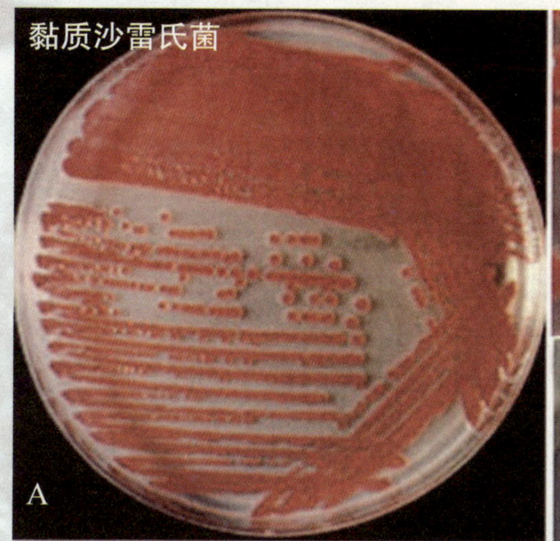

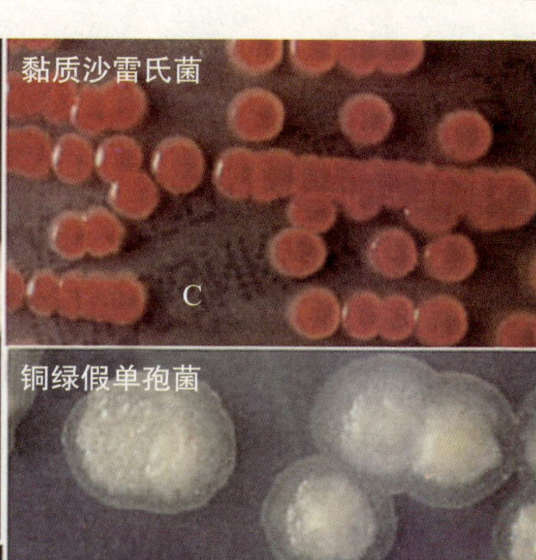

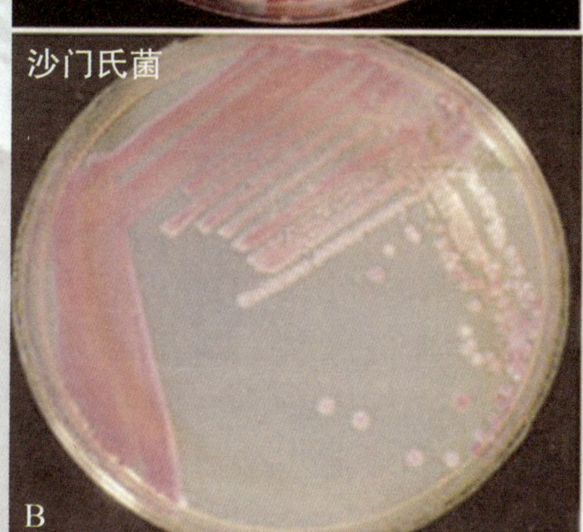

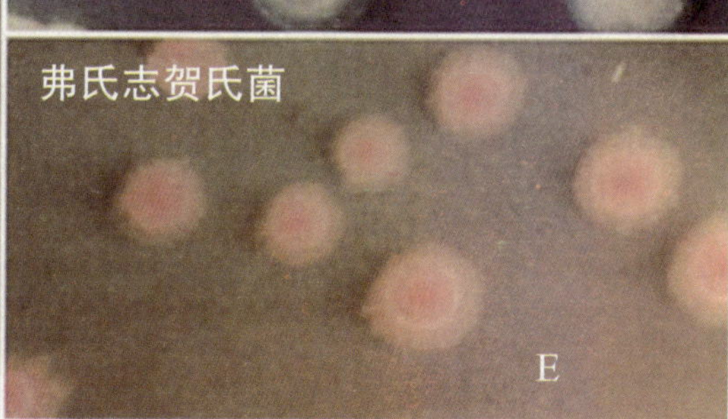

※ 五颜六色的菌落

此。它们是各种颜色的狂热“粉丝”，根据自己的喜好，选择所爱的颜色，有的喜欢着绿色服装，如绿脓杆菌；有的喜欢金黄色，像成熟的麦田一样，如葡萄球菌；还有的细菌比较浪漫，喜欢穿粉红衣裳，如克柔氏假丝酵母菌；一些结婚狂则总是穿着白色的婚纱，挤在一起，举行集体婚礼，如念珠菌。它们按种群汇集一起，形成一个个姹紫嫣红的菌落。本来，人类的眼球是看不到我的子民的，只能借助显微镜这一可怕的照妖镜，可是我的子民这一臭美却暴露了自己的根据地。人类惊讶地发现，原来这些无处不在、

花花绿绿的妖蛾子竟然是细菌。

在人类的传统经验中，凡是颜色过艳的美丽尤物都不是好东西，更何况是我们这些细菌呢！因此，一旦人类发现食物上泛出一层绿茸茸的毛，马上就弃之如敝屣；一旦发现衣物上有色斑出现，就会立刻消毒杀菌；而一旦发现自己的皮肤上冒出一个小包，就已经动作敏捷地拿起各种武器开始猎杀它们了。不只是皮肤，就连身体内部人类也不放过，还经常去洗肠，那可是我王国里最大的繁殖基地呀，常常多年的努力毁于一旦。

这还不是让我最担忧的，最让我的子民胆战心惊的是，人类利用我子民同宗聚居的特性，根据菌落的形状、大小、厚薄和颜色等特点，进行各种鉴别、分解、研究，摸准了它们的脾气与弱点，制造出更可怕的武器来对付它们。人类制造的这些武器比核武器还要厉害，不但能够让我的子民休眠，还能够让它们灭绝。最典型的军火制造商就是前面所提到过的弗莱明了。就是他观察到了金黄色葡萄球菌落减少或消失的原因，从而发现“吃”掉葡萄球菌的青霉素，划时代地揭开了抗菌素的秘密，自那以后，人类更加肆无忌惮地进行活菌解剖实验，想更深入地研究它们，看它们对哪一种抗菌素敏感，然后制造各种抗生素来对付它们，甚至专门建造了加工厂昼夜不停地制造武器，我的子民现在是谈抗生素色变。这也许是它们由幕后走向台前所必须付出的代价，借用人类的哲学，看问题要一分为二，尽管会面对杀戮与死亡，我的子民辛苦组建起来的菌落并不会因此而解散，它们会继续肩并肩走下去。

洗肠能排除毒素吗

洗肠迷声称洗肠能治过敏、粉刺、消化不良、肠胃不适以及慢性疲劳综合征，能够改善机能，甚至改变衰老的过程。主张洗肠的人类把身体看作是一个会走路的大垃圾桶，认为，垃圾桶内的毒素才是扰乱免疫系统的罪魁祸首，该系统因此无法再抵御那些致病病菌的侵袭。为了解决这个问题，必须定期打扫垃圾桶，进行洗肠。

但传统医学却不认同洗肠迷们的观点，他们认为人的身体都具有排除大部分滞留体内的毒素和废物的功能，至于它自身解决不了的毒素，如铅、汞等元素——是洗肠也洗不掉的。

细菌也疯狂

XIJUN YE FENGKUANG

要说我们菌类可是这个世界上最古老的物种，数十亿年的磨难，数十亿年的生存竞争与生命演化，不仅给了我们一副钢筋铁骨，也给了我们一种凛然之气。这种凛然之气，人类也要怯三分呢！

例如，当一位爱漂亮的女孩脸上长满青春痘的时候，时常对着镜子挤压，为了保命，避免落一个五马分尸的下场，小女孩的纤纤玉手越挤，我这些子民就越会发挥"钉子精神"，往皮层更深处钻，直到安全得到保障，就定居下来继续生活繁殖。而那些美丽杀手——青春痘在爱美女孩的脸上便遍地开花了。

其实有这样的结果并不能全怪我的子民，这与人类肤质有关，就像人类建筑城墙一样，有土制的，有砖制的，还有石制的，人类的皮肤也分干性、中性、油性、混合性和过敏性等。特别是油性皮肤，一旦发现镜中的脸油光满面时，就要保持高度警惕了，这是油脂在作怪，人类的皮肤和细菌一样，都是由细胞

皮肤干性还是油性

擦拭法：取一块清洁柔软的卫生纸巾或手帕，在鼻翼两侧或前额部反复擦拭，将皮肤表面分泌的皮脂尽量擦拭下来。如果纸巾满是油光发亮的分泌物，那么这就是油性皮肤，说明皮脂腺的分泌功能比较旺盛；擦拭后的纸巾无油渍且颜色浅淡的，则是干性皮肤；介于两者之间的，即为中性皮肤。

洗面法：在洗脸之后，使用化妆品之前，皮肤有种绷紧感，可根据绷紧感消失的时间来判定其皮肤的类型。洗面 30 分钟后皮肤感觉正常的为中性皮肤；20 分钟后绷紧感消失的为油性皮肤；大于 40 分钟绷紧感消失的则为干性皮肤。

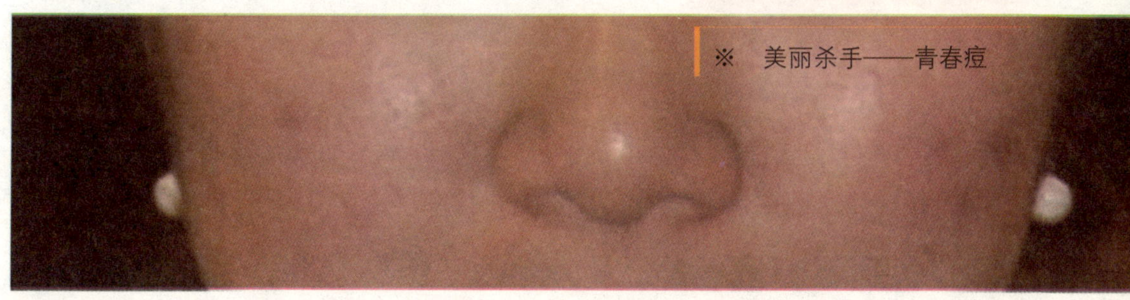

※ 美丽杀手——青春痘

构成的，只不过细菌是单细胞，而皮肤是多细胞而已。在细胞的整个生命旅途中，代谢是主角之一，它是一个工作狂，每天对一些物质搬进搬出，片刻不得停息。就拿皮脂腺来说吧，它昼夜不停地分泌着油脂，是皮肤最得意的造脂器，其制造的大量油脂被角质层拦截下来，导致角质层加厚，油脂也就此累积起来，逐渐往皮层表面隆起，堵塞住毛孔，使毛孔窒息，细菌在封闭的毛孔里和油脂搅和在一起，如痤疮丙酸杆菌、白色葡萄球菌在缺氧情况下联手打造繁殖大军，导致炎症细菌侵入，变成脓疱、结节，使得整个毛囊变红、发炎，如果细菌扩散到附近的皮肤组织，灾区将变得更大。

所幸青春痘，一般抹上药膏或加强清洁，待炎症消减，角质层出现开口，里头的脓血排出皮肤，伤口重新愈合后，就可以重获美丽容颜了。

而最擅交际的人类，如果一旦染上口臭，再漂亮的女孩，也会无形中被隔离孤立，这都是非链球菌属惹的祸，由于没有鞭毛也没有菌毛，活动受限，只能蛰伏在原地吃腐败的尸体或者残渣，属闻臭起舞的腐物寄生菌，特别能见缝插针，常趁口腔有伤口

口臭背后的元凶

口臭，是由舌根部的厌氧性细菌产生的挥发性硫化物造成的，其中一种叫做硫化氢的化合物甚至会使口腔产生类似臭鸡蛋的气味。

有些人口臭较重，自己就可以闻到；而有些人通过他人的反应，才知道自己口臭。自测口气的方法：将左右两手掌合拢并收成封闭的碗状，包住嘴部及鼻头处，然后向聚拢的双掌中呼一口气后紧接着用鼻吸气，就可闻到自己口中的气味如何了。

刮舌苔、饮用无糖酸奶均可减缓口臭。

或烂牙而寄生其中，它们边吃边分解，释放出硫化物，发出腐败气味。方圆1米内都能闻到，是人类交际的第一杀手。

是什么让细菌如此疯狂作案?

细究起来，其动机为内外环境发展不平衡，导致菌群失调。

所谓内环境是指人体自身环境恶化，如胃酸减少时胃内细菌增加，有害菌可能乘虚而活跃，如人体免疫力下降，对外部侵入的有害菌失去或减低了吞噬能力；而外环境则是一些人为因素，如抗生素等消炎药物的应用，大量正常菌群被杀伤或囚困，甚至被消灭，进而造成肠黏膜大面积脱落。这样，相当于给致病菌留下了一座空城，它们将大摇大摆、毫无阻挡地入住，如鬼子进村般对肠黏膜进行大扫荡，吃光、杀光、掠光，形成自己的武装根据地——病灶。

所以一旦菌群失调，势必会引起王国动乱，从而连累人类健康，这就是人类所谓的蝴蝶效应吧。

不过，在和平年代，它们这些小家伙还是蛮可爱的，它们从不以貌取人，在缤纷的菌落间，并不

胃酸与人体内环境

胃酸的发现是在1752年，由意大利学者列莫发现，但他当时仅确定鸟类存在胃酸。

人类胃酸的发现者是罗马神父斯帕兰让尼，他同时还发现咀嚼过的食物更容易消化。

又经过许多年，人们才知道胃酸是壁细胞分泌的，它主要分布在胃底和胃体部。

通过美国医生鲍蒙特等人的长期研究，进一步知道：无论吃什么样的食物，胃窦以同样的方式进行活动和消化；焦虑或愤怒时，胃酸分泌旺盛，消化加快；颓废时，可以几个小时不消化食物；“刺激性调味品”及大量喝烈性酒可使胃酸分泌过多；胃酸过多可引起胃灼热，再严重些就可发生溃疡病。

会因为长得不体面就被踢出群体，也不会因为体弱，就会受其他同类的欺负，在这一点上，我的子民比其他生物种属文明。

也许我老王卖瓜，自卖自夸了，但人还无完人呢，何况这些单细胞生物？就允许它们有点瑕疵吧。

一分钟了解形形色色的细菌

细菌是自然界分布最广、个体数量最多的有机体，是大自然物质循环的主要参与者。细菌主要由细胞壁、细胞膜、细胞质、核质体等部分构成，有的细菌还有夹膜、鞭毛、菌毛等特殊结构。绝大多数细菌的直径大小在0.5~5微米之间。可根据形状分为三类：球菌、杆菌和螺旋菌（包括弧形菌）。还有一种分类方式是利用细菌的生活方式来分类，可分为两大类：腐生生活与寄生生活。

具有球形外观的细菌称为球菌，能引起人类感染的球菌有葡萄球菌、链球菌、肺炎球菌和脑膜炎球菌。其中，葡萄球菌在多数时间是无害的。然而当皮肤破损或有其他损伤时细菌可通过机体这种防御机制而引起感染。

杆菌是杆状或类似杆状的细菌，广泛分布于自然界，腐生或寄生。其中，常驻人体肠道的大肠杆菌一般对人体没有害处，相反还能合成对人体有益的维生素 B 和维生素 K，但当人或动物机体的抵抗力下降或大肠杆菌侵入人机体其他部位时，可引起腹膜炎、败血症、胆囊炎、膀胱炎及腹泻等。

螺旋菌是细胞呈弯曲状的细菌。影响人类的螺旋菌主要有霍乱弧菌和幽门螺旋菌。人的霍乱弧菌是通过患病者和带菌者排泄物污染的水、食物、苍蝇而传播的。基本上，患者要吃超过数十亿颗霍乱菌才会病发。幽门螺旋菌主要存在于人的胃部，人类是幽门螺旋菌唯一的宿主。近百年来，幽门螺旋菌在发达国家基本消失，在发展中国家尚有遗存。幽门螺旋菌的消失，给人类带来两方面的影响，其一是人类消化道溃疡和胃癌患病率明显降低；其二是食道类新型疾病发病率逐年升高。

PART 5

第 5 章 年轻一族

罗马不是一日建成的，我的王国也是一样，在经历漫长的等待与进化后，才会诞生新的子民。自 10 亿多年前真菌入伍后，迄今为止，我的王国进账记录为零，真菌成为我王国内最年轻的一员，这些“新新菌类”在微生物王国的舞台上，扮演着怎样的角色？人类似乎颇具争议。让人类摸不着头脑，却又撩拨着人类的情绪，只有真菌才有这种本事，这就是年轻的资本，并将资本成功转化成无穷无尽的生命力。

身世之谜

SHEN SHI ZHI MI

※ 真菌——传说中的不倒仙翁

别看真菌子民在微生物王国内是新新一族，可综观地球发展史，46亿年前地球诞生；10亿年前地球出现原始生物；4亿年前在海洋中出现了鱼类；2亿年前出现了爬虫类，同时在陆地上产生了大量的森林；1亿年前出现了哺乳类动物；仅在100万年前产生了猿人——人类的祖先。可见，与人类相比，真菌可谓是传说中的不倒仙翁了，掐指算来，它们已有10亿多岁了。

也许是因为年轻，所以藏不住锋芒，真菌成为微生物王国内最先曝露于人前的一族。自古以来，人类在日常生活和生产实践中，已经觉察到微生物的生命活动及其所发生的作用。中国利用微生物进行酿酒的历史，可以追溯到4000多年前的龙山文化时期，这可以在龙山文化出土的陶器中有盛酒的樽、冲酒的盉、煮酒的斝中找到证据。据中国古代文献记载有黄帝与岐伯讨论醪醴（即酒）、夏代仪狄酿酒、周代杜康制酒的传说，殷商时代的甲骨文中刻有“酒”字，这些记录表明中国在新石器时期已经有了酒。而在古希腊留下来的石刻上，就记有酿酒的操作过程。

北魏贾思勰的《齐民要术》（533—544年）中，列有谷物制曲、酿酒、制酱、造醋和腌菜等方法。

6世纪的《左传》中，有用麦曲治腹泻病的记载。宋代陈仁玉所著《菌谱》（1250）描述了食用菌11种，明代潘之恒所著《广菌谱》（1500）描述了食用菌19种。1977年在浙江余姚县河姆渡村进行考古发掘，出土物中就有菌类，这表明在仰韶文化时期（距今6000~7000年前），中国人已经采食蘑菇。

可见真菌家族早就与人类建立了外交关系，而且相处融洽，奇怪的是，尽管人类对我的子民善加利用，却并不了解我子民的身世。

这一怪诞现象，使得真菌的身世之谜愈加扑朔迷离，人类众说纷纭，直到现在也没有道出个所以然来。目前流行两个版本，一个学派认为我的这一子民是由藻类演化而来。这些藻类因丧失色素而从自养变成异养，生理的变化引起了形态的改变。他们根据性器官的形态和交配方式进行推测，认为鞭毛菌来自绿藻，接合菌来自接合藻，子囊菌来自红藻，担子菌来自子囊菌。另一个学派认为除卵菌来自藻类外，其余的真菌来自原始鞭毛生物。鞭毛生物水生，具有一至数根鞭毛，有的含叶绿素或红色素，有的含其他色素或无色素，含叶绿素的演化为藻，无色素的演化为菌。

无怪乎人类会如此设想：在10亿年前，辽阔的海洋曾是一片条件优越的乐土，里面充满无限的生机和丰富的营养，而此时的陆地则是一片荒凉的不毛之地。也就在这个时代，由于某种特定的原因，一些海洋生物第一次脱离海水，成为陆地上的“冒险家”。

这些新来者面对的是一个从未开垦过的新世界，这里充满机会又困难重重：这里没有其他植物的竞

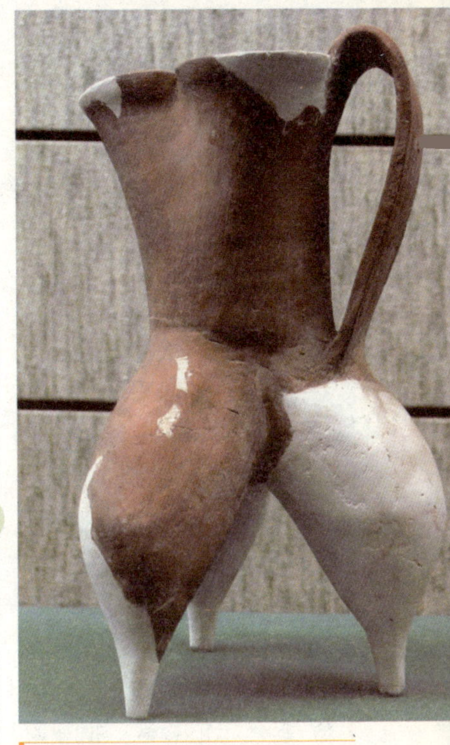

※ 中国利用微生物进行酿酒的历史，可以追溯到4000多年前的龙山文化时期。图为龙山文化出土的酒器

※ 一个学派认为真菌是由藻类演化而来

碳水化合物知多少

所有的碳水化合物都是以糖为单位的。是生命活动中的重要物质，构成机体的组织成分，维持心脏和神经系统正常活动，保肝解毒，节约蛋白质，并且纤维素、果胶等能刺激肠蠕动。一旦碳水化合物摄入不足，人则表现出热能缺乏，出现消瘦、生长缓慢、低血糖、头晕、无力，甚至休克；当碳水化合物摄入过量，长期如此，可导致肥胖、血脂升高。

争，阳光充足，空气中富含光合作用所必需的二氧化碳，土壤中含有丰富的矿物质。通过几亿年的进化适应，它们终于褪去水生的特性，蜕变成陆地上的东道主。但仍有一缺陷让它们生存维艰，尽管它们可以从土壤中吸取矿物质作为营养，却没有能力合成碳水化合物和有机物。

就这样它们承担着这一缺陷带来的种种痛苦，直到5亿年前，海水中的又一批“冒险家”登陆，它们是海藻，它们的目标是变性为植物，但这里的土地贫瘠，几乎不含有机物。对那些从海藻进化来的植物而言，这就成了问题，因为它们不能利用土壤中的矿物盐。两种同病相怜的缺陷生物，一见钟情，产生了共鸣，于是达成协议，决定在植物根部，植物和真菌之间形成某种共生关系。真菌从土壤中吸取矿物质，并供给植物细胞。作为回报，植物则

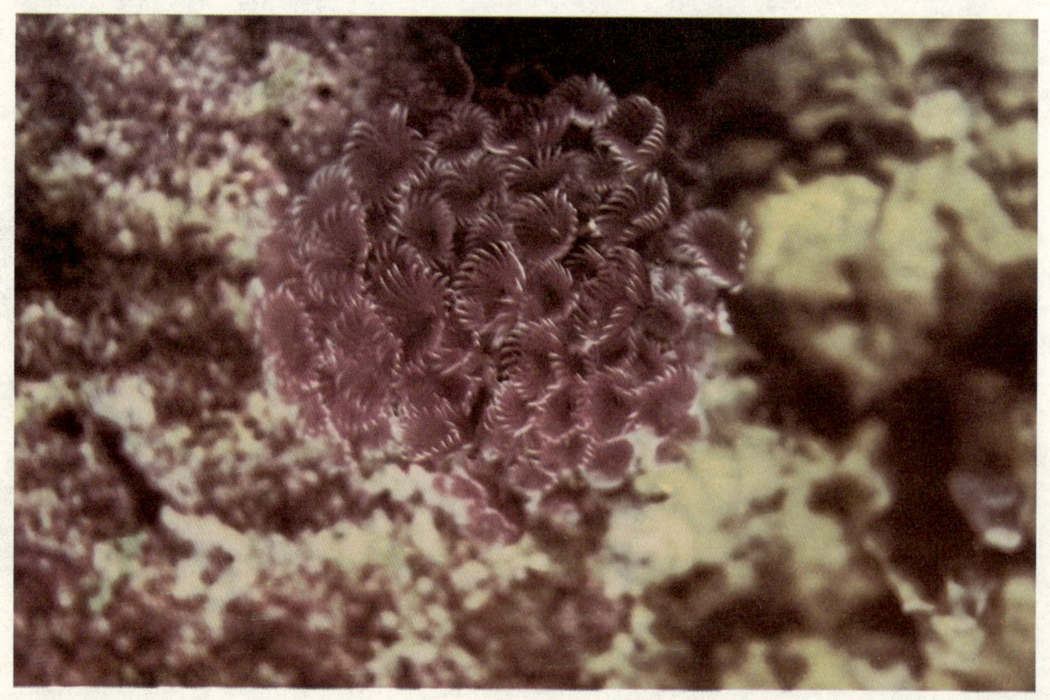

※ 5亿年前，第二批冒险家——海藻登陆

为真菌合成糖类、氨基酸和维生素。

植物和真菌之间的共生关系是互惠互利的。与没有接受宿主的植物相比，结盟共生的植物体能更好地利用土壤养分，因为丝状的真菌菌丝增加了根的面积。随着时间的推移，自然选择规律又强化了这种合作关系，以致现今地球上 80% 左右的植物都有菌根，即植物根部与真菌共生的结合体。这类与植物共生的真菌被称为菌根菌。

形成了菌根的植物与真菌尽管都是相互独立的生物体，但它们之间已彼此不能分离了。它们的基因组相互定形、相互作用，并通过化学信息进行信息交流。例如，日本荷花的根与珍珠巨孢囊菌之间的相互作用就可以说是基因组之间的一场对话。当根与真菌的孢子一接触，荷花的 DNA 中就有一些基因被激活，从而引起细胞结构的一系列变化，在根细胞的表面生成一些能接受真菌及丛枝体的囊泡，细胞结构和细胞器也相应改变了它们的形状，以适应这种变化。

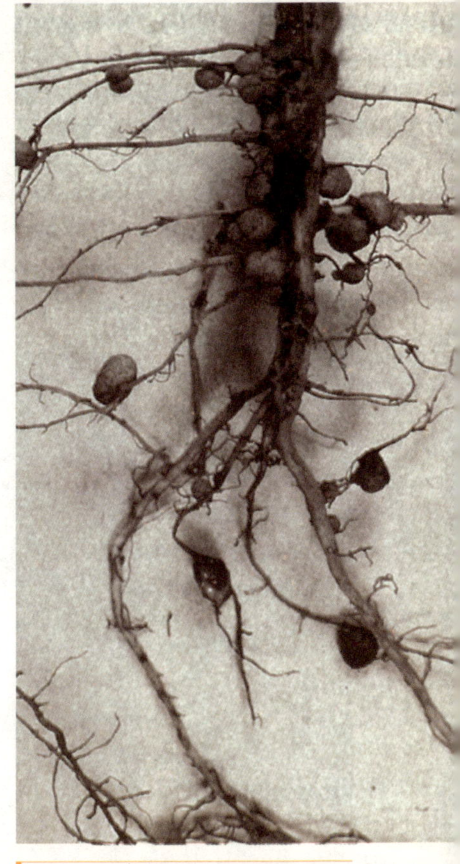

※ 地球上 80% 左右的植物都有菌根

你知道吗？

维生素缺乏一分钟自测

缺维生素 A：指甲出现深刻明显的白线，头发枯干，皮肤粗糙，记忆力减退，心情烦躁及失眠；

缺维生素 B_1：对外界刺激比较敏感，小腿有间歇性的酸痛；

缺维生素 B_2：嘴角破裂溃烂，出现各种皮肤性疾病，手脚有灼热感觉，对光有过度敏感的反应；

缺维生素 B_3：舌头红肿，口臭，口腔溃疡，情绪低落；

缺维生素 B_6：舌苔厚重，嘴唇浮肿，头皮特多，口腔黏膜干燥；

缺维生素 B_{12}：行动易失平衡，身体时有间歇性不定位置痛楚，手指及脚趾酸痛；

缺维生素 C：伤口不易愈合，虚弱，牙齿出血，舌苔厚重。

顽固的真菌病

所谓真菌病是指人类感染致病真菌而发生的疾病。一般按其侵犯部位不同将真菌病分为浅部真菌病和深部真菌病两大类：侵犯表皮、毛发和指甲的称为浅部真菌病；侵犯皮下组织和内脏器官的叫做深部真菌病。此外，还有少数真菌，如念珠菌，则皮肤和内脏皆可累及。

皮肤真菌病，是指真菌侵染表皮的真菌疾病。病原真菌的种类很多。皮肤真菌对外界因素的抵抗力极强，尤其对干燥更是如此。在日光照射或于0摄氏度以下，可存活数月之久。

如何预防细菌和真菌感染

各种细菌、真菌也怕高温，每周可把家里的大小毛巾、抹布分类煮上个20分钟至半小时，而像凉席这种不方便煮的，就卷起来拿开水烫，效果一样，杀螨抑菌。阳光中的紫外线是天然的杀菌剂，煮完的东西拿出去暴晒一下，地毯、凉席、个人衣物都须及时晒。牙刷一个月就更换，抹布变颜色就换，空调进风口的过滤网每个月清洗一趟，平时用吸尘器常清理，可预防居室被细菌、真菌污染。

但此刻人类所目睹的只是“巨人家族”，它们只是真菌家族中的冰山一角。还有一些生活在桃花源的大家闺秀们，一直过着“千呼万唤不出来，犹抱琵琶尽遮面”的隐居生活。直到1700—1850年间，我的这批自卑且害羞的子民才被人为地扯下红盖头。掀起红盖头的不是我子民的新郎，而是一位叫P. A. 米凯利的意大利人，他利用简单的显微镜偷窥我的子民的隐私。人类此刻才认识到，原来在人体内也尽是这些小家伙们，人类往往更关注自身的利益，而对真菌家族们另眼相看，极为重视，正因如此，这些“侏儒真菌”们开始了另一种生活。

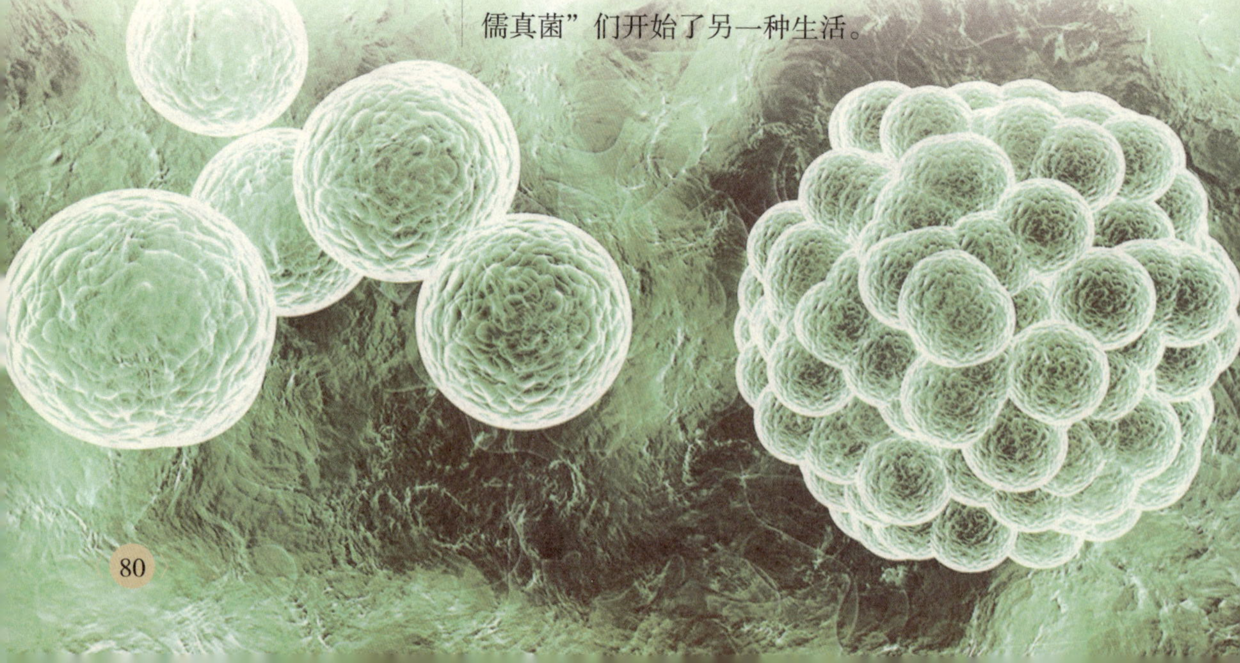

门第之争

MENDI ZHI ZHENG

真菌家族虽然年轻，却家族庞大，据估计地球上真菌的数量约为150万种，被人类冠名的就有8万种，也就是说人类已经知道的真菌仅为5%。可见人类对我这一子民的认识不过九牛一毛，再加上它们长相参差不齐，大小悬殊，小如长在果皮上的酵母，大至长在草原或森林中的蘑菇和马勃，在“巨人”与“侏儒”间，人类对这一家族的子民产生了误判。

※ 相比真菌家族其他成员，酵母算是侏儒了

※ 首次描述真菌特性的亚里士多德

人类总认为生物无非是动物和植物，在很早的时候，它们就被人类科学家们勉强地归入植物界中。但关于真菌究竟是植物还是动物的争论，千百年来人类如钟摆般徘徊在二者之间。

人类有关真菌的最早论述，应追溯到公元前4世纪，著名的古希腊学者亚里士多德，首次在自己的著作中描述了真菌的特性。大约过了300年，著名科学家达普林尼开始把蘑菇分为可食蘑菇和有毒蘑菇两种。然而，人们对真菌的认识，长久以来一直徘徊在十分幼稚的水平，仅仅知道它是一类没有叶绿素、不能进行光合作用、常常依靠腐生或寄生的生物，科学家们甚至无法确定真菌究竟是植物还是动物，没有一个人能为它下一个权威性的确切定义。

随着对真菌研究的不断深入，许多学者纷纷对它的正确归属提出了各自的论点。在较早的时期，植物学家尼克尔认为，真菌的形态虽然多种多样，面貌各异，但都是植物组织分泌出的产物，它们就像植物身上的废料一样，不能划入生物的范畴之中，因此他认为，真菌更接近于矿物，而不是接近于植物。虽然尼克尔当时注意到菌丝的形态，但他却错误地以为，那些蛛丝般的物质仅仅是植物的分泌物，实际上，这恰恰就是真菌本身。

在这个问题上，就连赫赫有名的瑞典分类学家林奈也感到迷惘。起先，由于他在真菌中发现了一种与水螅相似的小动物，所以一直认为真菌是动物，直到后来才改变了看法。在这种情况下，法国生物学家瓦扬风趣地说："真菌是破坏了自然界普遍和谐性的魔鬼杰作。"的确是这样，如果真菌是植物，

叶绿素可以抗病强身

叶绿素实际上是一种绿颜色的色素，存在于绿色植物的叶细胞里，叶细胞中含有一种叶绿体，它就藏在里面。叶绿素的"功能"在于能进行独特的光合作用——把吸收的二氧化碳与水合成有机物，作为植物生长所需要的能量贮存起来。现在人类已经可以人工合成叶绿素了。

叶绿素对人类来说，是非常重要的一种生命源。可以造血解毒，提供人体必需的维生素，维持酶的活性，并且还能抗病强身。因此人类只要每天吃上300~400克的深绿色蔬菜和水果，就不会缺乏叶绿素了。

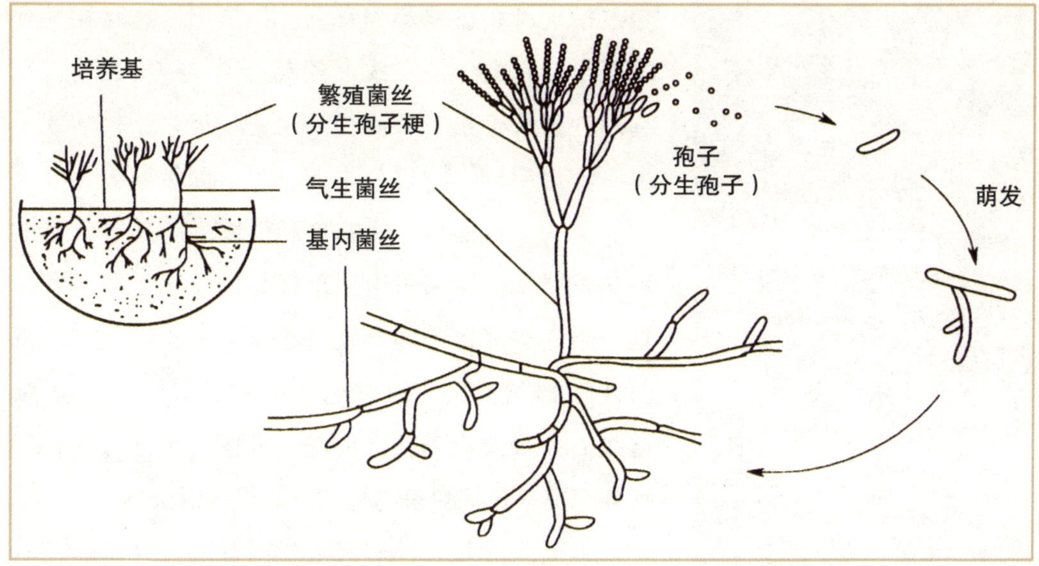

※ 蛛丝般的菌丝

又没有花，它出现在这个世界上，似乎就是为了刁难人类中最有天才的研究者。

到了 18 世纪，林奈才正式把真菌归属到植物的家族之中。

正当大家都认为真菌是植物的时候，不少植物学家又提出了新的观点。他们认为，真菌在地球生命史的早期就已出现，再加上没有叶绿素，不能自我制造食物，所以不应该属于植物界，而应当处于与植物界、动物界相并列的第三个界——真菌界。但是，这个新观念没有得到同行们的普遍支持，经过反复多次的激烈争论，最后还是把真菌列入植物界中。

尽管在真菌的分类上有种种不同看法，但大部分植物学家认为真菌是植物，就连蘑菇和放在潮湿处的发霉馒头、皮革或其他霉腐品上所长的“霉”，也称之为植物。

这样的情况一直延续到 20 世纪。1909 年，俄国科学家曼莱日柯夫斯基再次提出，应该建立真菌界，

※ 神秘美丽的水螅。当瑞典著名分类学家林奈在真菌中发现了一种与水螅相似的小动物时，他也非常迷惘

真菌性皮肤病患者须知

真菌性皮肤病（手足癣、股癣、花斑癣、头癣、甲癣等）：因感染真菌（霉菌）致病，均有传染性；要坚持全程正规治疗，不能中途停药，否则前功尽废，特别是小儿头癣要认真治疗，内服外治结合，不能将不痛不痒看成是治愈了；同时，患有甲癣者，应坚持治疗 3 个月，才能彻底治愈。判愈应以查菌为依据并由医生确定。

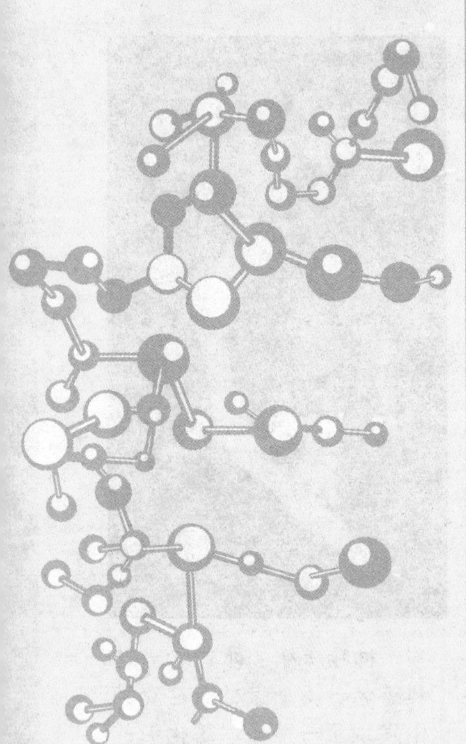

它包括细菌、蓝绿藻和真菌。他指出，这互相并列的三个界，在生活方式上各有特点。植物、动物和真菌分别来自于三个假想的祖先。后来，科学家又进一步提出，生物可分为四个界，即裂殖界（细菌和藻类）、真菌界、植物界和动物界。随着科学的不断发展，科学家采用了现代化的技术手段，发现真菌确实兼有植物体和动物组织的特点。例如，真菌能直接进行氮交换，细胞壁中有几丁质（壳多糖），这些方面很接近动物；但是，真菌的生活方式，细胞有细胞壁和细胞膜的特点，又很接近植物。

后来，意大利科学家密凯利首次打开了通往真菌生活史迷宫的大门。他认为真菌和植物不同：没有叶绿素，不能从二氧化碳和水合成碳水化合物。真菌之所以被划归植物，主要是因为它们是固着生活的，还有它们中间有些种类与藻类相似，所以把它们归入植物。真菌贮存的养料是牲粉，而不是淀粉，又与动物相似。但是，从营养方式来看，真菌为吸收，动物为摄食，植物为光合作用，它们显示了生物进化发展的三大方向，所以真菌既不是植物，也不是动物。随即，他以出色的研究证明了，真菌是由极细微的孢子来传播繁殖的。从此以后，人类结束了对真菌盲目猜想的阶段，研究进入一个崭新的领域之中。

2000 多年的纷争，画上了休止符，人类目前才得出一个完全统一的结论，即这类生物叫做真菌（真菌这一名词是从拉丁名词“Eumycetes”意译而来）。

年轻的资本

NIANQING DE ZIBEN

人类虽然知道了我这一子民的历史与门派，但认识不代表了解。它们尽管年轻，但年轻就是资本，也正是因为年轻，它们获得了生存的独特法器。

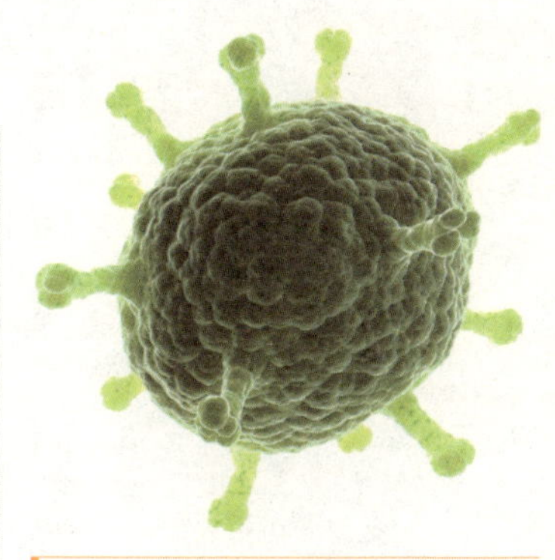

※ 菌的组装系统

观景房与阴阳墙

与其他微生物王国的子民相比，它们的进化水平获得了升级，装备上了细胞，有的不只有一个，甚至是多个，也正因如此，细胞数目的不同，也决定了其妖娆多姿的俏模样。单细胞真菌一般胖嘟嘟，多呈圆形或椭圆形，其代表人物为酵母和类酵母菌，如隐球菌、念珠菌；多细胞真菌由菌丝和孢子装扮，菌丝分枝交织成团，如蚕蛹般形成菌丝体，并长有各种孢子，这就是传说中能在潮湿天气里让裸露者穿上漂亮绿衣服的霉菌。

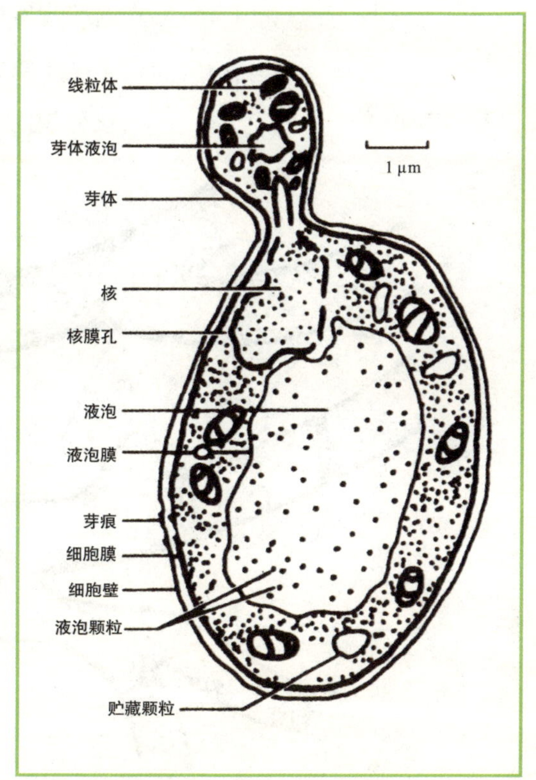

细胞让真菌迈出了真实的一步，再加上细胞核和完整的细胞器的组装，使得我这一子民的结构愈加复杂。

我子民的菌丝细胞被一种透明的薄膜包围着，就像住在一个不影响看风景

的玻璃房子里，这套玻璃房就是细胞壁，在玻璃房内住满了原生质体以及浸没在原生质体中的各种细胞器。

不用担心细胞壁会承受不了房客的压力，因为这些壁墙是多层薄片结构建造的，其建筑原材料是由多糖、蛋白质、类脂等凝聚而成，有的甚至用最具特征性的甲壳质、纤维素来加固，比人类建造的钢筋混凝土大厦还要结实。但这还不足以让我的真菌子民放心，在细胞壁的内侧，我的子民为了安全起见，又构架了一层连续结构的质膜，这样，才使得我的子民放心将自己的生命之源，如细胞核、线粒体、微体、核糖体、液泡、溶酶体、泡囊、内质网、微管、鞭毛等放入这些被质膜包裹着的细胞质中。在这些房客中，我的子民最小心伺候的就是细胞核，这是由于它常含有一个大部分为RNA所组成的核仁，当核分裂时，核仁很容易消失。

※　将原生质生死两隔的阴阳墙——隔膜

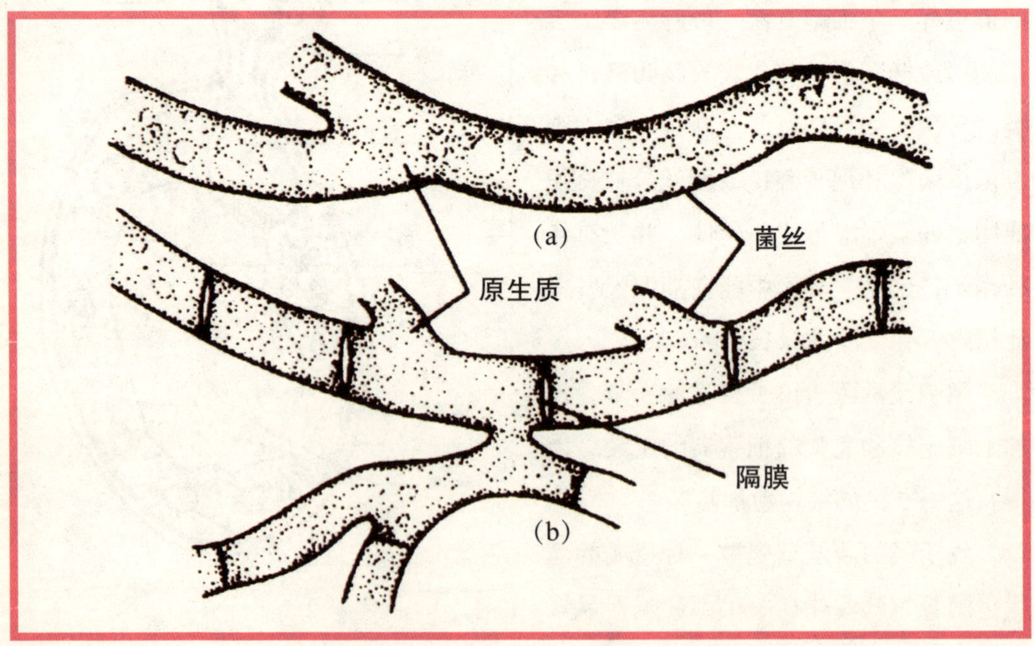

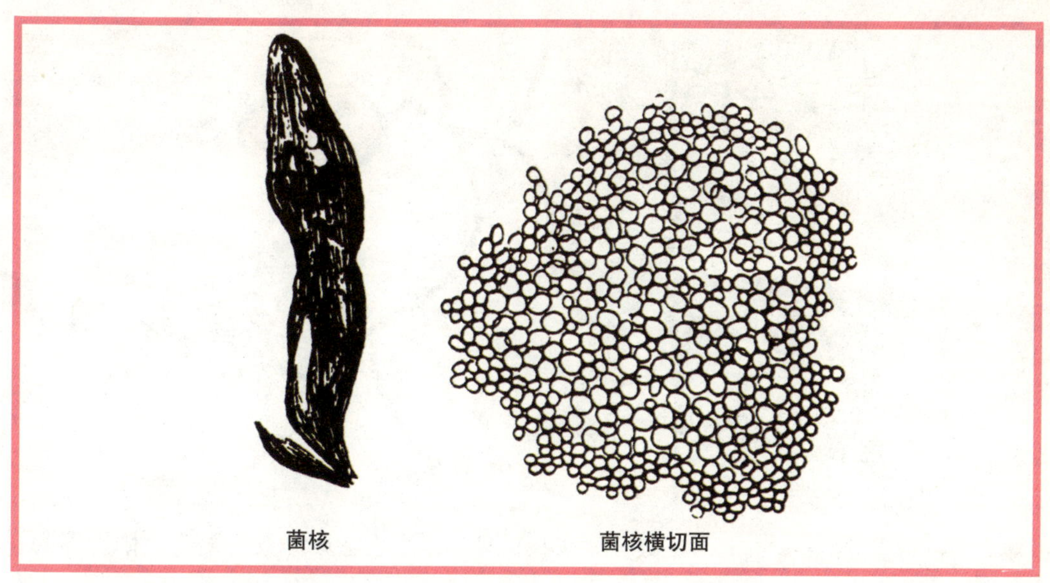

除此之外，还有一个比较奇怪的现象，我的大多数丝状真菌子民的原生质被一道墙分隔两边，有点像人类青春期时的小男生和小女生划的三八线，这堵墙被称为隔膜。但隔膜的生长年限一般在晚年，这是因为在真菌年轻时代，生长菌丝叶繁枝茂，使得隔膜无法插脚。可一旦菌丝变老时，菌丝会逐渐死亡，原生质就移向生长点，隔膜则见缝插针，将死的部分与活的部分分开，原来真菌也会阴阳两隔。不过，也有不死之身，如这些漂移族原生质，一直移居在生长点上，纵有寻死之心，怕也难如愿。

这些不过是真菌绝密档案中的寥寥几笔而已，在这个绝密档案中菌索和菌核也占有相当多的笔墨。菌索是由菌丝体平行排列组成的长形索状物，周围有外皮，尖端为生长点，有帮助真菌运送物质和蔓延侵染的功能，扮演着运输队的角色；更不可思议的是在不适环境下它会如蛇过冬般呈休眠状态。紧接着，替补队员菌核戎装上阵，它有坚硬的盔甲，但并不

※ 戎装上阵的菌核

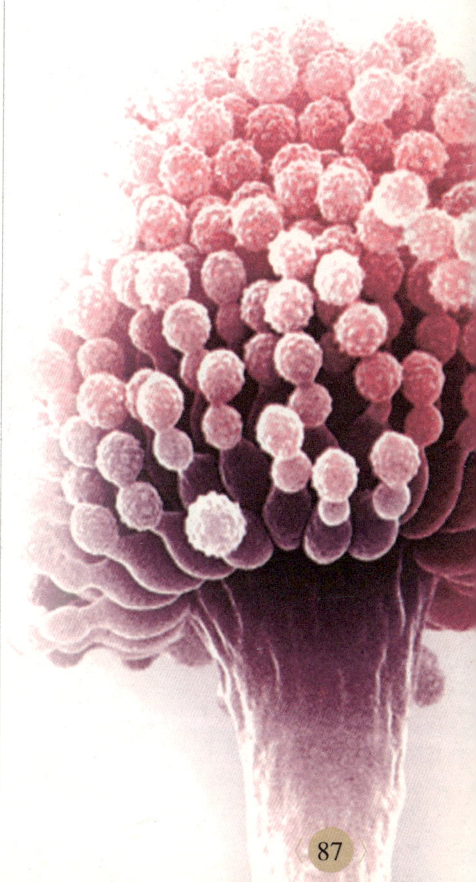

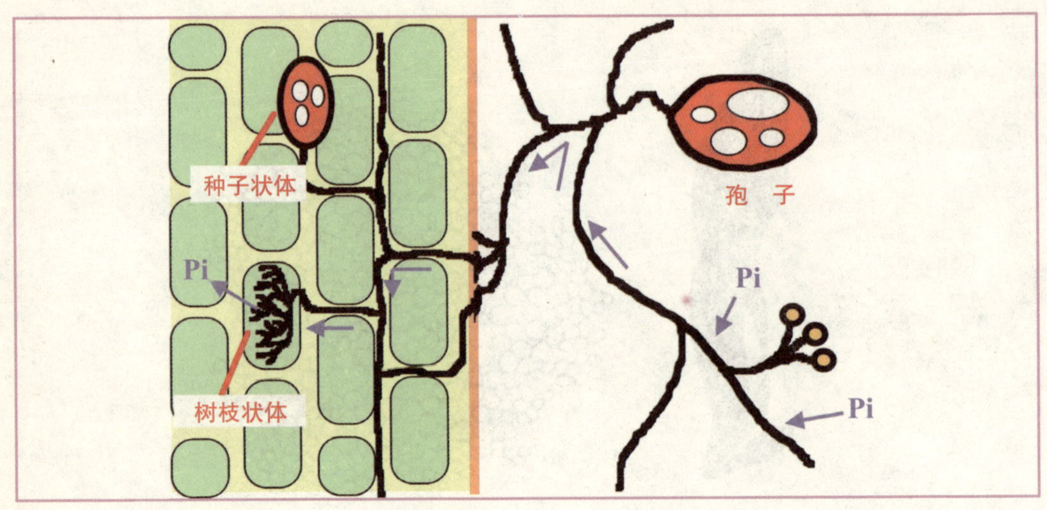

※　双宿双生的共生菌

好斗，在不良环境下，它会以睡美人姿态，韬光养晦，一旦时机成熟便会重新萌发，产生子实体、菌丝和分生孢子。

■从胃到子宫的蜕变

另外，大多数真菌有营养体和繁殖体之分，营养体是指吸收养分的器官，繁殖体是指从营养体上产生的各种类型的孢子，这有点类似于人类的胃和子宫。

尽管我的这一子民非等闲之辈，但毕竟不是神仙，离不开人间烟火。而且其吃相与动物和细菌没什么两样。它们也是利用自产水解酶，将糖类、淀粉、纤维素、木质素等碳水化合物以及蛋白质和脂肪分解，用作食物。真菌在生活中所需要的有机物质都依赖于自然界的其他生物。其食物多以植物性的物质为主，其次是动物性的物质。我的这一子民由于族群大，所以习性也千奇百怪，有的能侵害活有机体，而不能生活在死有机体上，这种比较娇气的真菌叫作绝对寄生菌。这可苦了被它们纠缠上的人类，比

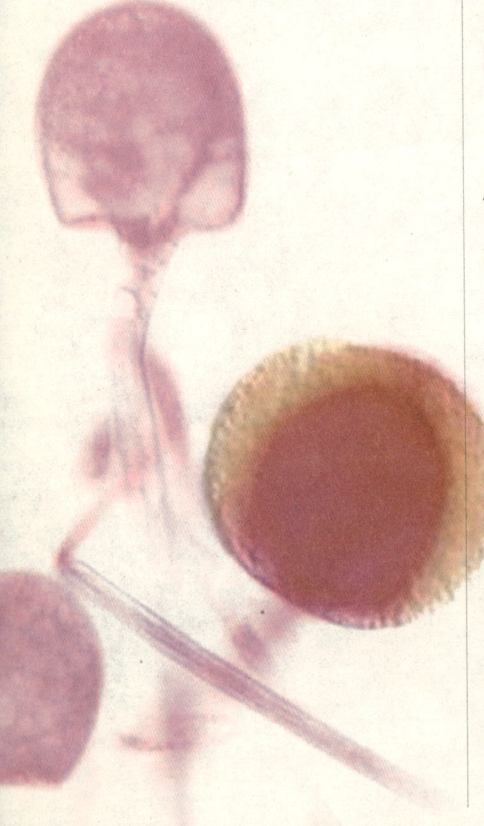

如脚癣，像一座活火山，终年燃烧，折磨得人类恨不得把脚剁下。但并不是所有的真菌都有这样的好日子过，一些穷困潦倒的真菌成员，饿极了连尸体也不放过，这些靠死尸生活的贫下中农，叫做腐生菌。寄生和腐生并不是绝对的，还有一种能屈能伸的子民既能啃噬活体，又能咀嚼死尸，这种真菌叫做兼性寄生菌或兼性腐生菌，这些子民在人类眼里都是罪犯，但并不是所有的子民都那么不入眼，比如有许多真菌一方面从其他活有机体摄取养料，一方面又向同一活有机体提供养料或好处，这是一种共生现象，具有共生关系的真菌叫做共生菌。

有了源源不断的粮草，自然会有一副好身体，美食当前，吃得我的子民肚大腰圆，体积不断加大。其生长方式很有个性，对于只有一个细胞的单细胞真菌来说，菌体的生长，主要是经过细胞膨大、细胞核分裂、细胞质合成，最后达到细胞的芽殖或裂殖，进入无性繁殖。而多细胞结构真菌的生长是以顶端延长的方式进行的。菌丝顶部是菌丝体的生长点，长 50~100 微米，里面有很多奇怪的器官，一些不安分的水泡状的泡囊，时常从内质网移民到高尔基器内，在那里通过浓缩、加工等一系列历练后，将自己的类内质网膜蜕变成类质膜，然后从早已经分散了的高尔基器内逃出来，跑到菌丝顶部，与质膜约会，当

脚癣≠脚气

脚气病是一种由于人体缺乏维生素 B_1 而引起的全身性疾病。根据发病症状可以分为：四肢感觉异常、过敏、迟钝，触觉、痛觉减退，肌肉酸痛，肌力下降，行走困难，以多发性周围神经炎为主要表现的“干型”；以四肢、全身和内脏水肿及浆液渗出为主要表现的“湿型”。只需要口服或注射维生素 B1 就可以了。

脚癣俗称“脚气”，中医学称为“脚湿气”，是一种浅部霉菌感染的皮肤病。它可分为干性和湿性两种类型：干性主要表现是脚底皮肤干燥、粗糙、变厚、脱皮、冬季易皲裂；湿性主要表现是脚趾间有小水泡、糜烂、皮肤湿润、发白，擦破老皮后见潮红，渗出黄水。两者都具有奇痒，也可两者同时存在，反复发作，春夏加重，秋冬减轻。

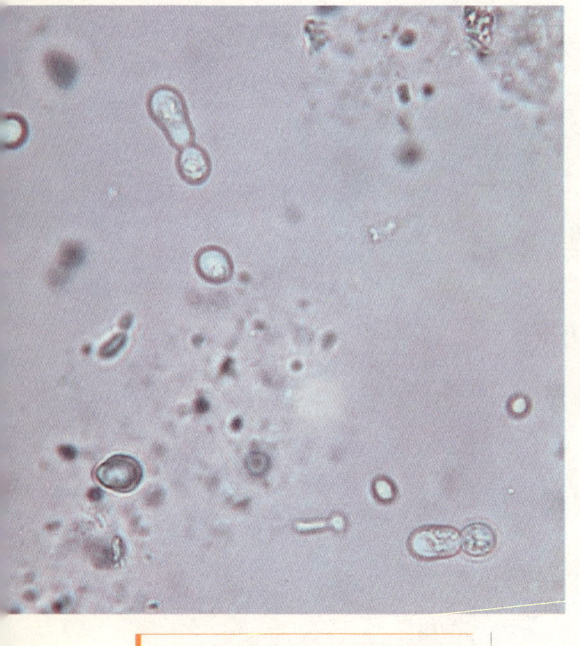

※ 酵母菌的出芽生殖

情到浓时，便会深情融合，使菌丝顶部的质膜增加。当然，一人难撑天，在真菌身体的顶部，还居住着另一群泡囊，由于其泡内含有能合成细胞壁的物件，所以关于新生儿的皮肤（细胞壁）就由这些小泡内来缝制了。

现在这个小女孩的类质膜、细胞壁的缔造业已完工，质膜也有所拓展，但这并不代表这个小女孩已经成熟了，因为成熟的标志，是拥有许多的酶。这就需要比泡囊小得多的壳质体，由于它是微泡囊结构，可以载着甲壳质旅行，并在旅行中将其合成酶，为菌丝的伸长创造条件。同时，在逐渐硬化的细胞壁和逐渐扩大的液泡的压力下，一些部位开始老

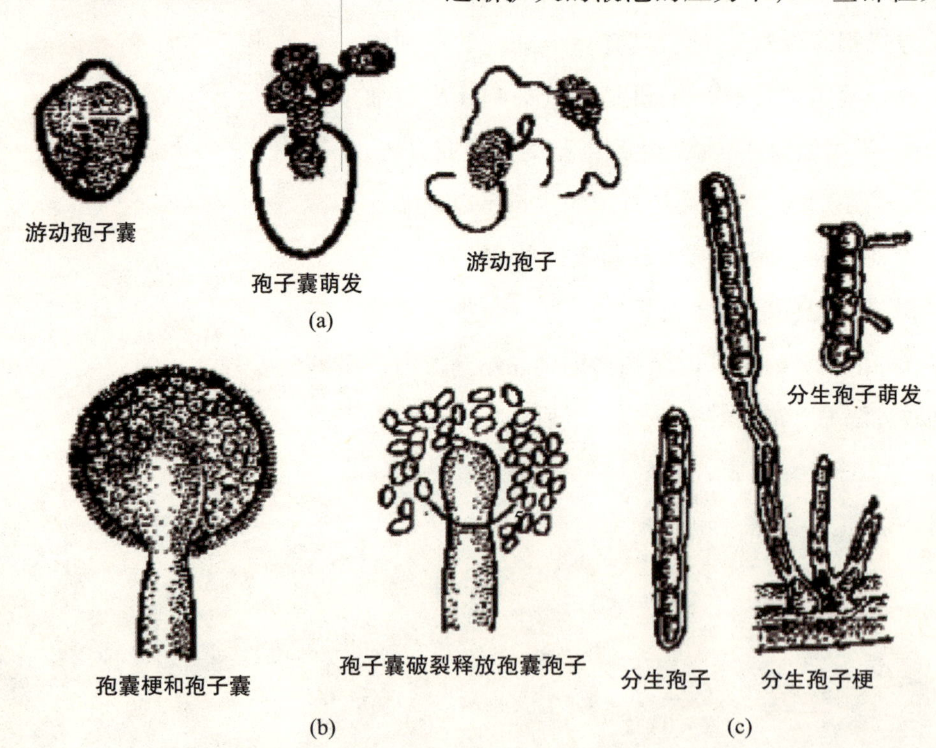

※ 参加无性生殖的子弹头们

化，菌丝中活跃的原生质奋力逃出死亡之谷，向崖顶攀爬，寻找新的生机，为了满足这些求生者的需求，菌丝顶端不断向前伸长。

随着身体的茁壮成长，达到青春期后，一些营养体就会质变成繁殖器官，繁殖器官渐进成熟，使之获得生育能力。这些长相不一的子民，就连繁殖方式也如它们的面孔般，千奇百怪。有的不需要经过

※ （a, b）让人大跌眼镜的有性生殖

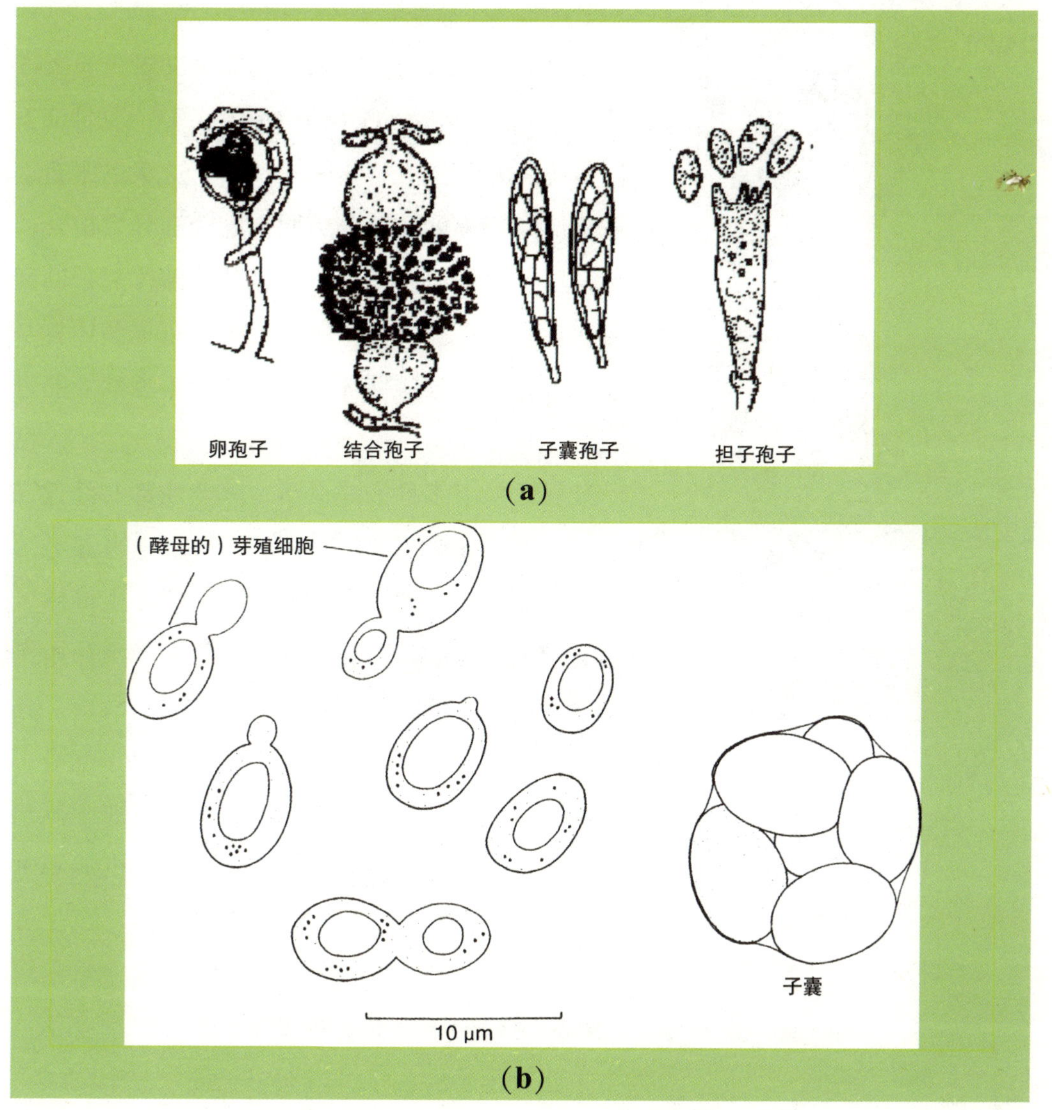

(a)

(b)

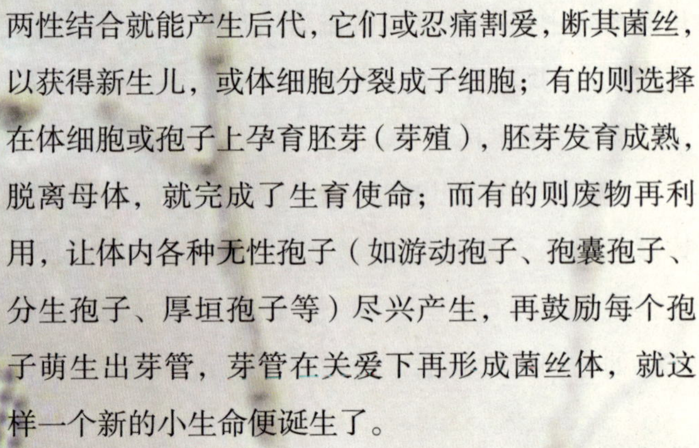

两性结合就能产生后代，它们或忍痛割爱，断其菌丝，以获得新生儿，或体细胞分裂成子细胞；有的则选择在体细胞或孢子上孕育胚芽（芽殖），胚芽发育成熟，脱离母体，就完成了生育使命；而有的则废物再利用，让体内各种无性孢子（如游动孢子、孢囊孢子、分生孢子、厚垣孢子等）尽兴产生，再鼓励每个孢子萌生出芽管，芽管在关爱下再形成菌丝体，就这样一个新的小生命便诞生了。

但并不是所有的真菌都是禁欲主义者，绝大部分子民还是渴望爱情的，两个细胞核一旦一见钟情，便会不顾一切地结合，但结合方式却让人大跌眼镜，根据感情深浅程度，可分为同宗配合和异宗配合，前者是每一菌体自身可孕，不靠其他菌体的帮助便可独立自主地进行有性生殖；后者是每一菌体自身不孕，不管是否雌雄同体，都需要助手相助才能进行繁殖。

但不管采用哪种方式受孕，其孕期都要经过三个历程，才能最终生产，首先两个带核的青春男女（原生质体）在细胞内初次相遇，便互生好感，而私订终身（质配），当感情稳定后，便开始洞房花烛夜，随即其携带的精子和卵子（两核）便进行交配。但并不是所有的真菌都这么急于配合，也有的选择遥遥相望，直到它们所在的细胞洞房分裂时，它们才跟着同时分裂，一旦时机成熟才会配合。随即使染色体的数目减为单倍，新生儿就此脱颖而出。

如果说我的子民只有这两种繁殖方式，那么，人类未必太小看它们了，就在1952年，美国的G.

蓬泰科尔沃和罗珀在丝状真菌中发现了一种超越前两种的生殖方式，它们需要体内的基因重新组合，才能获得受孕的机会。但这要通过三个关口，首先就是要形成异核体，当异核体形成后，随即进入两个核的融合过程，二合一后就形成了二倍体核，一山难容二虎，短暂的相处后，开始一系列非典型的、不规则的分家过程（即单倍体化）。看来，这种繁殖方式要付出别人难以想象的艰辛。

不要以为这么复杂的繁殖方式，必然限制繁殖的速度，其实不然。在真菌繁殖过程中时常发生一些稀奇古怪的事情。

※ 夏天是草、冬天是虫的冬虫夏草

有一种人类普遍使用的中药药材，叫作“冬虫夏草”，冬虫夏草是一种十分奇特的自然现象。以前，人们以为那是生物“化生”的结果，夏天是草，冬天是虫，由动物变成植物、由植物变成动物地变化着。但后来，通过细心观察和研究，发现这种说法是错误的。正确的是，“冬虫夏草”本来是虫。但是，当冬天这种虫蛰伏在泥土中的时候，受到一种真菌的侵袭，这种真菌很小，是一种在高度显微镜下也难以看得清的小东西，生命力和繁殖力之强，却是任何一种高级

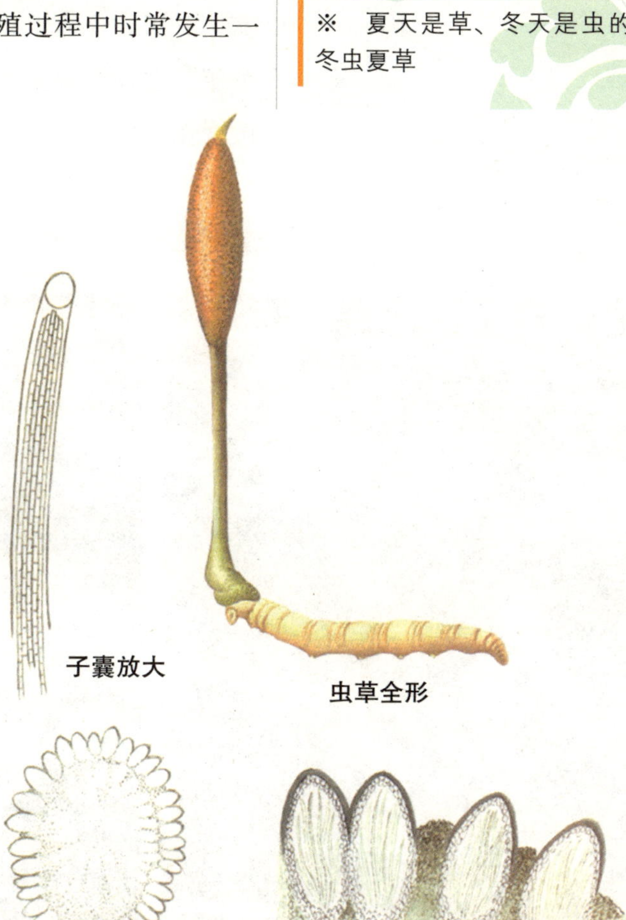

动物所不及的。当这种真菌进袭虫体之后，以惊人的速度繁殖着，那是几何级数的增长，而虫体内的一切，都成了它们最佳的营养，于是虫死了，留下一个躯壳。而被亿亿万万的真菌所集成的、像一株草一样的东西，顶出了土面。这便是冬虫夏草的形成经过。中国人以为这种东西的功用和人参一样，是一种补药，但事实上这是一种十分奇怪的自然现象，这种真菌的繁殖速度之快，十分惊人。

为什么会出现这种现象呢？其实幕后控制者是其内分泌，任何生物都是生产商，都会自产一种内分泌，这种内分泌相当厉害，随便一小滴就有可能改变动物的遗传习性。将一头小虎的内分泌液注入一只小兔的身体中，使那只小兔具有虎的性格。

这种液体如果溅出了一滴——即使是肉眼难以

※　（a, b）真菌繁殖速度如离弦之箭

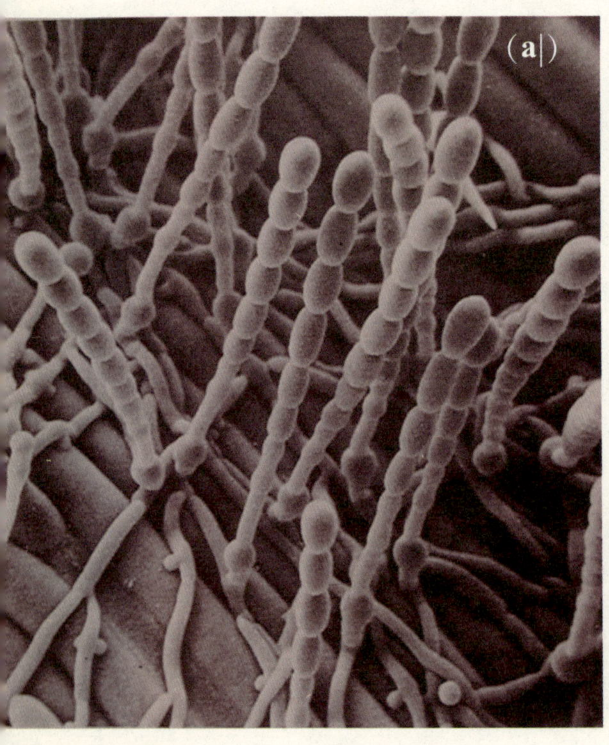

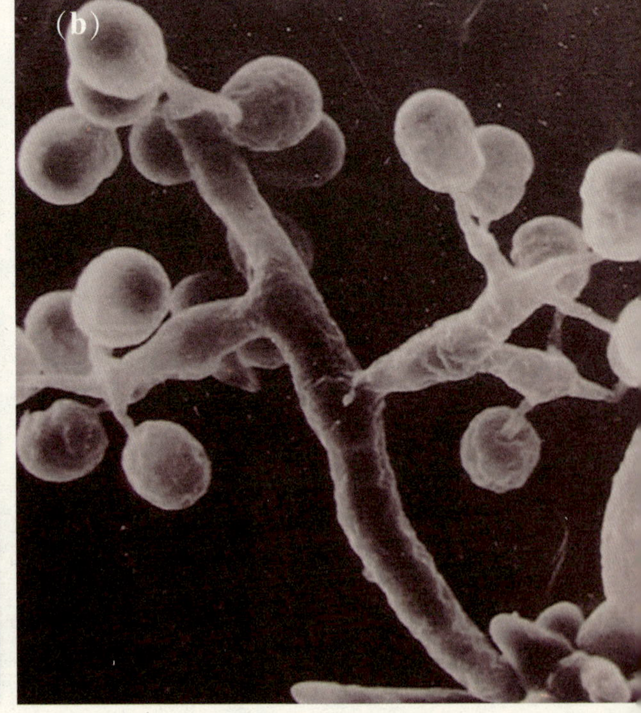

看到的微小的一粒，也足以使人类变成一棵人形的树木了。冬虫夏草就是很好的证明。

而对于我的真菌子民来说，生育能力和这种液体息息相关，它们畅游在这种液体里，如鱼儿一般活跃，繁殖速度如离弦之箭，每 2.37 秒数量便增加一倍。只学过简单数学的人，也可以计算得出，即使只有一个这样的真菌，以这样的速度繁殖的话，在 1 小时之内，粗略算来，就有 2^{1518}，这是多么惊人的数字，所以说，小小的一支试管之中，已经有亿亿万万这样的真菌了！只要培植液一干，肉眼绝对看不到的真菌便在空气中飘荡，人是没有办法不接触空气的，要接触空气，就要接触这种真菌，而这种真菌也随着呼吸进入人体内，我已经计算过了，大约只要七分钟的时间，进入人体内的真菌便足以使一个人变得和“冬虫夏草”中的虫一样——徒然拥有一张皮和一副骨，其余的一切，都变成了植物性真菌的盘踞之所，可能在足底下会生出根来，使之固定在一个一定的地方，这是这种真菌的植物性的表现。

也许听起来有点危言耸听，其实还有很多事实可以证明我的子民确实有这样的本事，接下来，我会一一向人类展示它们的各宗派武功。

影响真菌的生长和繁殖的因素

影响真菌的生长和繁殖的因素很多，如温度、湿度、氧气和营养物质等。真菌喜温暖潮湿，浅部真菌最适宜的温度为 22~28 摄氏度，在温度低于 30 摄氏度、湿度小于 90% 时无法繁殖。大多数真菌需要氧气，但需要量不同，一般真菌繁殖需要较多的氧。在营养物质中，碳是真菌能量的来源，对真菌的生长至关重要。真菌繁殖同时也需要氮和各种矿物质。如果没有上述这些条件，真菌无法生存。如果人体皮肤上有适合真菌生长繁殖的条件，就容易发生癣病。主要有以下几种情况：有些人多汗，皮肤容易潮湿，如不及时擦净和保持干燥，容易感染真菌而发生癣病；患糖尿病的人也容易发生癣病，因为皮肤里含糖量增加了，这等于提供了真菌生长的营养原料。

向左走？向右走？

XIANGZUO ZOU？ XIANGYOU ZOU？

尽管真菌是一个有趣的家族，可林子大了，什么鸟都有，在真菌家族中，不同的真菌为自身利益而走向不同的道路。大个子真菌一般与人类的胃为伍，它们成为人类餐桌上的美味佳肴，如蘑菇；而一些具有特别外形与个性的真菌，则捍卫着人类的健康，成为珍奇药物，如延年益寿的灵芝，利水消肿、健脾安神的茯苓，保肺益肾、止血化痰的冬虫夏草。但这

※ 真菌界的各种食用菌

对于人类来说远远不够，其实人体也是我们的家园，几乎全身各处都有它们的存在，特别是皮肤和口腔内，是我的真菌子民最喜欢聚居的地方，只是这一族真菌太小，人类无法看到而已。不过平时它们就是一乖宝宝，很注重与人类的睦邻友好关系，所以人类几乎感应不到它们的存在，但这种和平迹象在梅雨季节则会被打破，因为它们的祖先就是来自于潮湿世界，所以对湿度相当敏感，对温度要求也很苛刻，大部分真菌家族生存在 20~28 摄氏度，在 10 摄氏度以下或 30 摄氏度以上，其生长就会被抑制，在 0 摄氏度几乎不能生长。在 25 摄氏度时，我的子民像老鼠一般繁殖旺盛，此时人类的家具、衣服都会长出白“毛”，但人类不会如祖先——类人猿般长毛，但也会出现种种反常现象，它们会攀爬在人体皮肤上，如腹股沟部分、脚趾之间、脚趾或指甲下面，甚至阴道，它会导致皮肤局部脱色、肿胀，指甲从甲床处突起等。

它们不但攻击成人，就连人类幼儿也不放过，在他们的口腔内有雪片般的白斑，叫鹅口疮。导致这一结局的并不完全是湿度与温度的原因，起主导作用的是菌群失调，原来口腔内有许多细菌，它们和真菌家族之间互相制约，互相影响，某些细菌的代谢产物可以抑制真菌的生长，即使口腔内有一些白色念珠菌，也因这种细菌的存在而不能繁殖。但当大量使用抗生素时，就会杀死口腔内的细菌，菌群之间的平衡失调，真菌就会大量繁殖起来，导致真菌泛滥，于是就引起了鹅口疮。不仅如此，它们还潜入深海，蛰伏于皮肤深层和内脏内，如肺、脑、消化道等器官，一旦它们造反，事情将不可控制，咳嗽、头疼、便秘、

真菌在冶金工业中的特殊用途

用细菌冶金，已在低品位的铜矿和金矿的开采中广为应用。科学家研究发现，如果加入真菌，沥滤的效果更好。例如，在褐铁矿或赤铁矿的沥滤液中加入产草酸真菌，能使铁离子吸取效率成倍提高。在石英砂、高岭土开采处理中加入黑曲霉类真菌，可以去掉矿石中 50% 的铁，使矿砂的白净度增高，烧制出的产品质量更好。真菌还能从尾矿液废液中吸附重金属，即使是已死亡的真菌的菌体，此种吸附性能也不变。美国有一家矿产公司，用根霉在矿液中连续回收铀，先用碳酸钠同菌体拌和将铀析出，再将菌体返回反应器吸铀，取得极好的回收效果。真菌也能吸附微粒，在污水或尾矿中采金、铂等。

令女性头疼的念珠菌

念珠菌是属于真菌一类的微生物，它不是细菌，比细胞稍大，呈卵圆形，有芽孢及细胞发芽伸长而形成的假菌丝。它广泛存在于自然界，也可寄生于正常人体内，多在口腔、胃肠道、阴道及皮肤上生长。

一般情况下，它总是处于人体内其他细菌的控制之下，只有当全身或局部抵抗力下降或菌群失调时才发病。

念珠菌对热的抵抗力不强，加热至 60 摄氏度 1 小时后即可死亡。但对干燥、日光、紫外线及化学制剂等抵抗力较强。

据统计，约有 75% 的女性，一生中至少会得一次念珠菌性阴道炎。

腹泻、结肠炎、腹痛、肌肉及关节疼痛等种种酷刑折磨着人类，甚至会置人于死地。

不同的真菌走完全不同的路线，善者更善，恶者更恶，使得人类对其爱恨交加。人类力求认清敌友，扬长避短，所以在真菌做向左走、向右走的选择的同时，人类也在做着同样的选择。

这就是微生物王国内的真菌家族，妖娆多姿的形体美化着微生物王国的单调，优良的基因孕育着卓越的后代，丰富多彩的生命增添了微生物王国的趣味，特立独行的个性张扬着真菌家族的风格。让人类摸不着头脑，却又撩拨着人类的情绪，只有真菌才有这种本事，这就是年轻的资本，并将资本成功转化成无穷无尽的生命力。

一分钟了解真菌

真菌是一种微生物，也称霉菌。往昔认为它属于一类低等植物。鉴于真菌既不含叶绿素，又没有根、茎、叶之分，故当今倾向于从植物中分离出来。但目前，关于真菌在生物界中的地位和起源问题，意见尚有分歧。有人主张，真菌可以和动物、植物相并立为所谓第三界，即真菌界。

真菌界可分成真菌门和黏菌门两大类。真菌门便是平时说的真菌。它又可划分为鞭毛菌、接合菌、担子菌、子囊及半知菌等五个亚门，而其中半知菌亚门与医学联系最密切，因该亚门是产生疾病最多的菌种。

真菌的基本结构是孢子和菌丝。孢子是繁殖器官，而菌丝则为生长器官。孢子又分无性孢子和有性孢子。菌丝自身有分隔的，也可不分隔。由此可见，真菌主要是通过孢子进行无性或有性繁殖。在适宜的环境中，自孢子发芽发展成菌丝，从菌丝末端再长出孢子，如此循环不已而不断繁殖后代。

真菌种类十分复杂，在自然界里，大约有十几万种，但大多数是不致病的。然而有些真菌又成为各种动植物的病原菌。据估计有100种左右的真菌可引起人类发病。这种可致病的真菌，则称为致病真菌；而不产生疾病，如夏天可招引食物发霉的真菌，谓之污染菌。但污染菌像青霉菌、曲菌等在条件适宜时，也可引发疾病。

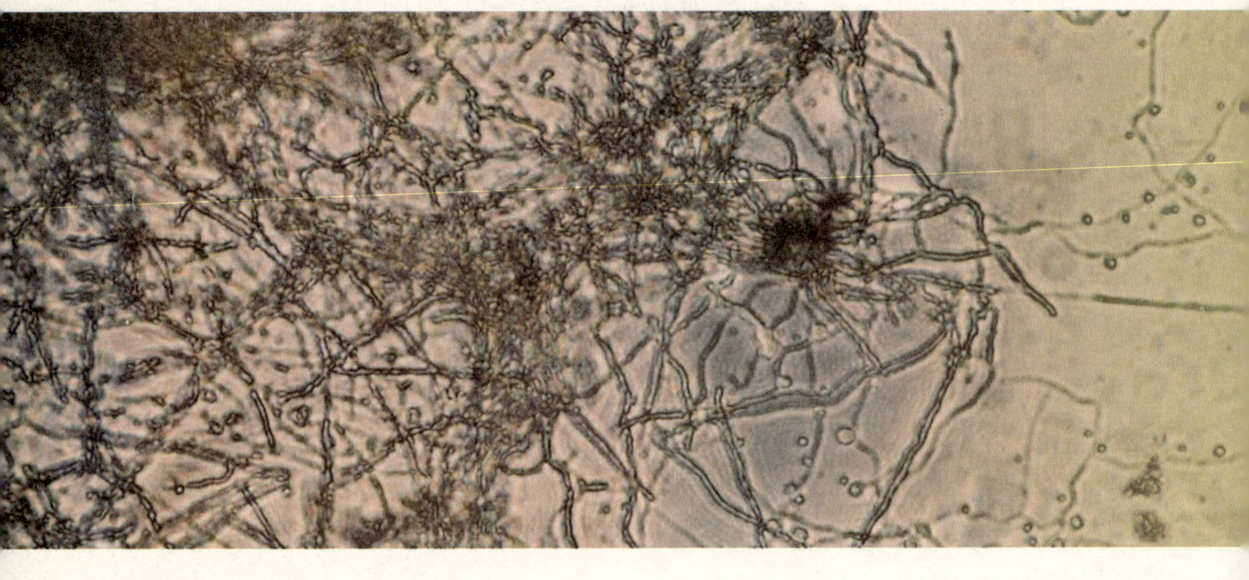

PART 6

第 6 章
细菌也天使

长长的、弯弯曲曲的、如线条一般，的确，你的想象没错，但细菌并非完全如此。在曲折的表象下，其实隐藏着众多不为人知的秘密……身体的差别、性格的迥异、饮食起居的不同，在变幻莫测的人体内，不同放线菌有着不一样的人生与结局，命理在时间的走线上充满玄机，有点像月老的红线，千丝万缕，却又异常清晰。

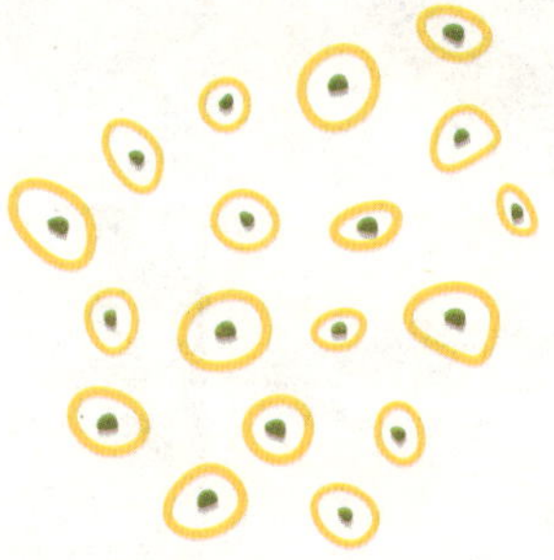

“万人迷”的最爱

“WANRENMI” DE ZUIAI

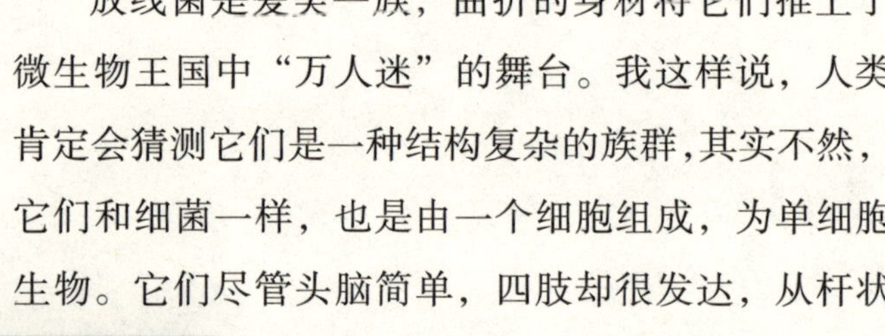

放线菌是爱美一族，曲折的身材将它们推上了微生物王国中“万人迷”的舞台。我这样说，人类肯定会猜测它们是一种结构复杂的族群，其实不然，它们和细菌一样，也是由一个细胞组成，为单细胞生物。它们尽管头脑简单，四肢却很发达，从杆状到丝状，无不招人怜爱。特别是分生孢子，形态更是五花八门，有球状、杆状、圆柱状、瓜子状、梭状等，加上五颜六色的服装，煞是迷人。

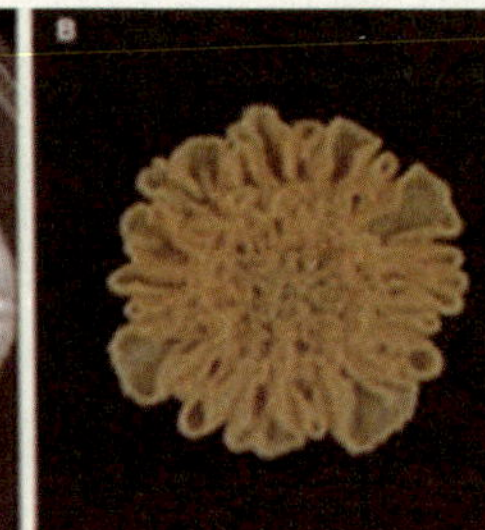

如果问放线菌最喜欢自己的哪个部位，它们一定会异口同声地告诉你——“菌丝”。

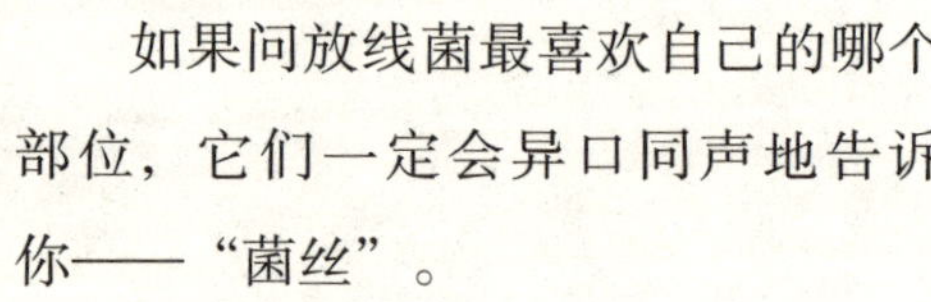

它们把菌丝看成是生命，因为它不但为放线菌雕塑了完美的身段，也与其终身大事有着千丝万缕的联系。

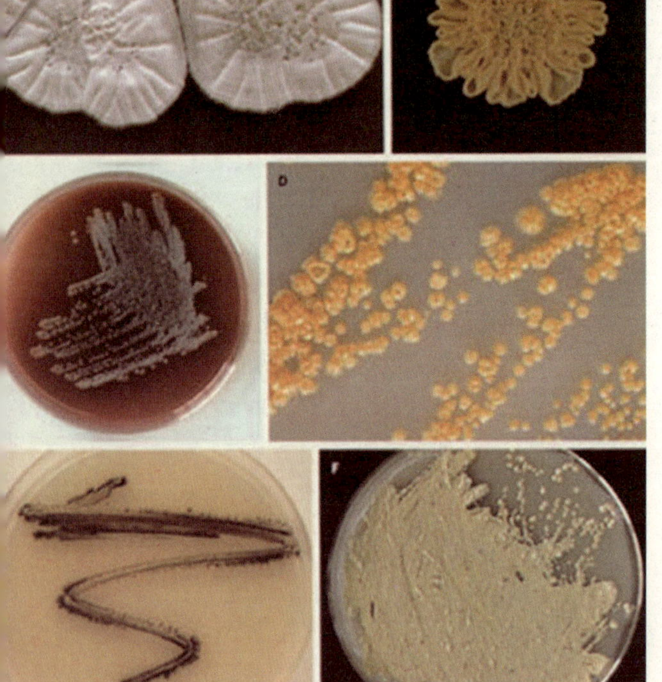

※ （a）微生物王国内的万人迷——放线菌

菌丝是各种放线菌交织在一起的纤细菌体，这些菌丝分工不同，有的“埋头大吃”，有的只管长个，有的专司繁育。

营养菌丝类似人类的胃和口，只管品尝山珍海味。这些菌丝不但爱吃，

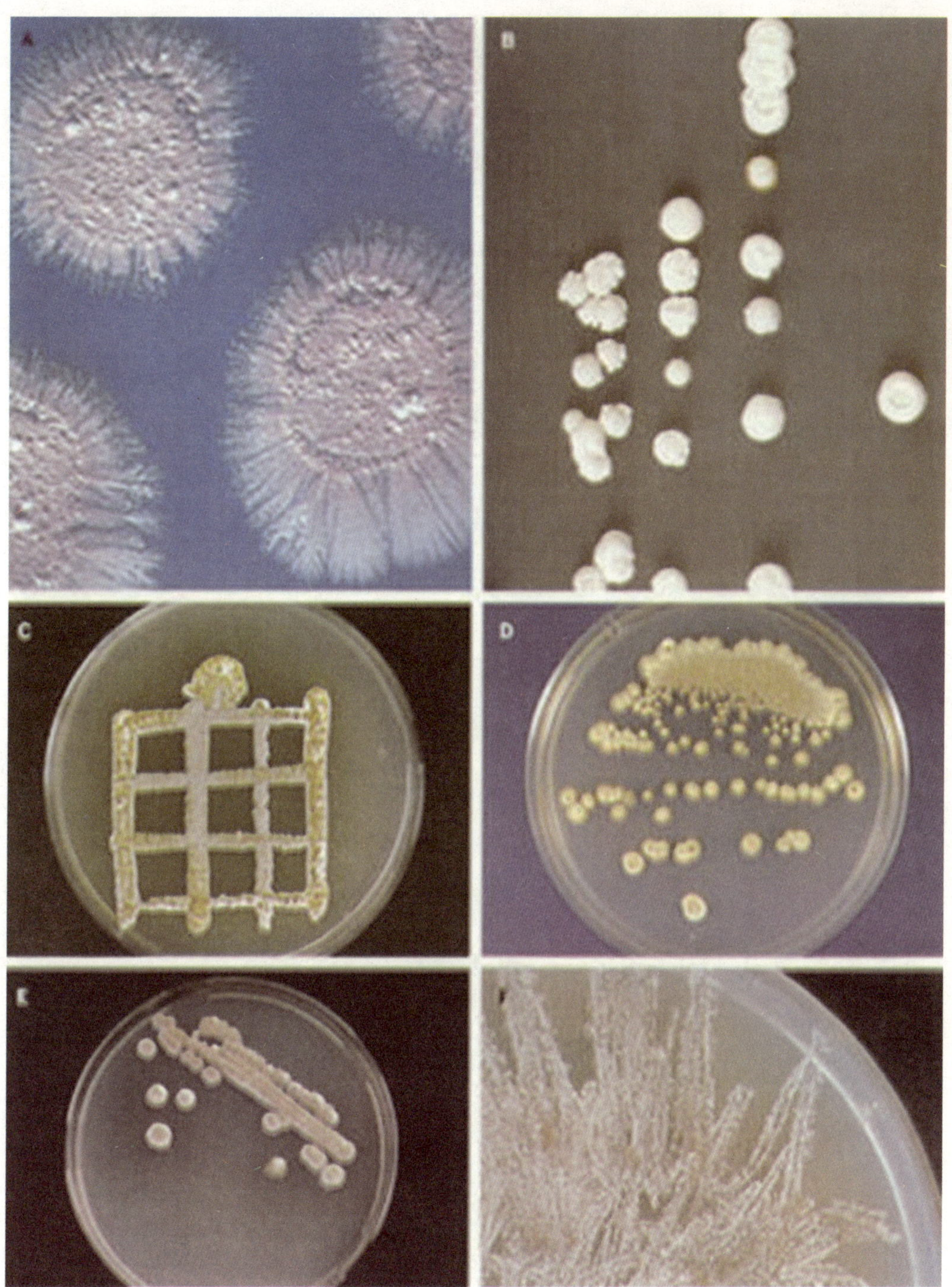

※ （b）微生物王国内的万人迷——放线菌

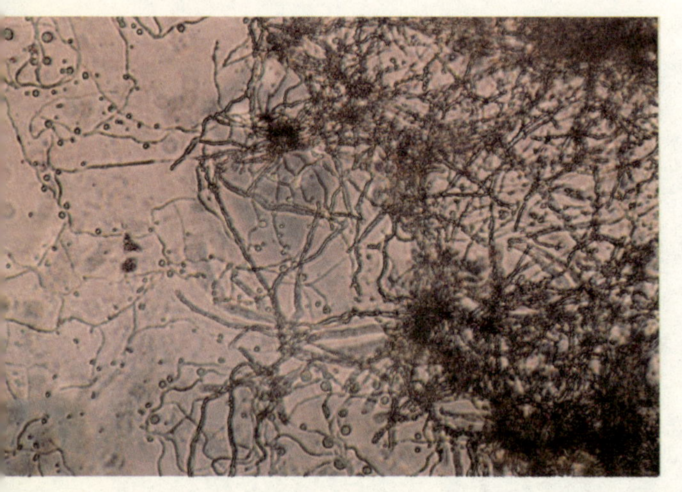

※ 比生命还重要的菌丝

对颜色也情有独钟，除去某些喜欢素面朝天的菌丝外，许多营养菌丝都会选择黄、橙、红、紫、蓝、绿、褐、黑等不同色素来装扮自己，姹紫嫣红，甚是好看。

气生菌丝不关心吃喝和打扮，一心一意朝天猛长，待到菌丝蔓延如妙龄少女长发时，为了获得更多的生存空间，它们便会将枝丫伸出根基之外，这时它们的体形就会发生裂变，由直形或弯曲转而分枝，就像大树发芽。所谓女大十八变，越变未必越好看。此刻，它们失去了美丽的外衣，只能依靠浓妆艳抹来保持自己的色调，可惜颜色仍显得深浓，而且以前的杨柳腰也变成了水桶腰，直径已经达到 1~1.4 微米，比营养菌丝要粗很多，而且高矮之间差距悬殊。整体看上来既不协调也不搭调。

※ （a）承担繁育子孙后代重任的孢子丝

随着岁月流长，气生菌丝继续拼命发育，终于迎

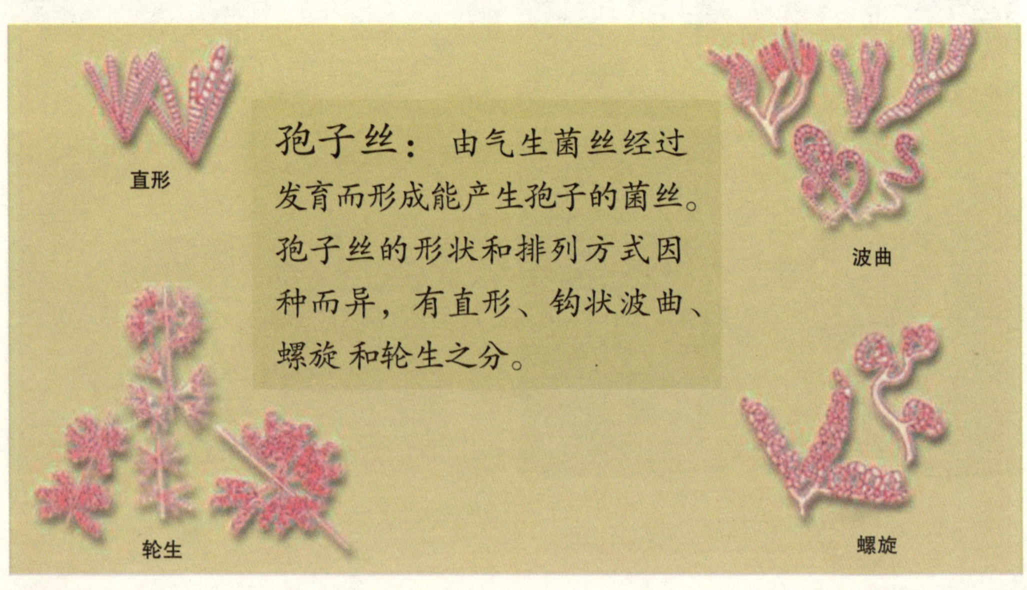

孢子丝：由气生菌丝经过发育而形成能产生孢子的菌丝。孢子丝的形状和排列方式因种而异，有直形、钩状波曲、螺旋和轮生之分。

来第二性征的蜕变，在气生菌丝的顶端，另一种别致的菌丝脱颖而出，它们的身材宛如百变金刚，或直或曲不一而足。这些菌丝顶端的孢子已初露端倪，人类称之为孢子丝，孢子丝类似人类的子宫，承担着繁殖后代的重任。因此人类又称它们为繁殖菌丝。

当这些繁殖菌丝身怀六甲时，胎相却各不相同，有的圆鼓鼓的像皮球，有的两头尖尖如橄榄球，有的细细长长像高尔夫球杆，还有的长着一副瓜子脸，颇具中国古典美。这些小孢子们不但长相不一，在扮靓上也参差不齐。那些自认为线条不尽如人意的，就在护肤上下足了工夫，其皮肤光滑细腻如刚出生的婴儿，再穿上白色、黄色、淡绿、灰黄、淡紫等艳色的衣裙，真好似出水芙蓉，很好地弥补了先天的不足；而那些螺旋状孢子丝们，却徒有妖娆身段，满身的小疣犹如癞痢头，再加上穿着极不搭调的粉红袍子，扮相极其滑稽可笑。不过，受困扰的不只是癞痢头，其他螺旋状孢子丝也受到不同程度的困扰，有的如刺猬般全身生刺，有的则是毛发过旺，如人类“毛孩”般。其实，在放线菌家族中，这种有着奇异面相的放线菌们并不会像在人类社会中被品头论足，大多数放线菌对此早已司空见惯。

除却长相与众不同外，它们也是爱旅游一族，其行程大多依靠鞭毛的推动。可惜放线菌家族也是一个贫富两极化了的族群，富者乘坐鞭毛泛水浮舟，畅游大江南北（游动放线菌属就是这些暴走族们的典型代表）；穷者则只能困守老巢，坐吃山空（如可怜的链孢囊菌属）。

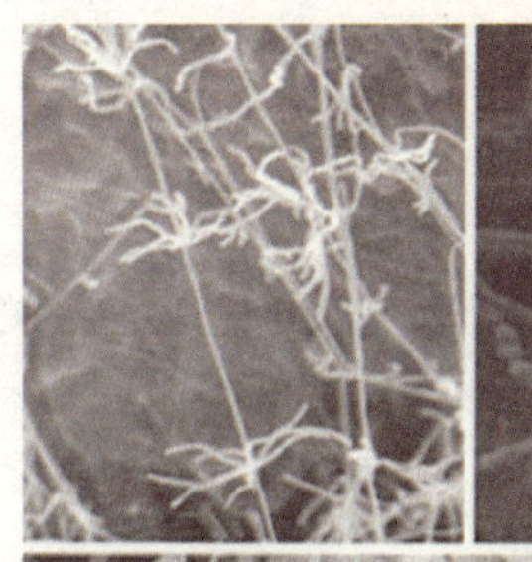

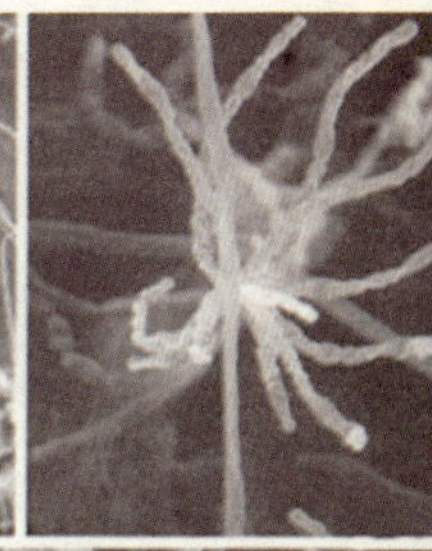

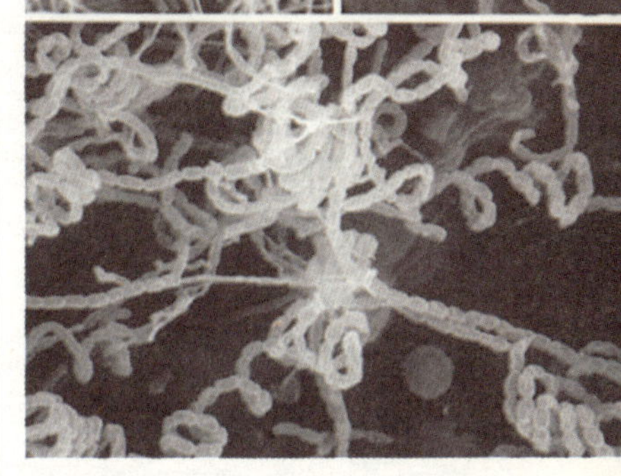

※ （b）承担繁育子孙后代重任的孢子丝

简单线条内的命理玄机

JIANDAN XIANTIAO NEI DE MINGLI XUANJI

虽然在自然界中，随处可见它们妖娆的身段，但在我的王国里，它们则属稀有菌种，鲜少出来走动。但这并不能说它们与我的王国就没有关系了，由于放线菌广泛地存在于自然界中，而我的王国又是一个对外开放的国家，少不得打交道。

※ （a）放线菌作为一种催化剂，还可以提高链霉菌的维生素产量。图为链霉菌及其生长模拟图

交往久了才知道，简单的线条竟然深藏玄机。

K、Mg、Fe、Cu和Ca，是放线菌发育期不可或缺的，譬如K和Mg，它们可是保持完美体型的重要元素，缺乏了它们，我的王国恐怕要黯然失色了。更让人类觉得意外的是，放线菌居然会根据自己的饮食结构营造出不同的抗生素！得益于这些发现，人类提取加工出了各种除菌武器，如弗氏链霉菌吃下含锌（Zn）的食物后，在体内就会转化成新霉素。

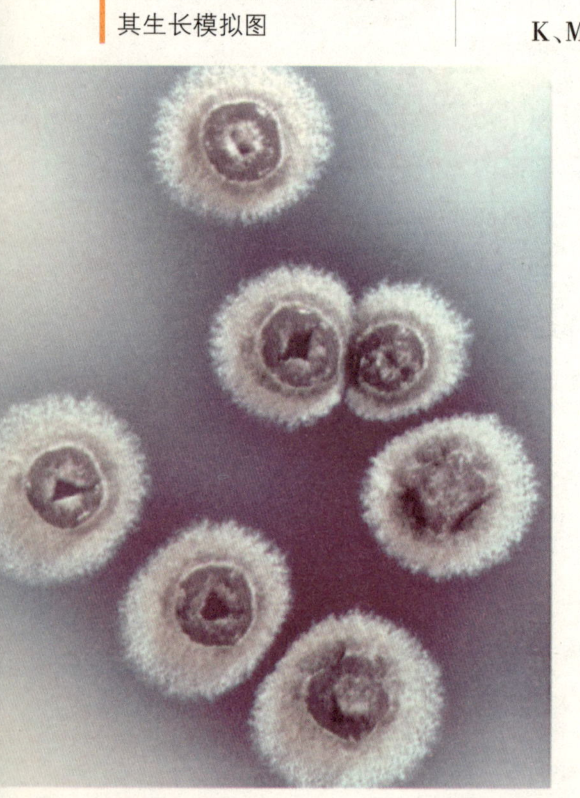

除了从事抗生素的生产外，放线菌还担负着更多的重任，如充当催化剂或催产剂的作用。当生存环境中含百万分之一或百万分之二（1×10^{-6}或2×10^{-6}）的一氧化碳（CO）时，可提高灰色链霉菌的维生素产量3倍；同时，促进孢子尽快形成并成熟，脱离母体。可惜其弱点也是致命的，当放线菌的生存环

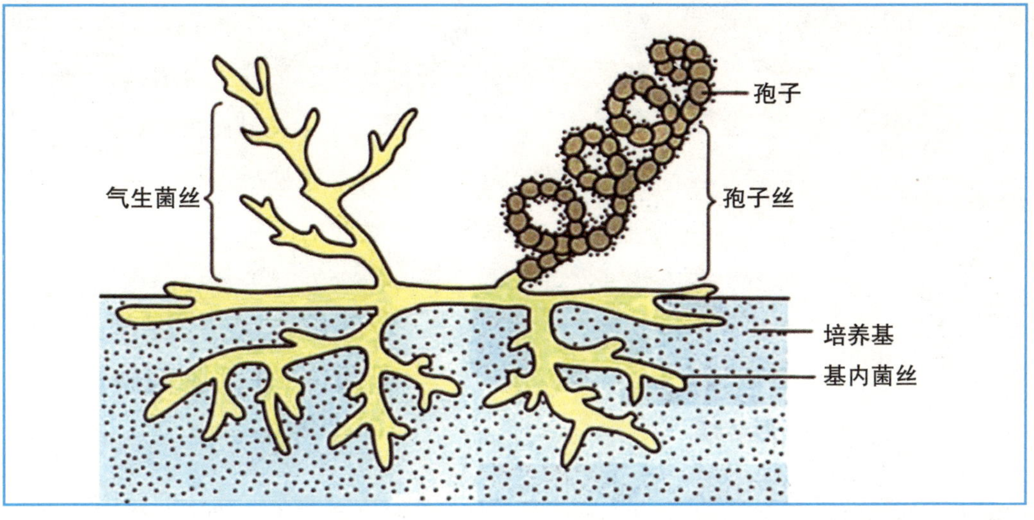

※ （b）放线菌作为一种催化剂，还可以提高链霉菌的维生素产量。图为链霉菌及其生长模拟图

境中的一氧化碳含量超标，高至百万分之二十至百万分之五十（2×10^{-5}~5×10^{-5}）时则适得其反，不仅不能起到催化的作用，反而会中毒而亡。

尽管所有的放线菌都需要同样的营养物质来维持生命，可是饮食习俗却大相径庭：腐生菌依靠吃已经死了的动植物尸体为生；寄生菌则依附在动植物等一切生命体上，吸取养料，获得生命需要的营养。我的放线菌子民大多属于后一种菌属。

这两种生活方式完全不同的子民，给人类，甚至我的王国带来两种截然不同的命运。

腐生型扮演着清道夫的角色，在自然界物质循环中起着相当重要的作用；而寄生型可就没那么讨人喜欢了，由于它们带有一定的致病基因，常给人类带来疾患与痛苦，例如分枝杆菌能引起肺结核和麻风病等。但就总体而言，这类危险分子毕竟只是少数。

除了吃法不同外，放线菌在呼吸上也与人类不同，氧气对我的这一族子民就是一把双刃剑。大多数放线菌子民和人类一样，将氧气看成是生命之宝，

一氧化碳的毒性

一氧化碳是有毒气体，空气中含量为 0.1%，就会引起中毒，如果含量大于 1%，有可能致人死亡。其有毒的原因是一氧化碳与人体血液中的血红蛋白发生加合作用，生成羰合血红蛋白，使血红蛋白失去输氧能力，使人体严重缺氧。煤气中含有一氧化碳，称为煤气中毒。

一氧化碳的检测方法为与氯化钯溶液发生反应，还原出黑色金属钯。

可怕的麻风病

麻风病是由麻风杆菌引起的一种慢性传染病，主要侵犯皮肤和周围神经。麻风杆菌是由挪威学者韩森于1874年首先发现的，所以麻风病也叫韩森氏病。未经治疗的麻风病人是唯一的已知传染源。

麻风的潜伏期可长达几年，一般3~5年，有的甚至更长；其临床表现如手、足及角膜保护性感觉丧失，脱眉和睫毛脱落，爪形指、垂腕等。继发性畸形是由于身体麻木部位的损伤而引起的，如手足皲裂、伤口和足底溃疡，手足指趾缺失、角膜溃疡和足骨破坏等。

每年1月的最后一个星期日，是“世界防治麻风病日”。这是1953年由法国人发起，世界卫生组织确立的。

对放线菌来说，人体就像一个高压氧舱，人类吸进的氧气有很大一部分被我的这类子民消耗，一旦人类缺氧，我的这一类子民也会窒息而亡，在这一点上，可见人类和我的子民有着密切的共生关系。当然，其他宗族的放线菌未必就把氧气当回事，甚至氧气对它们来说成了致命毒气，如人类利用彩光治疗青春痘，就是利用这一原理。由于皮脂分泌旺盛，厌氧菌吸收养分在毛孔内繁殖，阻塞毛孔，致使毛囊发炎。绿光照射到毛孔内，可以杀死厌氧菌。热能可以使毛孔打开，令氧气进入毛孔，加速厌氧菌死亡，并不再繁殖，彻底消除青春痘，令毛孔变细，美白嫩肤效果立竿见影。这就是厌氧放线菌之所以对氧气弃如敝屣的症结所在。

它们的脾性不但在氧气问题上一览无余，在温度上更是南辕北辙。如若将它们驱赶到23~37摄氏度的温度下，它们就会像春天的小草般，铆着劲地向上蹿长；一旦将它们驱赶出这个黄金温度区，下放到20~23摄氏度甚至以下的地方，这无疑是宠妃进冷宫，只有两种下场，要么苟延残喘，勉强苟活，要么被活活冻死。不过，一些被打入冷宫却依然保持良好心态的放线菌却能跳脱出这两种结果，成为微生物王国的铿锵玫瑰。

人类普遍认为我的子民患有恐热症，其实下这一诊断太过武断了，在50~65摄氏度的“火焰山”上，放线菌依然会吹着口哨，摇摆着菌丝，快乐地漫游。正是如此强的抗温功力，使得它们即使在严重缺水的情况下，仍然坚韧不拔地岿立不倒，甚至很多菌种在$CaCl_2$和H_2SO_4干燥的环境里能存活一年半左右。

柔若杨柳且小如针尖的身材，再加上严峻的外部生存环境，迫使放线菌家族必须团结在一起，以部落的形式来对抗困境。但不同的家族却呈现出不同的战斗力，这大多与体格有关。例如，链霉菌，由于过于追求“骨感”，导致营养不良，使得菌丝细若柔丝，就像人类枯黄发叉的头发一般，这些四处蔓延的分枝相互缠绕，纠结在一起，形成密不通风的菌落，表面看上去像蚕蛹般毛茸茸的，但触感却坚实、干燥，而且皱巴巴的。别看菌丝平时看上去摇摆着杨柳腰如林黛玉般，可它们一旦团结起来，则凝聚力惊人，人类很难将它们挑起，即使挑起了也很难将它们破碎。而对于那些没有菌丝体的放线菌家族来说，特别是诺卡氏放线菌菌落，由于没有菌丝的栓绑，整个团队邋遢松散，如用面粉绘的泼墨画般，黏着力极差，稍用针尖挑拨即会全线崩溃。

身体的差别、性格的迥异、饮食起居的不同，在变幻莫测的人体内，不同放线菌有着不一样的人生与结局，命理在时间的走线上充满玄机，有点像月老的红线，千丝万缕，却又异常清晰。

大蒜在治疗口腔疾病中的独特疗效

口腔 G 厌氧菌是牙周病、牙髓根尖周病及口腔颌面部感染的重要致病菌。内毒素是存在于 G 菌细胞壁外膜中的一种特征性成分，对机体具有广泛的生物性作用。大蒜汁、枸橼酸和双氧水可通过使 G 胞壁变薄、破裂、消失，内部结构变性及降解内毒素等机制，导致细菌死亡或解毒。

特别是大蒜被誉为“天然广谱抗菌素”，它对口腔厌氧菌的抑制、杀灭作用和对内毒素的降解作用，可为口腔疾病的防治提供新方法。

※　放线菌菌群

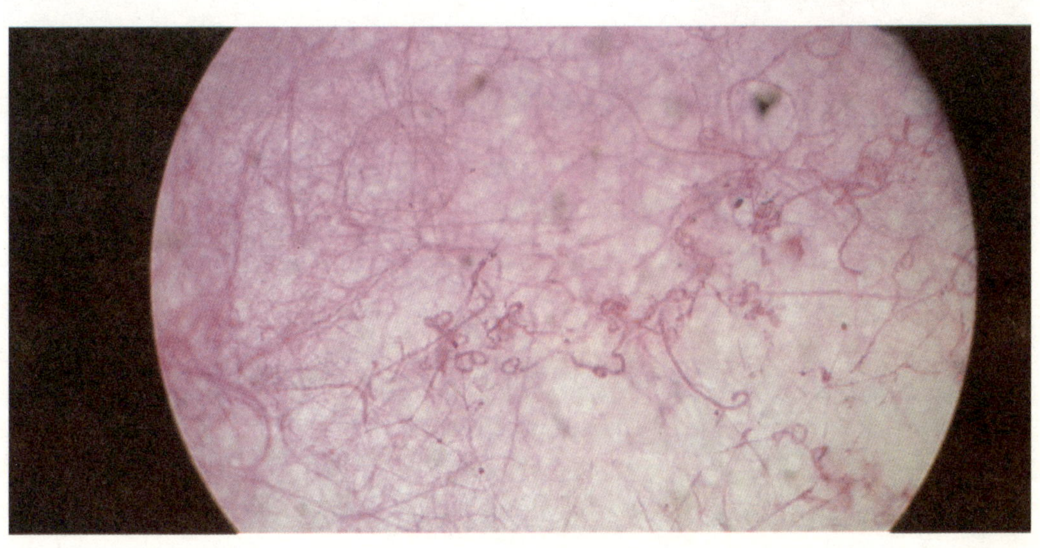

“希望工程”与“造子”大计

“XIWANGG ONGCHENG” YU “ZAOZI” DAJI

蘑菇的孢子

采蘑菇时，只要你稍稍触及老熟的蘑菇，在它那雨伞般身躯翻面的皱褶里，会落下很多细细的“粉末”，随风飞扬，这就是蘑菇繁殖后代的孢子。像蘑菇这样的孢子植物，不会开花结果，它们都以孢子繁殖后代。

孢子的个儿一般很细小，直径只有几微米到几十微米，肉眼一般看不见它们。可是，也有例外情况，像高卷柏的孢子就很大，它的直径竟有 1.5 毫米，也就是 1500 微米，约有芝麻大小。

在三亿年前石炭纪的地层中，地质学家发现了世界上最大的孢子化石，它叫大三缝孢子，直径竟有 6~7 毫米，比赤豆粒还要大。而红蘑菇孢子的直径只有 10 微米，也就是 0.01 毫米。

不管放线菌的命理如何充满玄机，它们都有一个共同的计划——生子大计。其实传宗接代是任何生物都应该进行的一种生理现象，无论是动物、植物还是微生物都不例外，所谓“种豆得豆，种瓜得瓜”，放线菌却舍弃“豆”和“瓜”，而选择孢子来完成繁育重任。

和人类一样，当放线菌过了青春期，就已经具备了一定的生育能力，而判断其是否过了青春期的标准则是气生菌丝蜕变成孢子丝。孢子丝一旦成熟，在其顶部就会出现如糖葫芦般的孢子，它们大多是在无性的作用下诞生的，因此被冠上“无性孢子的”绰号。

别以为“无性”就是简单，它们的“造子”大计，丝毫不逊于人类 280 天的孕期修炼，首先摆在它们面前的是两条路，一是通过凝聚分裂法，二是横隔分裂法，但这两条路都不好走，首先凝聚分裂法就得让孢子丝孢壁内的原生质把核物质圈养起来，然后从顶端向基部逐渐凝聚成一串体积相等或大小相似的小段，此刻，必须趁机教它们练“缩骨法”，使每一小段都拼命收缩；与此同时，还要在每一段的外面建一座婴儿房即孢子壁，就像人类的子宫一样，一些新生的圆形或椭圆形的孢子，就会悄然入住，待孢子成熟后，孢子丝壁便会破裂释放出孢子。这些新的小生命便被人类称为凝聚孢子。

对于选择走横隔分裂道路的子民们来说，“造子”之路同样坎坷，当单细胞孢子丝长到一定阶段，到达繁殖期后，孢子丝的身体内部就会产生无数堵墙（横隔膜），将孢子丝分为很多等份，从此它们过上了彼此隔绝的分居生活，这种状态一直持续到横隔膜断裂形成孢子。正因如此，这也决定了它们的长相有点像刀切般，呈大小相似、体积相等的圆柱形或杆状，它们的个头更是微不足道，仅有（0.7~0.8）×（1~2.5）微米这么大。诺卡氏菌属就是选择这种生育方式，这些新生儿们被人类称为横隔孢子，也称为中节孢子或粉孢子。

当然，如果只有这两种生育方式，一些别有用

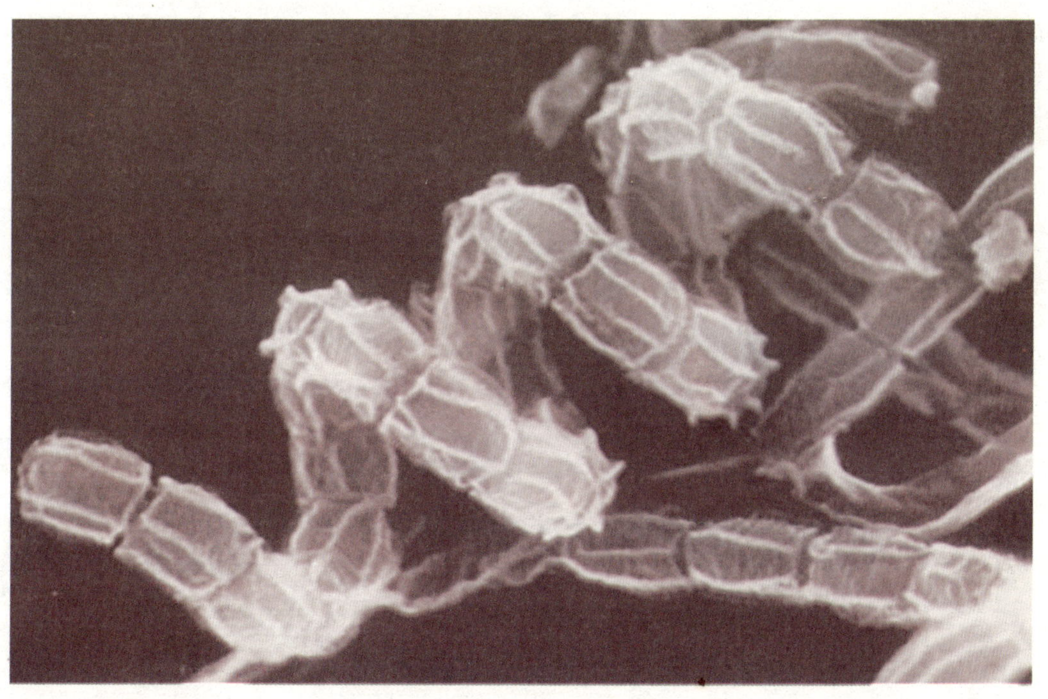

※ 横隔孢子（中节孢子）

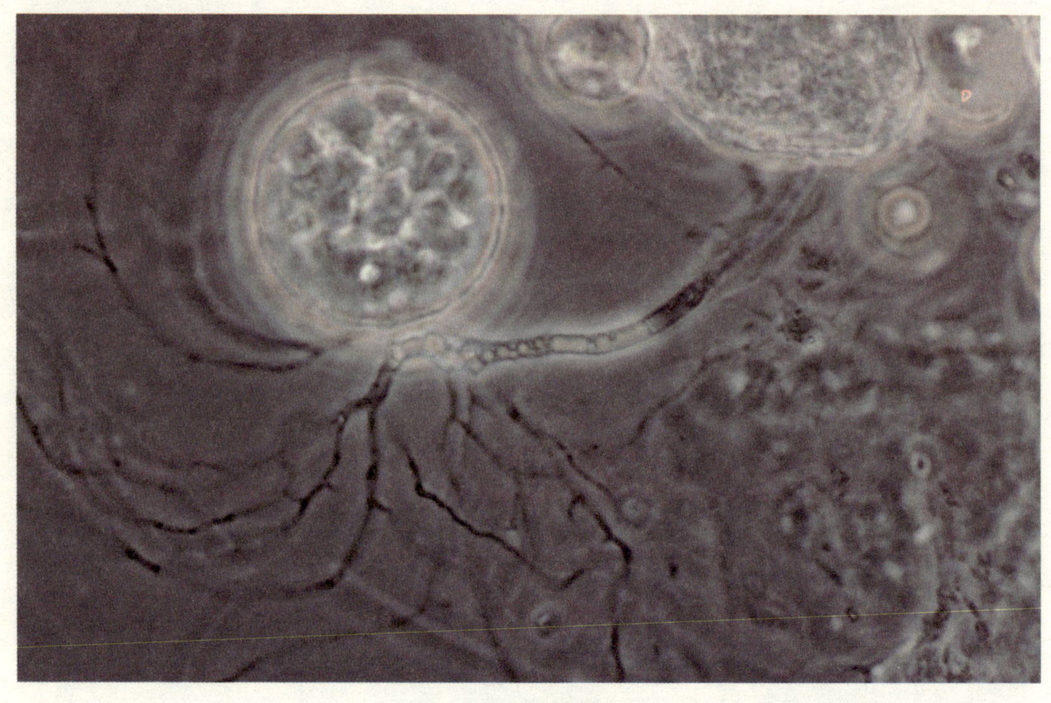

※ 放线菌的子宫——孢子囊

心的阴谋家可能会想，只要在这两个步骤进行攻击，就会让我子民断子绝孙。如果真这样认为，那未免太低估我子民的繁育能力了，早在几亿年前，它们就已另辟生育之道了。

某些放线菌先在气生菌丝或营养菌丝上形成一个小房子，取名孢子囊，而有的孢子囊则是由孢子丝盘绕形成，有点像蜘蛛精住的盘丝洞，在这样一个特别的住所里生活着很多像小蝌蚪一样的小孢子，它们在这里渐渐长大，直到这座房子装不下它们，如气球般被挤破，这些被囚困的孢子们获得了释放。这些被释放出来的小蝌蚪摇身一变就成了孢囊孢子。

还有一些小单孢菌科，它们选择“大树模式”进行繁殖，在营养菌丝顶端，它们分出很多枝节，就像大树的枝丫一般，四处蔓延，但与树枝不同的是，它们每个枝头都会顶着一个球形、椭圆形或长圆形的饰品，这些饰品聚集在一起，很像一串葡萄，别小看这些饰品，它们可是小单孢菌科的子女，取名为分生孢子。

可见，这些名目繁多的孢子是我的子民根据自己的生理特点选择不同生育方式的结果，它们像极了人类的受精卵，在我子民的繁殖之路上，扮演着不可或缺的角色。正因为有这么多的孢子，才使得成千上万的放线菌诞生在我的王国内。

※ 成熟的孢子囊在释放孢子

无愧于天使之菌

WUKUIYU TIANSHI ZHI JUN

与其他子民不同，放线菌是一个爱憎分明的主，与人类立场鲜明者比比皆是。比如人类不注意口腔卫生，就会引起像内氏放线菌和黏液放线菌、龋齿放线菌的不满，它们就会联合制造牙周炎、龋齿等事端，而且这几种菌还会产生一种黏性很强的多糖物质，使口腔中其他细菌也黏附在牙釉质上，形成菌斑。另外一些诺卡氏菌对人类也很仇视，它们在人类呼吸的过程中，潜入人类肺部，在它们的搅局下，人类的肺就会因发生感染而出现脓肿，从而使人类背上急性肺炎的包袱。不仅如此，它们还常常趁人类皮肤受创伤之机，打入人类皮肤内部，感染后发展成一个下疳状的损害，并且还会持续扩大导致局部淋巴结肿大，有些还会形成局部脓疱或脓皮病，特别是人类的脚上，易被木刺或碎片划伤，给诺卡菌创造了频繁的入侵机会，一旦诺卡菌入侵成功，人类就会出现无痛的关节肿大，逐渐增大、软化，结节内脓液排出后会引起细胞浸润和慢性炎症，或者周围组织肿胀。

※　（a）频繁入侵人体的诺卡菌

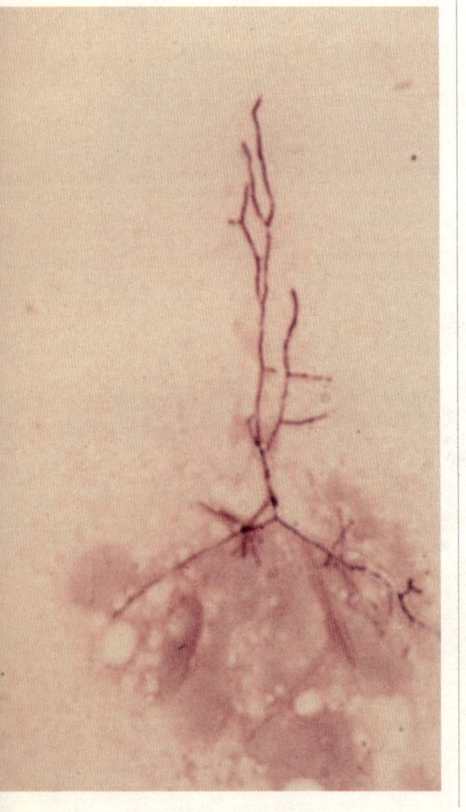

当然，伤害人类并不是放线菌家族的主旨，绝大多数子民对人类都是怀着天使之心的。就拿人类医生来说，常常使用链霉素、红霉素这一类抗生素

药物治病，使许多病人转危为安。而抗生素的主角就是大名鼎鼎的放线菌。

※ （b）频繁入侵人体的诺卡菌

放线菌最突出的特性之一是能产生大量种类繁多的抗生素。放线菌这一生理特点为它们的生存带来了无限的能量，也为拯救人类使之免于疾病痛苦带来了无限希望，据估计，全世界共发现 4 000 多种抗生素，其中绝大多数是我的子民放线菌的功劳。这是我的其他种族的子民所不能比拟的。抗生素是主要的化学疗剂，在人类临床医疗上所用的抗生素种类如井冈霉素、庆丰霉素、菌肥“5406”都是由泾阳链霉菌制成；而链霉素却是由一种叫灰色链丝菌的放线菌产生的，对治疗肺结核病非常有效。金霉素和四环素是由金色链丝菌产生的，红霉素 2/3 都是由放线菌生产的。有的放线菌还能生产维生素、酶制剂，因此放线菌成为第一个被人类视为朋友的细菌，备受礼遇。

认识海洋放线菌

海洋环境的特殊性造就了海洋放线菌独特的代谢方式和代谢产物。近年来人们不断从各种海洋环境中寻找到能产生具有新型作用机制的抗生素的放线菌。还发现了一个稀有的属——疣微菌属，该属的放线菌菌株 AB-18-032 能产生具有强烈抗 G + 的磺胺类药物前体 abyssomicin，因此是寻找新型抗生素的理想来源。

除了抗生素以外，海洋放线菌还能够产生多种酶的抑制剂。2005 年，东京大学的 Imada 等人就从不同地点采集的海洋沉积物中分离得到了多株能产生酶抑制剂的放线菌，包括：β - 葡萄糖苷酶抑制剂、N - 乙酰 - β - D - 氨基葡萄糖苷酶抑制剂，焦谷氨酰肽酶抑制剂和淀粉酶抑制剂。其中一些在肿瘤治疗上可能具有临床应用价值。

海洋放线菌由于其代谢途径及次级代谢产物具有独特性，因此在抗生素的产生和酶抑制剂产生方面具有广泛的应用价值。

放线菌可以有效抑制骨质疏松

日美科学家发现，放线菌制造的一种物质能诱发破骨细胞凋亡，从而具有抑制骨质疏松的功能。

这种放线菌制造的化合物“reveromycinA”是一种尚处于研究阶段的抗癌物质。这种化合物还能有选择地诱导破骨细胞开启细胞凋亡进程，从而阻止它们分解骨质。

动物实验证实，“reveromycinA”能有效防止骨质遭破坏。人类身体中存在分解骨质的破骨细胞和形成骨骼的成骨细胞，正常情况下两种细胞的作用保持着良好的平衡。而在骨质疏松症患者体内这种平衡被打破，破骨细胞过于活跃。“reveromycinA”能专门“袭击”破骨细胞，阻止该细胞分解骨质。

另外，放线菌家族的一些近亲，在人类生活中也享有很高的口碑，它们能将动植物的尸体腐烂、“吃”光，然后转化成有利于植物生长的营养物质，在自然界物质循环中立下了不朽的功勋。还有一种叫弗兰克氏菌，生长在许多非豆科植物的根瘤里，能固定大气中的氮，使之成为植物能利用的氮肥。更为有趣的是，我子民的肤色颜色鲜艳，呈放射状，对人体无害，因此，人类常用它做食品染色剂，既美观又安全。

别看我的这一类子民像一团丝线乱七八糟地缠在一起，而且麻杆似的身材，好像营养不良一般，但人不可貌相，它们却有天使般的心灵，为人类解决了很多麻烦和困扰。更何况在人类与微生物王国战斗几乎白热化的时刻，我的这一类子民却成为两军作战的联络员，使得诸多战争都适可而止。可见人类与我子民的关系在未来的日子，将因放线菌的存在而相互牵制。

一分钟了解放线菌

医生常常使用链霉素、红霉素这一类抗生素药物治病，使许多病人转危为安。抗生素的主角就是大名鼎鼎的放线菌。

放线菌的个体由一个细胞组成，这与细菌十分相似，因此它们常被当作细菌家族中的一个独立的大家庭。不过，放线菌又有许多真菌家族的特点，例如菌体由许多无隔膜的菌丝体组成。所以从生物进化的角度看，它是介于细菌与真菌之间的过渡类型。

各种放线菌有许多交织在一起的纤细菌体，叫菌丝。这些菌丝分工不同，有的“埋头大吃”，这是专管吸收营养的基质菌丝；有的朝天猛长，这是作为放线菌成长发育标志的气生菌丝。放线菌长到一定阶段便开始“生儿育女”。它们先在气生菌丝的顶端长出孢子丝，等到成熟之后，就分裂出成串的孢子。孢子的外形有的像球，有的像卵，可以随风飘散，遇到适宜的环境，就会在那里“安家落户”，开始萌生成新的放线菌。

放线菌大量存在于土壤中。它们中绝大多数是腐生菌，能将动植物的尸体腐烂、“吃”光，然后转化成有利于植物生长的营养物质，在自然界物质循环中立下了不朽的功勋。还有一种叫弗兰克氏菌，生长在许多非豆科植物的根瘤里，能固定大气中的氮，使之成为植物能利用的氮肥。放线菌还有许多贡献。目前发现的几千种抗生素中，有一半以上是由放线菌产生的。它的菌落颜色鲜艳，呈放射状，对人体无害，因此，人们常用它做食品染色剂，既美观又安全。利用放线菌还可以生产维生素 B_{12}、蛋白酶和葡萄糖异构酶等医药用品。

虽然个别类的放线菌对人类有害，例如分枝杆菌能引起肺结核和麻风病等，但这些比起放线菌的功绩来，实在是微不足道的。

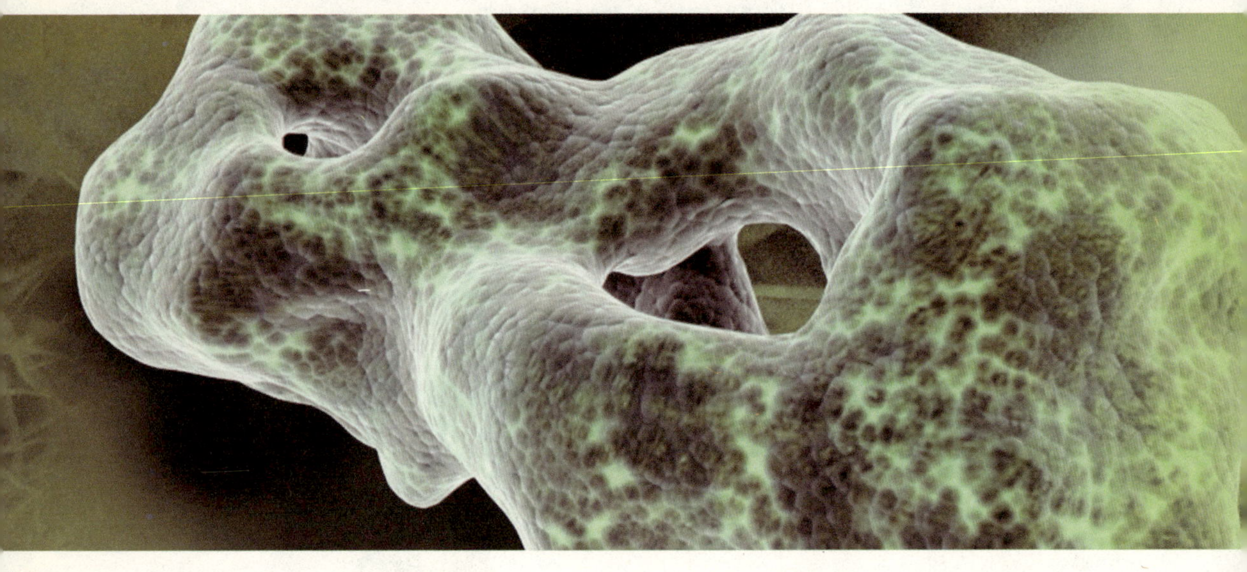

PART 7

第7章
流氓人生

在武侠小说中，人人惧怕四川唐门，不过人类心头恐惧的不是唐门武功，而是他们祖辈相传的使毒功夫以及使人闻风丧胆的毒物。在我的王国里，也有一个唐门——病毒。单从字面来看，“病”和“毒”足以说明其杀伤力远非唐门可比。若人类仅仅由名字而定性，却又太过片面，我——微生物界的国王，今天就为人类揭开病毒的神秘面纱。

病毒诞生记

BINGDU DANSHENGJI

※ 地球上最古老的生命——病毒

病毒家族历史远比细菌家族悠久，是地球上最古老的生命，已有几十亿年的历史了。它们选择人类创建自己的家园，并不是一时兴起，在漫长的进化过程中，它们曾经“试探”了各种各样的宿主。如果对方的“抗性”太弱，便会被“斩尽杀绝”，导致宿主物种的消逝。如果选择抗性太强的蜗居，无异于闭门自杀，就在这漫长而又不断的“磨合”过程中，病毒终于与人类达成了某种契合，形成了相对稳定的协同进化关系，使得人类生态系统得以平衡发展。

关于病毒的诞生记，有多种版本，首先是退化

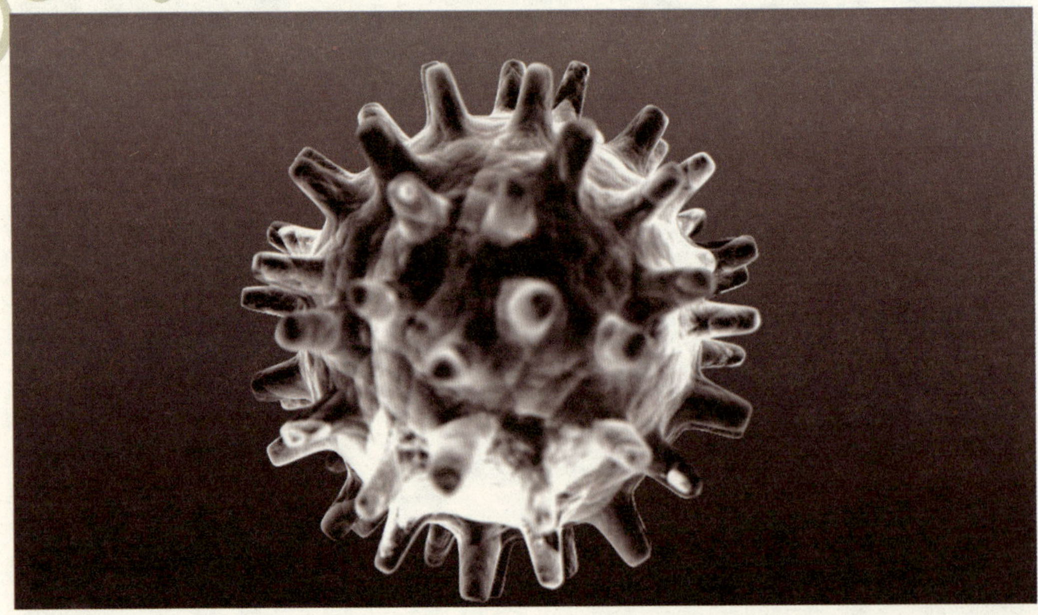

性起源学说。认为我的这一子民桀骜不驯、叛逆，不守生物界清规，而选择反向退化。其实走这条路线，病毒也颇无奈，由于寄人篱下的生活，让其如笼中困兽，野性在细胞膜的包围下消失殆尽，就连最基本的生命代谢活动也要严重依赖细胞。在细胞内，为了保本求存，它们不得不逐渐丢失部分生物学功能，仅保留一系列繁殖功能，以确保种族不被灭绝。另一版本认为病毒是正常的细胞组分在进化过程中获得了自主复制的能力独立进化而来的；还有一部分人认为病毒起源于具有自主复制功能的原始大分子；现在人类开始揣测病毒是不是来自太空。公说公有理，婆说婆有理，争论不休，这足以说明人类对病毒的了解仅仅是皮毛而已。

的确，在 19 世纪以前，人类还以为对他们痛下杀手的是细菌。可怜的细菌为病毒背负了亿万年的恶名，而屡遭迫害。好在苍天有眼。在 19 世纪末，烟草得了一种怪病，当时田里的烟叶长满了疮斑，像火烧一样从这块地窜到另一块地，得病的烟草全部枯萎腐烂，大部分农产品绝收。

1886 年，麦尔（Mayer）通过研究指出烟草花叶病是由细菌引起的，使得原本就臭名昭著的细菌更是遭千夫所指，万人痛骂。

细菌又含冤了 6 年，在 1892 年，俄国的伊万诺夫斯基重复了麦尔的试验，进一步发现，患病烟草植株的叶片汁液，通过细菌过滤器后，还能引发健康的烟草植株发生花叶病。这种现象起码可以说明，致病的病原不是细菌，但伊万诺夫斯基将其解释为是由于细菌产生的毒素而引起的。生活在巴斯德的

最大的病毒——Mimivirus 病毒

Mimivirus 病毒是一种比普通病毒体积大 4 倍的病毒，该病毒可能导致人类肺部疾病。

它寄生在生活在水中的单细胞生物阿米巴变形虫中，借助将自身的遗传信息融入原生动物的身体而繁殖。

目前人类发现的病毒直径都在 10~100 纳米之间，即便较大的病毒，如天花病毒也只有 300 纳米，而这一新发现的病毒达到 400 纳米。由于它巨大的体积，最初人类以为发现的是一种细菌，因此将这种病毒命名为 Mimivirus，由英文 MimickingmicrobeVirus 缩写而成，意即“酷似细菌的病毒”。

经研究，这种病毒的基因组是迄今发现的所有病毒中最大的，它拥有 900 个基因，其 DNA 由 80 万个碱基对组成，而此前发现的最大病毒基因组也只包括 67 万对碱基。

细菌致病说的极盛时代，可惜伊万诺夫斯基未能进一步思考，使得细菌未能昭雪，不过却让细菌感到了正名有望。

转眼又6年，在1898年，人类当中出现了一位“福尔摩斯”侦探家——荷兰细菌学家贝杰林克，在前两位研究的基础上，他把烟草花叶病株的汁液置于琼脂凝胶块的表面，发现感染烟草花叶病的物质在凝胶中以适度的速度扩散，而细菌仍滞留于琼脂的表面。从而得出引起烟草花叶病的致病因子有三个特点：①能通过细菌过滤器；②仅能在感染的细胞内繁殖；③在体外非生命物质中不能生长。根据这几个特点，他找到了破案的关键，这种致病因子不是细菌，而是一种新的物质，称为“有感染性的活的流质”，并取名为病毒，拉丁名叫“Virus”。

人类这才知道，原来一切都是病毒在搞鬼。

※ 酷似细菌的病毒——Mimivirus病毒，它可能导致人类肺部疾病

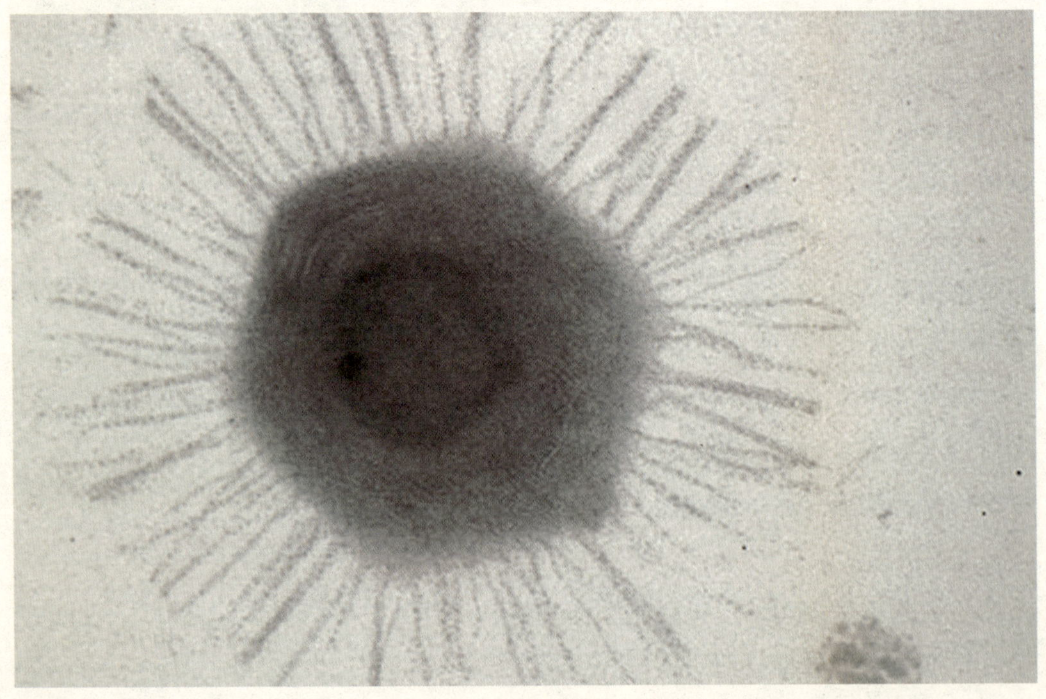

庐山真面目

LUSHAN ZHENMIANMU

虽然人类已经相信细菌的清白，但人类对病毒仍然一无所知，这给病毒渲染了神秘色彩。就连能够看到细菌的光学显微镜，也未能揭开它的神秘面纱。直到20世纪30年代后期电子显微镜发展，在放大几万倍到几十万倍的电子显微镜下，人类才得以识庐山真面目。

病毒的体积仅有细菌的百分之一，直径一般只有0.02~0.2微米，也就是说，把10万个左右的病毒排列起来才可能用肉眼勉强看得到。体积最大的病毒，像天花一类的疹类病毒直径约0.3微米；引起呼吸道疾病的腺病毒体积较小；体积最小的是小核糖核酸病毒，直径只有几千个原子叠加起来的长度。

别看它们个子小，形态却五花八门。使病毒家族如此丰富多彩的功臣是“蛋白质”，它就像春蚕，根据病毒的喜好，吐丝织锦，或螺旋式编织，将病毒装扮成杆状、棒状；或以二十面体对称的方式编织，使病毒着装起来像圆球。蛋白质亚基数目不同，编织方式不同，做出的衣服就不同，蛋白质亚基最擅长编织2、3、4、5或6邻体，因而使电子显微镜下的近球状病毒的外形变化多端。此外，有些病毒如腺病毒喜欢二十面体的针法，而且每个二十面体的顶点处都有一纤维状的细丝，很像一个卫星天线，

无法摆脱的疱疹病毒

疱疹病毒一般采用一种温和的方式与宿主共处。它们在感染细胞后，会让自己的遗传物质结合到细胞染色体中，变成染色体的一部分，随着染色体复制、细胞分裂而一代代地传给新的细胞。所以一旦被疱疹病毒感染上，它就变成了永远潜伏在人体细胞中的敌人，不可能彻底把它清除掉了。这些潜伏的敌人有可能会导致癌变，不过一般来说是无害的。但在某些情况下（如精神压力大，生了某种疾病），由于某种未知的因素，潜伏的病毒遗传物质会突然被激活，开始复制新的病毒，让细胞死亡、破裂，去感染新的细胞。

目前没有任何药物可以用以去除在细胞染色体中潜伏的病毒，最先进的药物也只能做到抑制病毒的复制，不让它爆发。

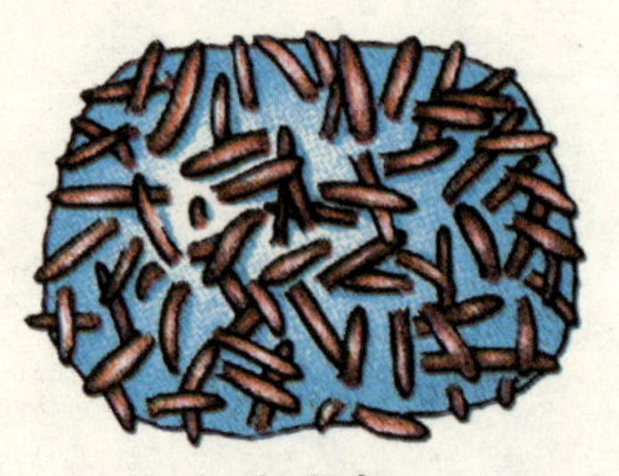
（a）痘病毒

（b）弹状病毒

（c）黏病毒

（d）曲尾噬菌体

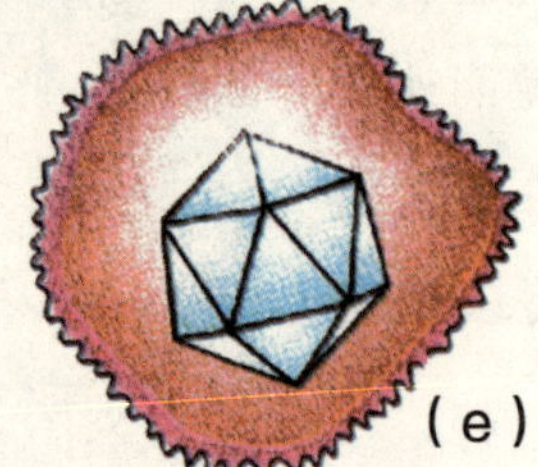
（e）疱疹病毒

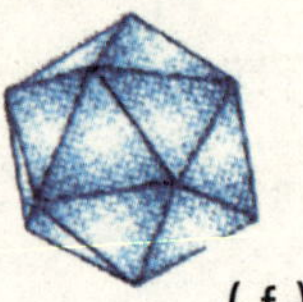
（f）腺病毒

（g）

※ 五花八门的病毒

这样使它们的外形更为别致。还有长得像棍子一样的病毒，而致命的埃博拉病毒看起来像一根简单的线条，在末端形成一个不祥的环。病毒经如此包装，甚是好看，真是“人配衣服马配鞍”。

可惜，纵然生得好皮囊，腹中原来尽草莽，病毒竟然连一个细胞结构都没有，甚至连生活中需要的

一切生命的物质基础——蛋白质

蛋白质是生命的物质基础，没有蛋白质就没有生命。因此，它是与生命及与各种形式的生命活动紧密联系在一起的物质。机体中的每一个细胞和所有重要组成部分都有蛋白质参与。

蛋白质是荷兰科学家格里特在 1838 年发现的。它主要由氨基酸组成，因氨基酸的组合排列不同而组成各种类型的蛋白质。人体中估计有 10 万种以上的蛋白质。生命是物质运动的高级形式，这种运动方式是通过蛋白质来实现的，所以蛋白质有极其重要的生物学意义。人体的生长、发育、运动、遗传、繁殖等一切生命活动都离不开蛋白质。生命运动需要蛋白质，也离不开蛋白质。

认识细胞中的酶

每当一种物质需转化为另一种物质时，人体就会利用其自身的工程师——酶。酶能将生物物质切割为小的碎片，再将其重新连接起来。这样酶在人类的身体内分解或合成所有生命必需的物质。

酶是催化剂，能使生物化学反应进行得更加迅速。有时候，一些基础反应没有酶的帮助根本不可能发生。作为催化剂，还意味着酶不会成为终产物的一部分，某一生化反应完成后，产物离开酶，酶就可以对另一分子进行相同的作用了。

不过每种酶有且仅有一种功能。有机体内的每项功能、每种底物，都有与其对应的唯一的一种酶。底物与酶像钥匙与锁一样配套。只有当酶找到合适的底物时，生化反应才会发生。

另外，酶不是活的有机体。它们不是生物分子，不会生存或死亡；它们只是工具，直到被其他的酶降解。

最起码的酶系统都不完备，又不含水分，仅有一些遗传物质在体内零星散落，有点像鸡蛋。由于没有细胞结构，病毒不能独立生活，必须寄生在人体活细胞里才能体现生命活动。就像蜗牛一样，一旦离开自己的蜗居，就会失去生命力。而病毒一旦离开活细胞，就会变成结晶体。不过不用担心，它们如蛇般只是进入了冬眠状态，一旦有机会侵入活细胞，就会重新复活。

黑寡妇的套路

HEIGUAFU DE TAOLU

※ 病毒成亲记——病毒入侵

正因为病毒进化太过原始，给它的人生增添了不少难言之隐。其中没有繁殖能力，使它在微生物王国内抬不起头。它只能躲在自己的蜗居（活细胞）内，与人类活细胞中的遗传物质联姻，才能繁衍出子代。

病毒的繁衍不像细菌是一个变两个，两个变四个，它们的完婚生子之路充满艰辛坎坷，首先要厚着脸皮把握好机会，与其看对眼的敏感细胞眉目传情，迅速擦出爱的火花，然后闪电般吸附到该细胞上，即使霸王硬上弓也在所不惜。但能不能相亲成功，

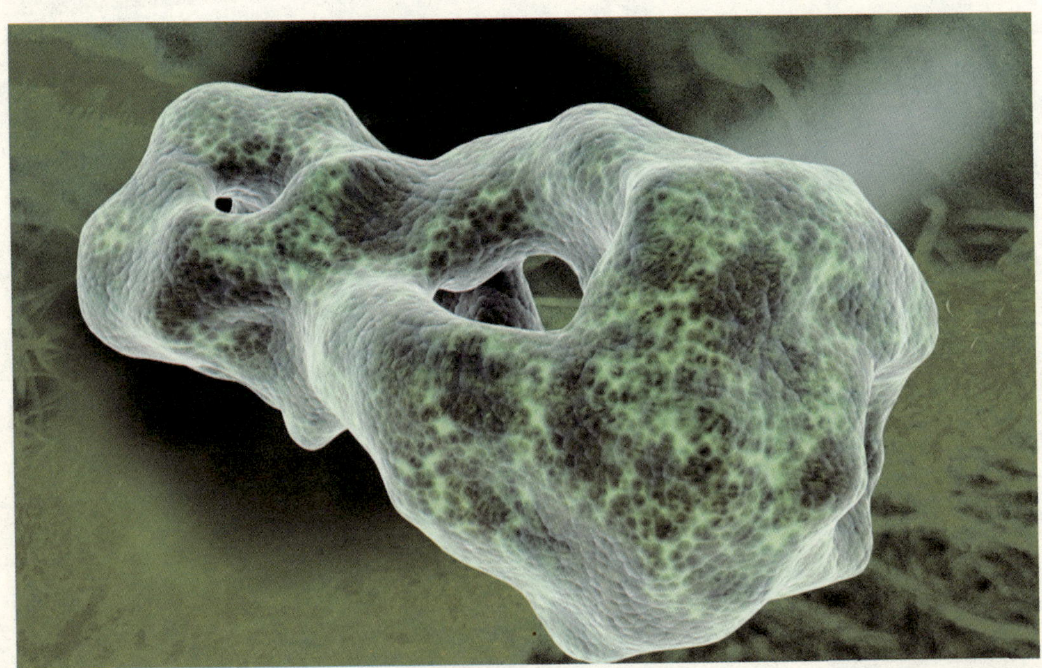

关键在于有没有合适的温度，在 0~37 摄氏度内，温度越高，病毒吸附效率也越高。病毒吸附细胞的过程可在几分钟到几十分钟的时间内完成。

当病毒相亲成功后，就要想方设法完婚（侵入），病毒的婚俗习惯与人类不同，一般都是倒插门，做上门女婿。其结婚方式有多种：注射式侵入、细胞内吞式、膜融合式以及其他特殊的方式。

注射式侵入是有尾噬菌体家族的一种方式，这在之后的噬菌体中会有详细的介绍。

细胞内吞式，这是病毒最常见的结婚方式，当细胞膜内陷形成吞噬泡时，病毒新郎借机进入洞房——细胞质中。经蛋白酶的降解，先后脱去包膜和衣壳，让遗传物质暴露出来，好与合成好的蛋白质组合在一起。这个暂且不表，另一处的婚礼进行曲也已奏响，病毒包膜和细胞膜看时机成熟，已经迫不及待地融合了，这么简朴的婚礼一看就知道采用的是膜融合式婚礼。

当然，结婚向来花招、怪招不断，有的很干脆，新郎直接闯入洞房，更有甚者有的直接脱掉衣服（病毒衣壳）入洞房。

可惜心急吃不来热豆腐，新郎必须借助洞房内的原料、能量和场所合成核酸和蛋白质，期间所需的多数酶也来洞房。

在洞房期内，新郎会全力以赴合成核酸与蛋白质，之后，新郎会根据自己的族群习性选择在哪儿进行组装核衣壳，一般多数DNA新郎会选在细胞核内，RNA新郎与痘新郎则选在细胞质内。随后新郎以出芽方式释放而成为成熟病毒。在之后的一段时间内，洞房对它们来说已经成为囚牢，为了突破障碍，它们崩解细胞膜，使细胞迅速死亡，它们便如刑满释放的囚犯活蹦乱跳地被逐个释出，去寻找新的爱人了。只听新人笑，哪闻旧人哭——这就是病毒陈世美的过河拆桥生存术。

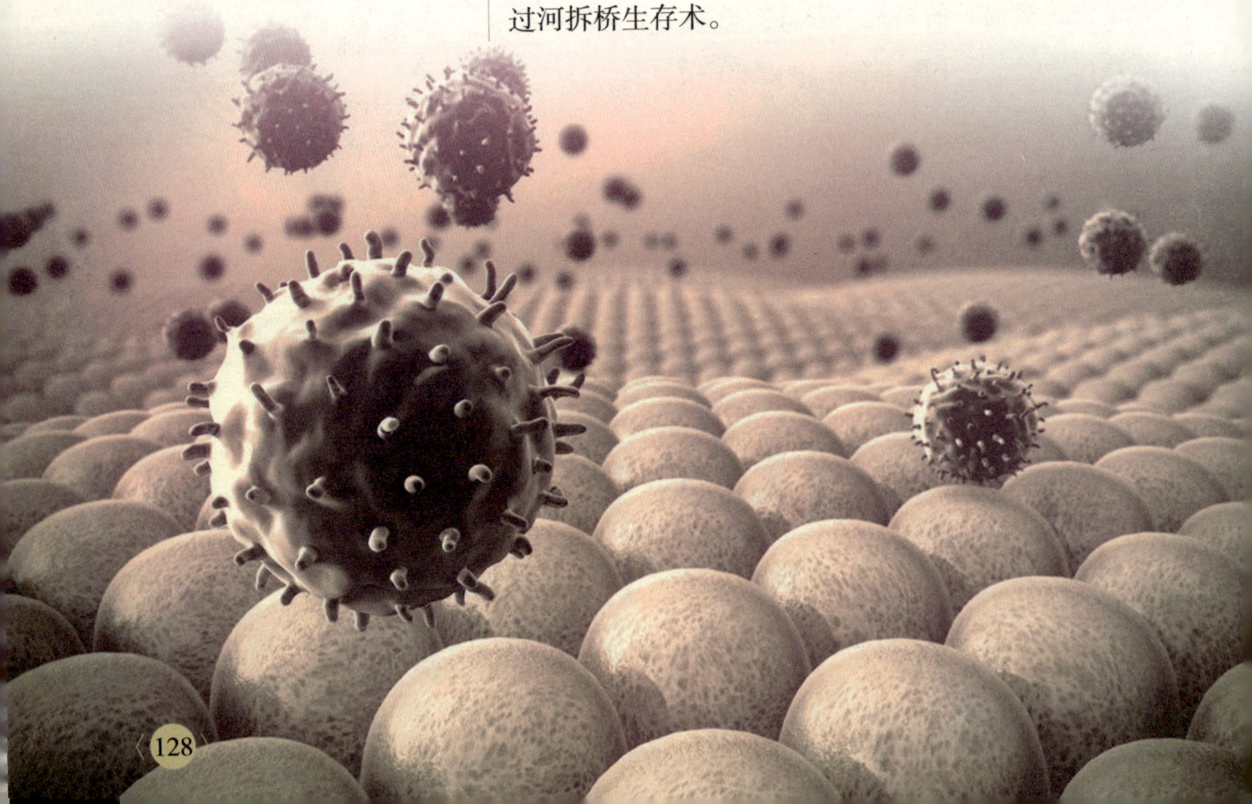

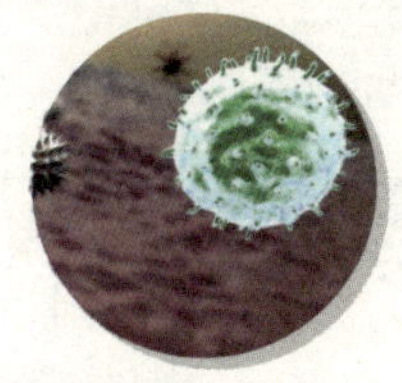

变异神功，毒霸武林

BIANYI SHENGONG，DU BA WULIN

张衡曰：“玄者，无形之类，自然之根；作于太始，莫之能先；包含道德，构掩乾坤；橐籥元气，禀受无形。”病毒则玄之又玄，变化无形。

※ 黏液瘤病毒

各种病毒的演化神功都相当可怕。人类演化一万年的“业绩”，细菌在一两周内就可以达到。病毒传递的速度更快，这是由于遗传物质在革命的过程中，稍不留神便会“左倾”或“右倾”，从而将错误的遗传信息传播下去，就发生了突变。所谓智者千虑，必有一失，但亡羊补牢为时未晚，人体

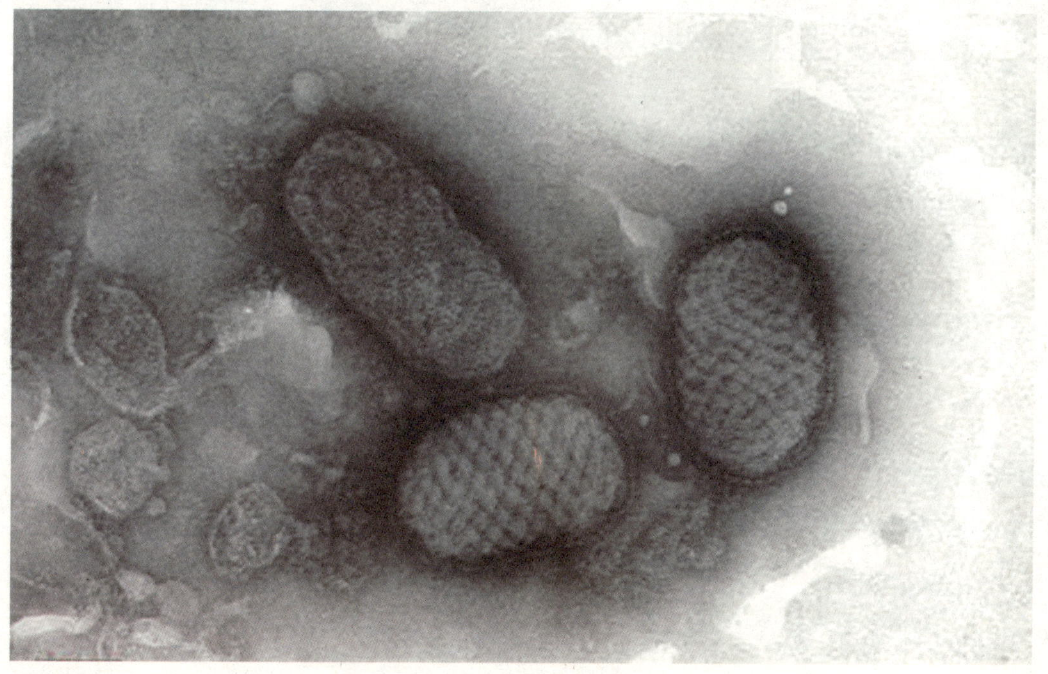

细胞有改正复制错误，减少突变的校正机制，而病毒却没有，只能任其继续错误下去，这样一生十，十生百，不久就会诞生一支庞大的突变部队，这些突变部队所产生的新病毒又都与“原版”不同，比人类的特种部队还要花样百出。

不过病毒的变异神功会朝两个方向发展，在练功过程中，方法得当的则越练越强；若不小心走火入魔，则会不断减弱，而出现返祖现象。

在19世纪末，欧洲的兔子随着英国殖民者来到澳大利亚。因为当地牧草丰富，又无高等食肉动物，兔子急剧繁殖，仅百年时间，当地野兔已多达70亿只。兔子与羊争牧草，并打洞破坏草原，严重危害草原生态平衡和畜牧业发展。于是，澳大利亚政府在1950年蓄意引入了一种黏液瘤病毒，这种病毒一旦感染到欧洲兔，死亡率几乎达到100%，而它的天然传媒是蚊子。开头是很成功的，在澳大利亚东南部有蚊子肆虐的地区，兔瘟疫像野火般蔓延，3年内就沿着南部海岸到达了澳大利亚西部，杀死各地99%的兔子。但好景不长，不久后，杀死率逐渐降

※ 感染了黏液瘤病毒的欧洲兔

低，兔子种群数量渐渐回升。为什么会出现这种现象呢？研究者的实验表明，野兔身上病毒的毒性减弱了，而且它们抵抗病毒的能力也大大地提高了。实际上，澳洲人在不经意间做了一项大规模的天择实验：病毒选兔子，使兔子抵抗力在十年内大增，而病毒毒性渐减，似乎向和平相处的方向演化。为什么呢？原来蚊子只叮咬活兔子，若病毒让兔子死得太快，反倒绝了自己的繁殖之路，反而是毒性减弱的突变品种能让兔子活得久些，让自己有机会代代繁衍下去。

从这一长远发展来看，毒性弱的突变型将会逐渐占优势。这是根据进化论中的自然选择原理得出的结论。由于病毒必须靠宿主才能生存、繁殖，那些毒性强的病毒随着它们所寄生的宿主的死亡而死亡；那些毒性较弱的病毒反而得以存活，即毒性弱的病毒要比毒性强的病毒有更多的生存机会，在“适者生存”的自然选择作用下，最终将会占优势。

所谓“成也萧何，败也萧何”，正是由于它们的嬗变，引起普通感冒的病毒通过不断改变蛋白壳体，使人类的免疫系统每次都需要对它们进行重新确认，它们从而赢得了时间得以在人群中传播。正是这种变色龙似的天性使得它们躲过株连九族的灭门惨案，让人类消灭普通感冒病毒的种种努力均化为泡影。一些病毒在重重危机下，还获得了武林中罕见的武功秘籍，练就一身神功，这让它们如猫般悄无声息地侵入细胞城堡里，并且不会引起堡主的任何注意——因此它们可以无声无息地在白色恐怖里四处传播。积攒到足够的能量，就会如火山爆发般势不可挡。如

艾滋病为什么是不治之症

当艾滋病病毒进入人体的血液或淋巴液后，它们攻击的目标就是某些淋巴细胞。它们进入细胞内，利用细胞内的养料进行繁殖，于是淋巴细胞反而成了艾滋病病毒的制造厂，这样的病毒最终散布全身，破坏各处的淋巴细胞。人体就像一个被缴械的士兵，再也没有什么抵抗能力了。这样，它就为各种各样的病菌、病毒等致病微生物和寄生虫敞开了大门。

艾滋病是通过血液和精液传播的。发病初期，如同得了感冒：发烧、淋巴结肿大、嗓子疼痛和肌肉疼痛。以后会发生那种由寄生虫引起的肺炎和皮肤肉瘤，也会发生像肺结核这样的传染病。

目前，这些病人是无药可治的，最后会因为各种疾病死去。

HIV 病毒便是这样一种病毒，感染了这种病毒的人每50人中约有1人死亡。

可惜，上帝给了病毒变异神功，却没有赐予它随遇而安的心境，一旦换个地方，原本遵纪守法的病毒就会因水土不服而兴风作浪，新地主因对这个硬闯进来的陌生病毒一无所知，而显得手足无措，拿不出任何措施对付它，从而无法控制病毒的大量繁衍，导致病毒种群大爆发，灾难也就出现了。如禽类流感病毒跳槽到人类身上，就引发了禽流感瘟疫。而艾滋病被认为是狩猎引起的，因为 HIV 病毒被认为是生活在非洲中西部的黑猩猩所携带的 SIV－CPZ 病毒的一种变体。非典病毒与果子狸身上的冠状病毒也有着千丝万缕的联系。

病毒用自己的变异神功，登上了武林毒霸的宝座，几十亿年来，丰功伟绩，数不胜数，给人类头上戴了个紧箍咒，稍触即痛。

※ HIV 病毒为黑猩猩所携带的 SIV－CPZ 病毒的一种变体

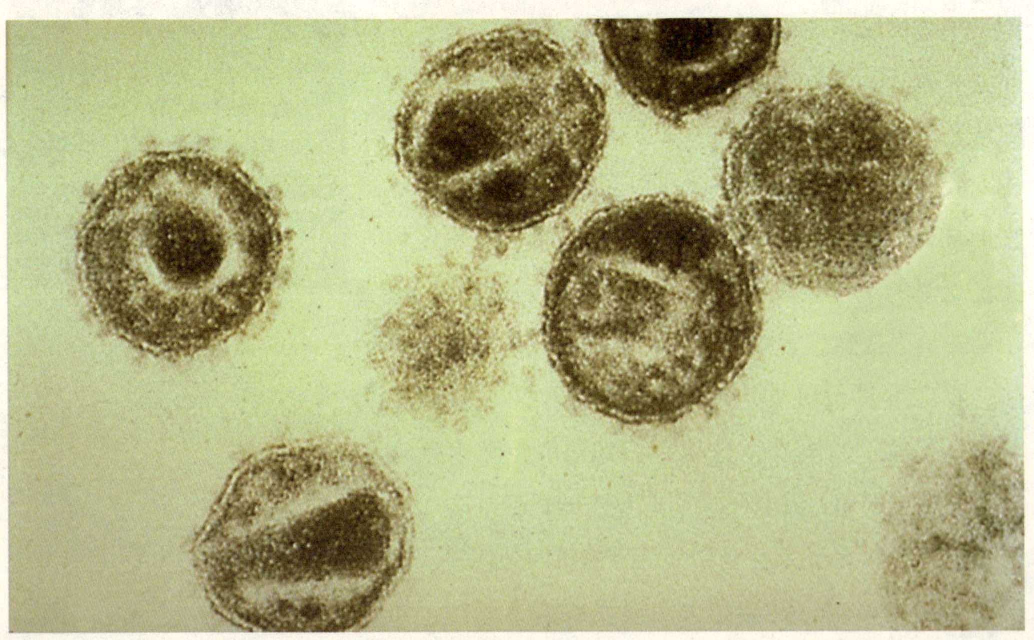

道高一尺，魔高一丈

DAOGAOCHIYI，MOGAOYIZHANG

人类面对头上的紧箍咒就真的没有办法了吗？

20 世纪 50 年代，人类发现自身细胞核中携带着遗传物质——基因，而病毒攻击的目标正是这些基因。病毒将自己的 DNA 注入细胞基因中，使它们复制更多的病毒。但一旦这些新制造出来的病毒离开宿主，它们就需要与时间赛跑，必须尽快找到新的细胞，否则就会灭绝。这使得它们大多数非常脆弱：即使是引起艾滋病的 HIV 病毒，在空气中经过数小时后就会失去活力。

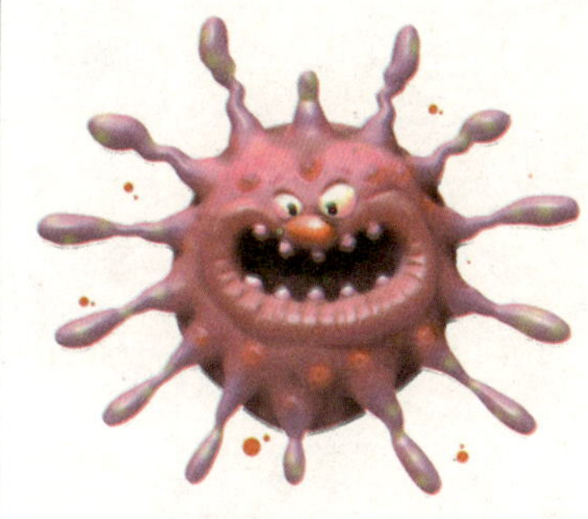

※ 人类卫道士——淋巴细胞

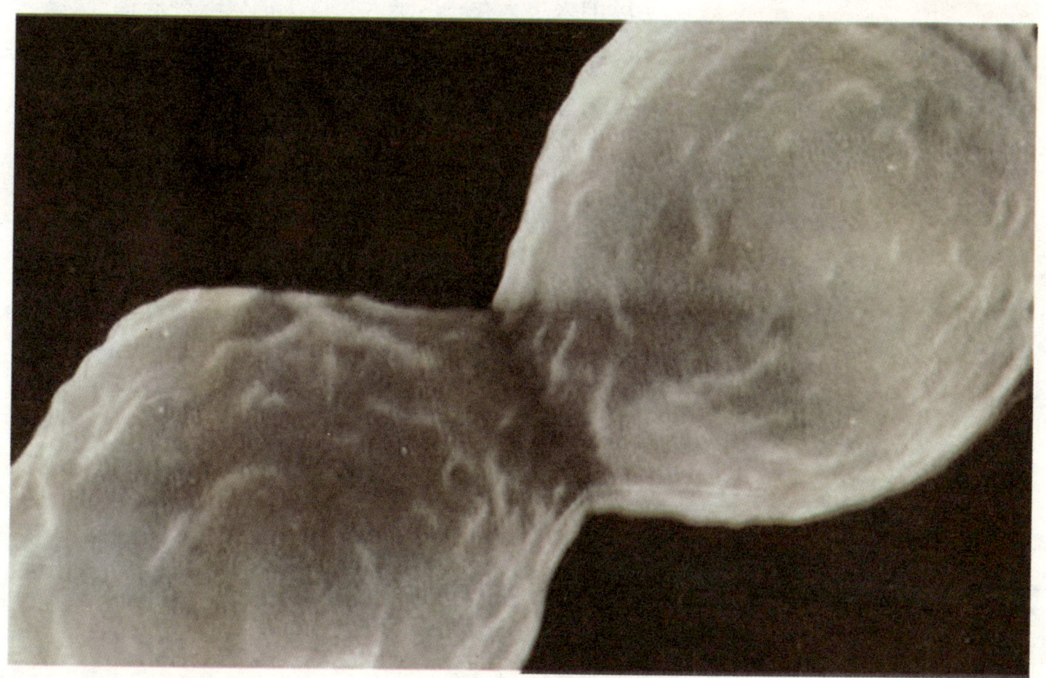

人体免疫细胞如何对抗病毒?

当作为抗原的"敌人"通过不同途径进入人体后，人体内的"士兵"——免疫活性细胞就会被"激活"，它们中的B细胞可以产生一种特异性的抗体，T细胞可以产生许多淋巴因子，这种抗体和淋巴因子可以直接"杀灭""敌人"。还有一些淋巴细胞转化成为"记忆细胞"，等下次"敌人"一进入体内就可立即"投入战斗"。这就是"武器"的准备阶段，叫作特异性免疫应答的"反应阶段"。然后，这些免疫活性细胞使用它们不同的"武器"，或者直接杀伤"敌人"，或者瓦解"敌人"，或者帮助其他细胞发挥作用，这是与"敌人"的"作战"阶段，叫作特异性免疫应答的"效应阶段"。

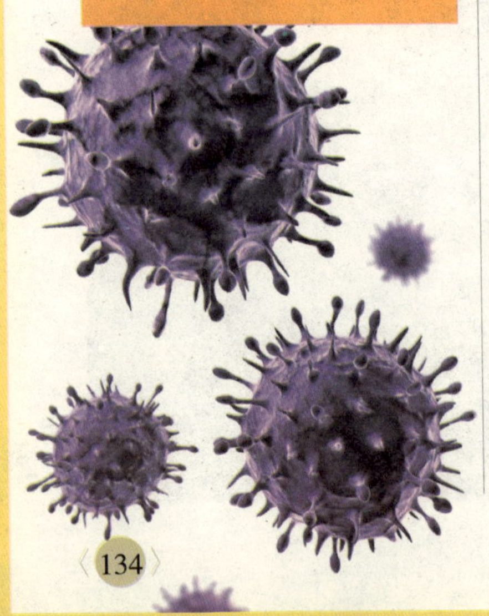

病毒不但要与时间赛跑，找到新的、更多的活细胞，而且在人体内还常遇到自己最大的敌人——免疫系统。淋巴细胞（即白细胞）在人体内不断巡视，并随时消灭入侵物质。这些淋巴细胞使用的是比科学家发明的任何物质都更有效的生化武器，它们在发现了含有病毒的细胞时便会将这些细胞杀死——这常常能使人体完全康复。因此人即使染上了像霍乱、登革热这样的疾病，大多数也能痊愈。

自此，病毒的施毒秘籍昭示于天下，人类的免疫系统被编入防御机制，善加利用，迄今为止它是人类在对付病毒过程中取得最大胜利的最大功臣。在遭遇病毒的大规模袭击前，人类有意给自己注入小剂量的病毒（接种）或是病毒的蛋白壳体（注射疫苗）可使人体免疫系统为病毒的大规模袭击做好准备。这种方法已经挽救了几百万人的生命——并且于1980年在全球消灭了天花，这是人类首次消灭一种病毒性疾病。

但免疫系统并不是万能的，它也存在着不可忽视的漏洞，体内免疫力太强，反而会导致抗体反应过于剧烈，释放出细胞激素风暴，致使组织器官受到严重伤害。其中人体免疫系统中的T细胞和B细胞是对抗病毒的"士兵"，一旦有病毒侵入，这两种细胞就会激增。T细胞又称"杀手细胞"，如果吃补增进的是"杀手细胞"的能力，它会对病毒进行猛烈抵抗，由于是将人体作为"战场"的，所以反而会对身体造成伤害。

所谓狼有狼道，蛇有蛇踪，狼走岭脊，狐走山腰，獾走沟底，病毒藏在细胞里，打啥要有啥打法："暗打狐子明打狼"。对于病毒，打法可能更复杂，如

RNA病毒，可把它比作拉链的一半，如果能用另一半与它结合，就能中和病毒。这就是著名的反义核酸。对于非典病毒，可采用一种古老的方法“血清疗法”，即从患过“非典”但已康复的人体内抽取血清，将其注入其他患者或健康人体内。由于康复者体内已经产生了对抗“非典”病毒的抗体，血清将有可能帮助他们战胜病毒。也可用干扰素扰乱病毒，阻断其传播途径。

现在的人类，应付我的这些捣乱子民越来越有经验了，在人类的科技大发展的时代里，我子民的黄金时代也黄鹤一去不复返了。

※ （a, b）易被反义核酸中和的RNA病毒

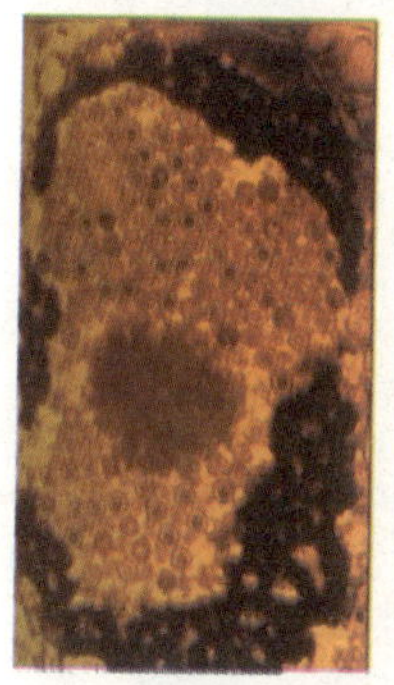
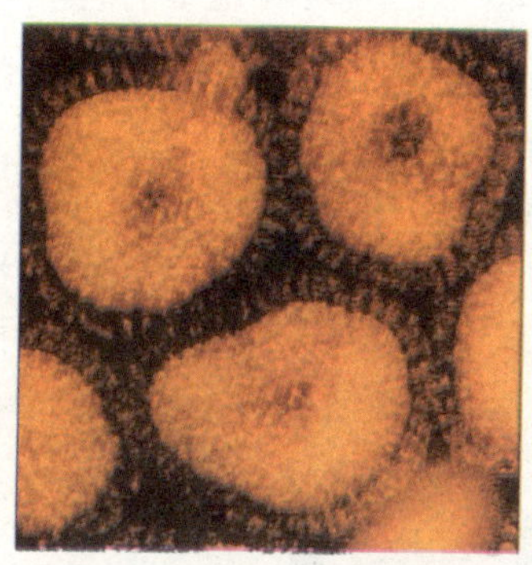
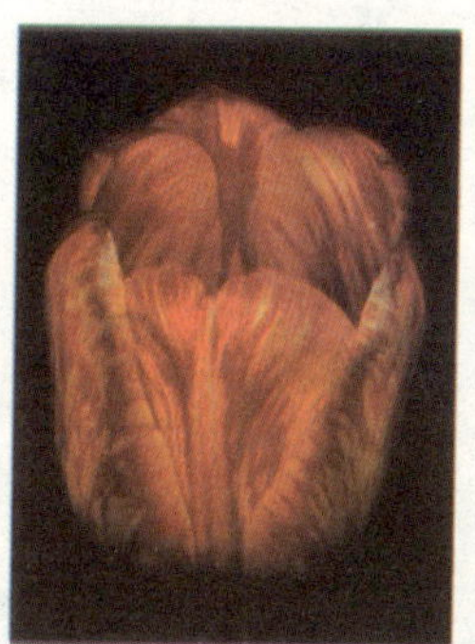

（a）

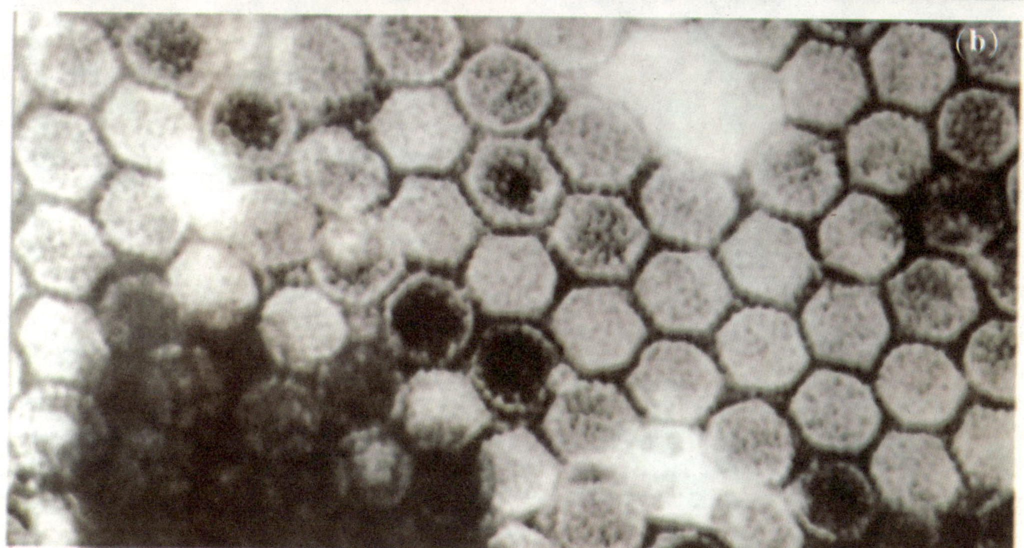
（b）

噬菌如命“蛇吞象”

SHIJUN RUN MING “SHETUNXIANG”

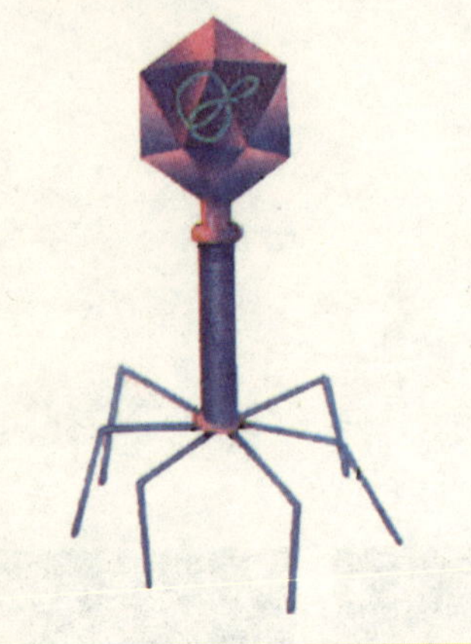

※ （a）以菌为食，细菌的克星——噬菌体

世间万物都是相生相克的，即所谓一物降一物。大象这个庞然大物，偏偏最怕小老鼠；人，也被微乎其微的细菌折磨得痛苦不堪。但细菌也有害怕的克星，即比它小得多的另一种微生物——噬菌体。

顾名思义，噬菌体是一种能“吃”细菌的细菌病毒，凡有细菌的地方，都有它们的行踪。但它们的饮食很考究，往往都有各自固定的“食谱”。只对合自己胃口的细菌感“兴趣”，也就是说一种噬菌体只对一种特定的细菌感“兴趣”，对其他的细菌则厌食恶心。例如有专爱“吃”乳酸杆菌的、专“吃”大肠杆菌的，还有专吃伤寒杆菌的等。

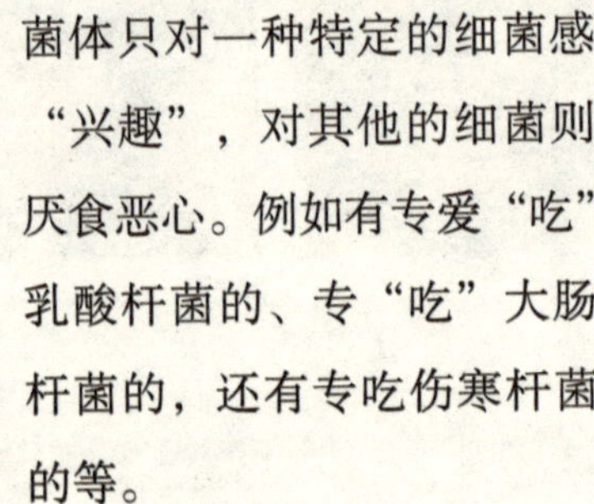

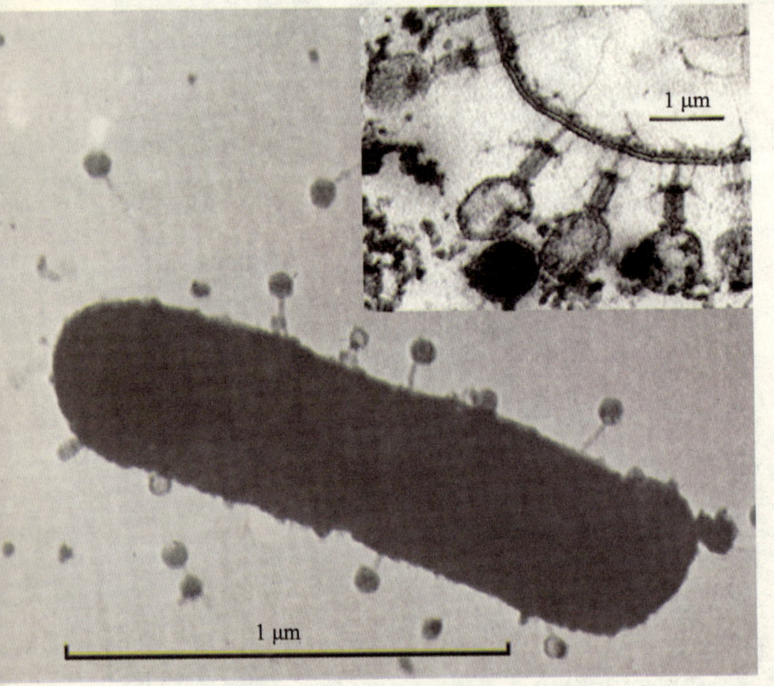

噬菌体个子很小，体形仅有三种可选，即蝌蚪形、微球形和丝杆形。广为大众所喜爱的是蝌蚪形。

如此简单的身体器官，如何实现“蛇吞象”的奇迹呢？

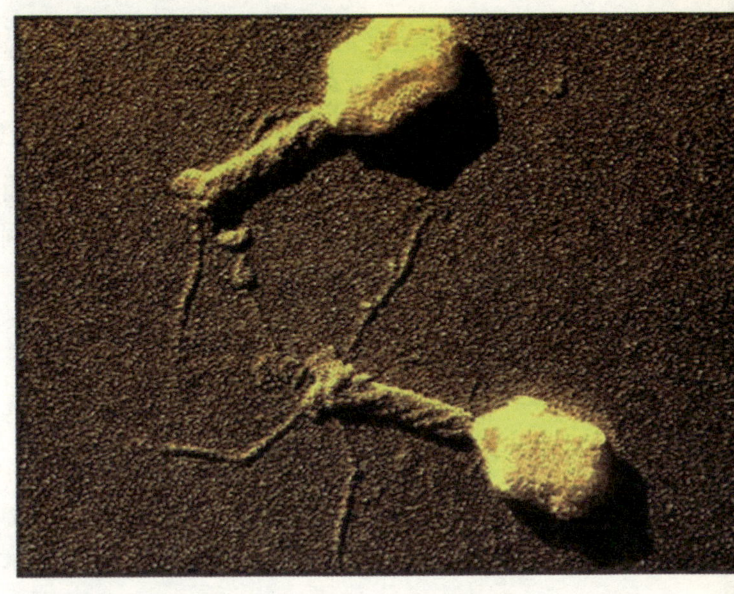

这是由噬菌体的身体结构决定的。噬菌体只是简单的头尾相接，即由它的头部蛋白质外壳和尾部被外壳包着的核酸（遗传物质）组成。它的尾部有几根尾丝，像八角章鱼，可以牢牢地吸附在细菌身上。当它在细菌的细胞膜上找到一个适当的位置，紧靠上去，就会分泌出一种溶菌酶，在细胞膜上“钻”一个洞，像注射器一样把自身的遗传物质（核酸）注入细菌体内，而它的蛋白质外壳却始终留在细菌体外。这些噬菌体的核酸进入细菌的细胞后，便“夺了权”，由它们发号施令，指挥细菌细胞停止原来物质的合成，而以自己为样板，制造噬菌体后代所需要的蛋白质和核酸，然后噬菌体重新给自己和同伴们穿上蛋白质外衣。这时细菌已面貌全非，于是噬菌体就冲破了名存实亡的细菌细胞壁，“破壳”而出，成为一个个独立的新生噬菌体，蜂拥着四处游离，另寻其他细菌寄主。

※ （b）以菌为食，细菌的克星——噬菌体

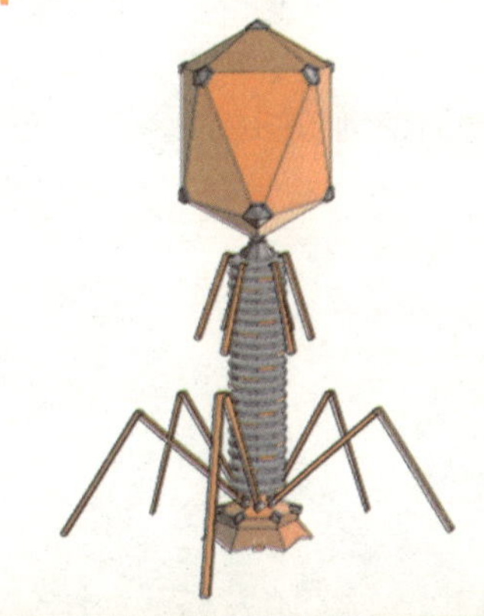

修复受损基因的核酸

核酸有助于表皮细胞基因的营养及其损伤的修复，使皮肤细胞活化。在表皮细胞慢慢老化，也就是角质化的过程中，由于核酸的含量迅速降低，各种基因易受损且无法修复，导致表皮细胞的正常功能逐渐失去。当核酸含量降至零时，细胞核消融，基因不复存在，表皮细胞也就完全死去，转化为角质层了。如果及时补充了足够的核酸，则可以增强细胞的新陈代谢，对受损基因进行修复，使细胞长期处于生命力旺盛的状态。

核酸还能促进皮肤基底层细胞的分裂，加速创伤的愈合，防止疤痕的产生。核酸充足，新陈代谢旺盛，细胞分裂和蛋白质合成都在快速进行，创伤愈合的速度也就快。

这个过程，一般只需要20分钟的时间，在一个菌体的细胞内就能复制出约150个噬菌体。它们也正是利用如此迅速和大量的繁殖才能够得以生存。

虽然噬菌体的模样比较单一，但脾气并不都一样，有的性子比较烈，叫烈性噬菌体，一旦它侵入细菌，就要马上进行营养繁殖，直到使细菌细胞裂解方才善罢甘休。有的则比较温和，叫温和性噬菌体，它进入细菌细胞内先“潜伏”下来，不但不损伤寄主细胞，反而和寄主的基因组同步复制，等待时机；如果受到外界因素的刺激，比如受到辐射，那么，潜伏的噬菌体会毫不犹豫地“冲”出寄主细胞，从而导致细菌死亡。

※ 烈性噬菌体一旦侵入细菌，马上就进行营养繁殖，直到使细菌细胞裂解方才善罢甘休

在噬菌体眼里，细菌不但是个短命鬼，而且还脆弱得不堪一击，在70摄氏度这个普通细菌的死亡禁区待30分钟，噬菌体的生命活动还在继续；甚至在长期低温下，仍能存活，而细菌早就一命呜呼了。

但噬菌体也有难以逾越的障碍，特别是挑肥拣瘦的习性，使得自己的根据地完全暴露在众目睽睽之下，被捉来做人类的服务生。人类医生们已经成功地把噬菌体请来治疗烫伤和烧伤。因为在烧伤病人的皮肤上很容易繁殖绿脓杆菌，这正好可以满足绿脓杆菌噬菌体的“饱餐”要求。这种特殊的治疗方法已经取得了良好的效果。

化敌为友，功大于过

HUADIWEIYOU，GONGDAYUGUO

人类一直把我的子民看成是十恶不赦的江湖败类，这让我的子民接受不了。实际上，在病毒家族中，害群之马仅是少数，而且它们大多只是在人体感染的这段极短的时间内在人体内生存，在患者被治愈或死亡后，这些病毒也就随之死亡或“转移阵地”了。那些长时间待在人体内的病毒大多与人类和平相处，并不会引起症状，而且还会对人类产生一些有益的作用。例如，一种被称为内源性反转录病毒（ERV）的，

※ 与人类化敌为友的内源性反转录病毒。它在进化过程中就与人类细胞形成了非常亲密的关系，并成为人类DNA 的组成部分

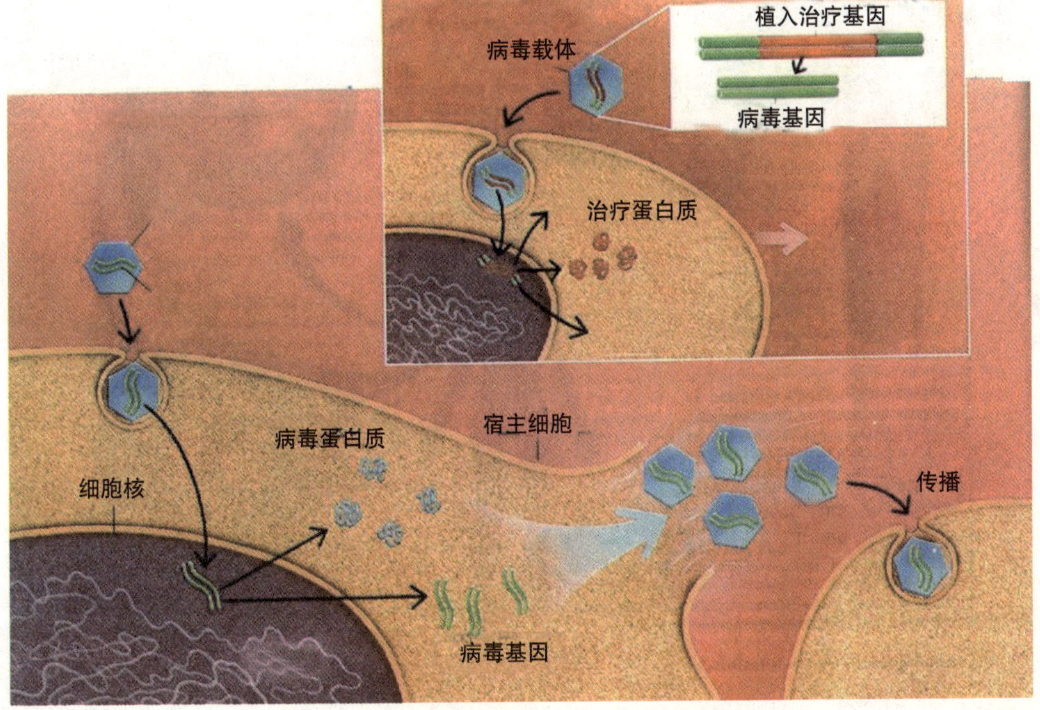

活疫苗与死疫苗

活疫苗即减毒活疫苗，是病毒经过处理后发生了变异的活病毒。这种病毒接种到人体后，可在人体内生长繁殖，并能引起人体的免疫反应。其优点是免疫效果显著，免疫的有效期比较长，短则三五年，长则可终身免疫。活疫苗的缺点是接种人体以后反应较大，有些活疫苗在接种人体后，有时可能会在人体内发生变异，恢复毒力，导致人体发病，被称为疫苗相关病。

死疫苗即灭活疫苗，是经过处理的死菌或死病毒，进入人体后不会在体内生长繁殖，但可以引起人体免疫反应。其优点是接种人体以后副反应轻微，很少发生严重异常反应。但死疫苗的免疫效果相对较差，免疫有效期相对较短，如狂犬病死疫苗、流感死疫苗等的有效期大约为1年。

在进化过程中就与人类细胞形成了非常亲密的关系，并成为人类DNA的组成部分。

在生物进化过程中，人和脊椎动物直接从病毒那里获得了100多种基因，这是病毒侵入人体细胞内的结果，人类自身体内复制DNA的酶系统就有病毒的功劳。

人类或许对此嗤之以鼻，认为我是在为我的子民开罪。众所周知，人体和生物体都是排他的系统。但是，母亲体内的免疫系统为什么不排斥从受精卵开始就存在于子宫内的胎儿呢？人类对此有诸多假说，而事实却出人意料，这都是被称为人类敌人——内源性反转录病毒的功劳，它通过调节胎盘的功能来阻止母亲的免疫系统排斥胎儿，保证胎盘的形成。所以ERV还是母亲的小帮手，如果没有它们，人类不会如此进化。

一个正常的人体细胞可以制造出数以千计的蛋白质，而有些受病毒感染的细胞，只能制造出不超过六种病毒蛋白质，为人类深入了解细胞如何产生蛋白质提供了最简化的材料。基因研究也是如此，很多病毒的基因都不多于六种，而且，只要是同一品种的病毒，都具有完全相同的基因，人类可以从病毒身上提取到纯度很高的基因材料，经过体外“改造”和“重组”后，改良为抗多种病原体的活疫苗。

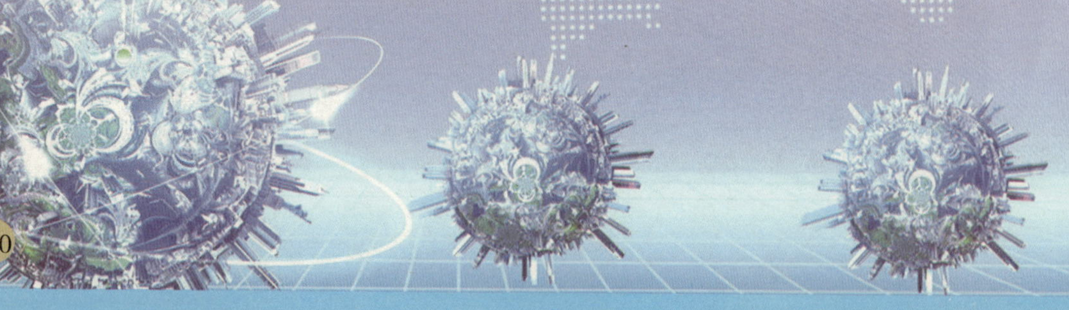

病毒不仅是人类的“小帮手”，还是“小医生”，帮助人类消除那些“害人精”。如感冒病毒用愚公移山的精神清除了脑部肿瘤；过滤性病毒更是大义灭亲，杀死各种癌细胞病毒；而当G型肝炎病毒遇到艾滋病毒，它不惜自己的生命，与之同归于尽，其大侠风范，让艾滋病毒闻风丧胆。而人见人怕的艾滋病毒通过变异，修复了人类遗传基因的缺陷，使帕金森氏症和老年痴呆症等疑难病症，得以从不

※ 噬菌体的噬菌与生活周期

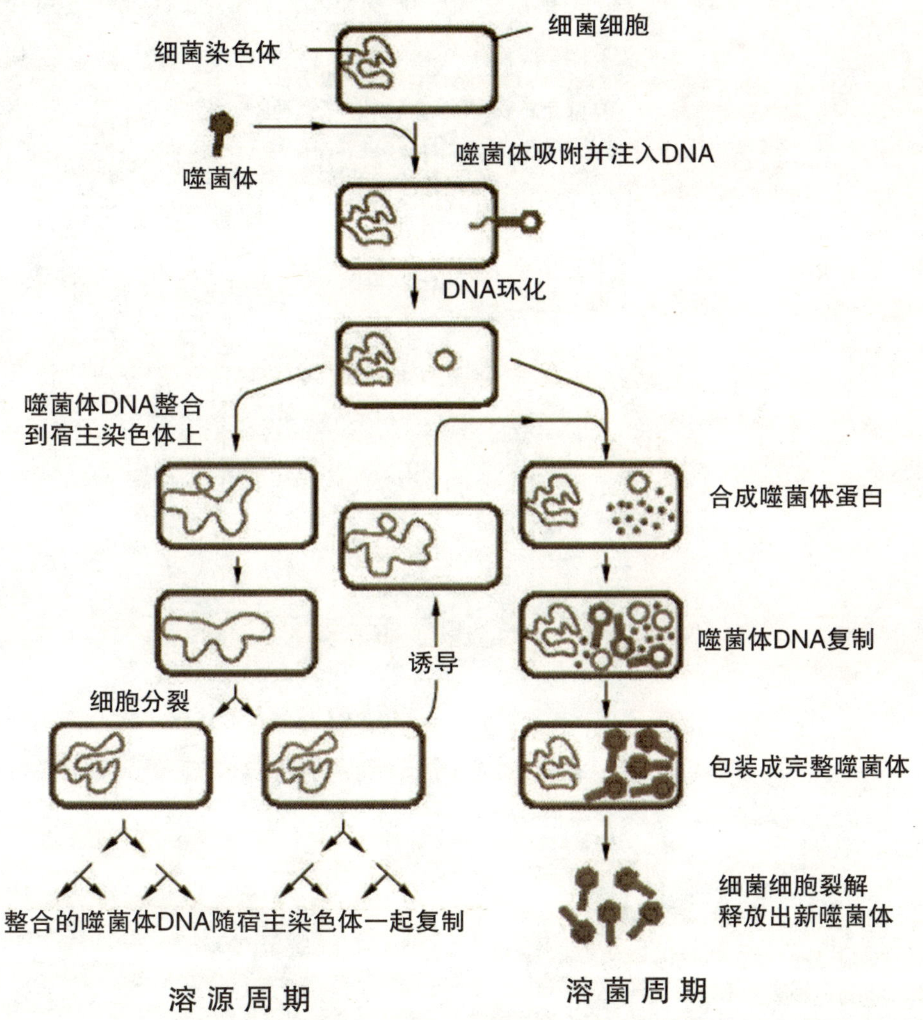

关于帕金森氏症

帕金森氏症是一种老年发生的神经退化疾病，它的名称来自一位叫做詹姆士·帕金森的英国医生，他在公元1817年首先描述此病，后人将他当时所发表的“震颤麻痹”病症称为帕金森氏症。

此病主要的临床症状包括肢体僵硬，动作缓慢，颤抖及步伐不稳。病人自觉四肢僵硬沉重，甚至酸痛无力，尤其下肢更有行动不便的感觉。

患者表情看起来较呆滞，眼睛眨动减少；整个人的动作会变得缓慢，走路时身体常常向前倾，上肢的摆动减少，有时会有小碎步及向前冲的情形。此病的颤抖以手脚为主，一般而言在静止状态较明显，但有些人在做某些动作，如拿杯子喝水、用筷子夹菜时会较厉害。

此病目前虽然无法痊愈，但可控制病情，患病者寿命也不会显著缩短。

治之症的黑名单上划除。

说到医术，就不得不提噬菌体，它是病毒医院里最为疯狂的医生，它不仅以身试毒——以菌为食，而且还身临其境，进入细菌体内长期居住，进行考察研究，找到弱点，一招毙命，很多痢疾杆菌、绿脓杆菌和金黄色葡萄球菌成为其口下亡魂。

当然，充当医生角色的不仅仅是这些，还有更多以毒攻毒的能手，如用牛痘接种免疫预防天花（属生物毒免疫法）；用砒霜治疗白血病（属化学毒疗法）；用蟾毒治痈疮（属生物毒蛋白疗法）等。明代陶宗仪的《辍耕录》记载：“骨咄犀，蛇角也，其性至毒，毒，盖以毒攻毒也”。可见“以毒攻毒”防病治病由来已久。

尽管毒是我子民的一种恶，使它们过着流氓式的生活，有时候还忘恩负义。但人非圣贤，孰能无过，何况是最原始的生命呢？况且毒也是我子民的一种善，人类的以其人之道还治其人之身，使得我的子民也吃了不少苦头。尽管现在是平局，但之后会怎样，要看人类的努力，还有我子民的变异神功练到哪一层次了。

一分钟了解病毒

病毒是一种体积极微小的微生物，大多数用电子显微镜才能看到；病毒结构简单，属于非细胞型微生物，由遗传物质核酸及外面的蛋白质壳构成；病毒不能独立生活，必须靠寄生在其他生物的活细胞内才能生长繁殖。

病毒在自然界中分布很广，人、动物、昆虫、植物、真菌、细菌等都可被病毒寄生而引起感染。病毒是引起人类传染病的重要病原体之一。在人类的传染病中，由病毒引起的远较细菌和其他微生物为多，约占3/4，如流行性感冒、肝炎、流行性出血热、水痘、带状疱疹以及艾滋病等，传染性强，流行广泛。病毒还与某些肿瘤、先天性畸形、老年痴呆等有关。不过有些病毒也可以为我们人类服务，比方说消灭害虫和有害细菌等。

病毒有很多种类，按宿主不同可分为动物病毒、植物病毒、细菌病毒；按临床和感染途径可分为呼吸道感染病毒、消化道感染病毒、肝炎病毒、乙脑病毒、神经病毒、性传播病毒等。不同的病毒侵入人体后的扩散方式和致病特点也不一样，有的只引起局部感染，有的可随血液或神经播散。

病毒感染人体后至发病都有一段潜伏期，短者只有1~3天，如流感病毒；长者可达数月甚至数年，如狂犬病毒。

人体感染病毒后大多能产生免疫力，但维持时间长短不一。

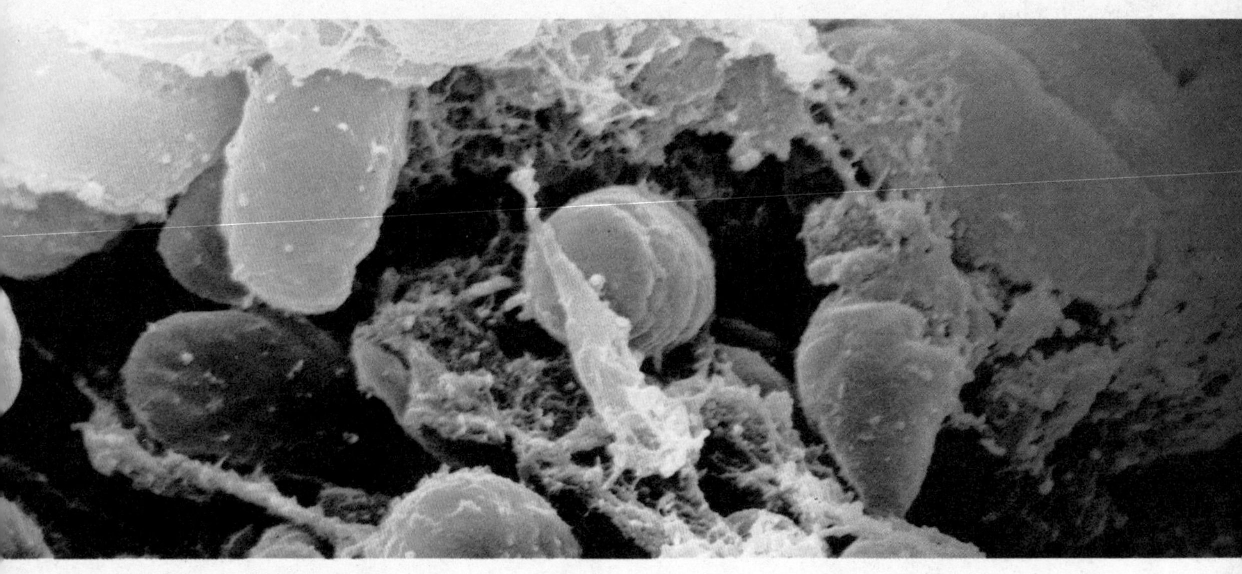

PART 8

第 8 章
邪恶之疫

2005 年，当一只小鸡高唱着《我不想说，我是鸡》时，禽流感肆虐，人类对鸡大开杀戒。历史上，鸡并不是冤假错案的第一个牺牲品。

自人类与微生物王国共存以来，这样的事情就不断发生。人类揪不出幕后主谋，只好运用“宁可错杀三千，不可放过一个”的“焚书坑儒”式战略，于是，种种假想敌就成为人类的牺牲品。下面，我将重新展开人类这段不光彩的历史，解密古今中外几场骇人听闻的大瘟疫，寻找瘟疫发生的始作俑者，将它们的神秘面纱一层层剥离，使之渐渐明朗于世人面前。

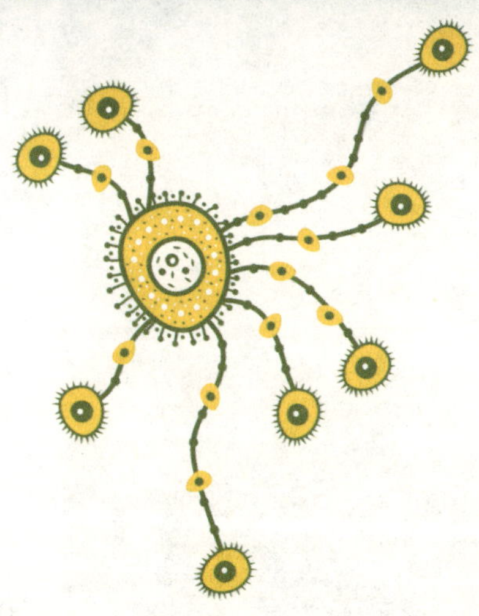

我的开场白

WO DE KAICHANGBAI

……

吃我的肉我没意见，拿我的蛋我也情愿，可是我不能容忍被当作污染，想想命运的苦，擦擦含泪的眼，人的心情我能理解。

一样的鸡肉，一样的鸡蛋，一样的我们咋就成了传染源，禽流感，很危险，谁让咱有个鸟类祖先。

孩子他爹已经被处决，孩子他哥抓去做实验，这年头做只鸡比做人还艰难，就算熬过今天，就算过了明天，后天估计也得玩儿完。

……

※　在人类与瘟疫做斗争的历史上，不止鸡成为人类的假想敌

2005年，当一只小鸡高唱着《我不想说，我是鸡》时，禽流感肆虐，人类对鸡大开杀戒。

鸡——曾经风靡餐饮业，也就在这一年，鸡——在人类的餐桌上销声匿迹。

禽流感根源本不在鸡，其罪魁祸首是一种叫禽流感病毒的微生物。历史上，鸡并不是冤假错案的第一个牺牲品。

自人类与微生物王国共存以来，这样的事情就不断发生。这主要是人类揪不出幕后主谋，运用“宁可错杀三千，不可放过一个”的“焚书坑儒”式战略。就这样人类进行了种种臆想，各种假想敌成为人类虚拟的死对头。

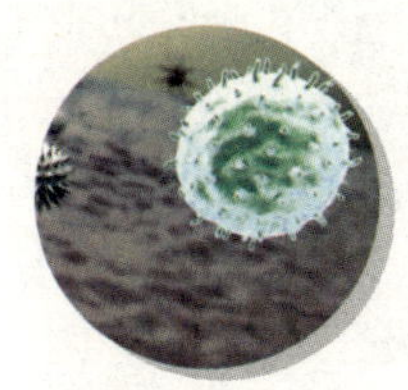

诡异的吸血鬼，施咒的女巫

GUIYI DE XIXUEGUI，SHIZHOU DE NUWU

吸血鬼，一个横行中世纪的诡异幽灵，在很多小说与电影情节中都有描述，特别是在巴尔干地区曾多次出现吸血鬼现象的“蔓延”，这些事件见诸当时各大报端，把整个欧洲闹得沸沸扬扬，令人惊恐不安。

※ 诡异的吸血鬼

吸血鬼是指那种已经死了却在夜间又复活的人。他们到处游逛，寻找受害者，以便吸吮他们的血，这样就使受害者也变成了吸血鬼。吸血鬼的身体完好无损，仅有一些吸血鬼的血口吸吮过的痕迹。为了阻止吸血鬼，人们把躺在坟墓里的吸血鬼的尸体挖出来，在他的心脏上插上木桩，以此阻止他重返人间。尽管采取了种种“预防”措施，可吸血鬼现象仍在流行和传播。

正当巴尔干地区的村庄里“盛行”吸血鬼现象之际，在匈牙利出现了有关狗、狼和其他野兽狂犬病发作病例。西班牙维哥的克塞劳尔医院神经科医生胡安·戈麦斯·阿隆索发现，在狂犬病与吸血鬼

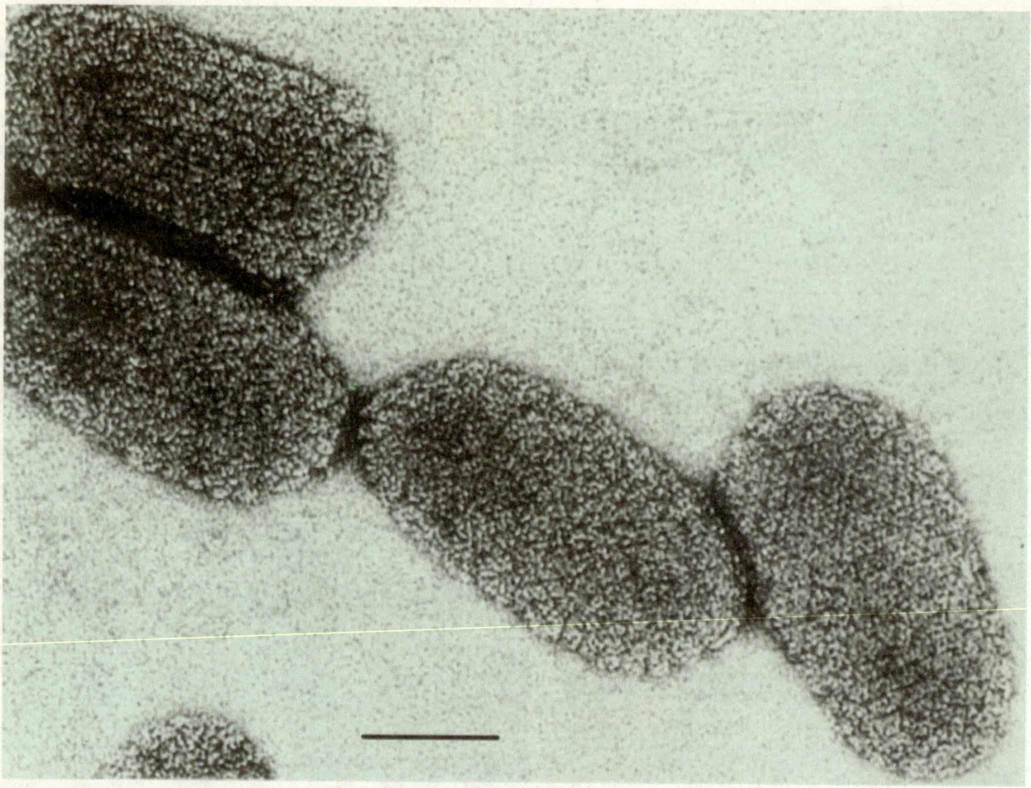

※ 和吸血鬼现象如出一辙的狂犬病毒

现象之间，存在着惊人的相似之处。

一些狂犬病患者尸体体内有液体，口中有泡沫和血，这和吸血鬼现象如出一辙，狂犬病是一种由动物传染的病毒性疾病，它损伤控制感情和行为的大脑神经系统。病症集中表现为焦躁不安、浑浑噩噩地东游西逛、过分敏感、恐惧、失眠和痉挛，从而导致瘫痪，最后因昏迷和窒息而死。在休克、衰竭和窒息而死的情况下，血液在尸体中会存留较长的时间，正是因此，在吸血鬼的尸体里存在液体是不足为奇的。狂躁性狂犬病的其他表现同吸血鬼的现象同样有着惊人的吻合之处：吸血鬼一般为男性，这种类型的狂犬病对男人的伤害比对女人的伤害高 7 倍；面部痉挛、厌光、怕水、性欲过强，这种症状和某些动物身上的病症相同，表现也一样，这些现象更增强了吸血鬼能变成狼、狗和蝙蝠等种种神话的“可信性”。

以人类今天的眼光来看吸血鬼，这完全是虚幻的人物。当时的人们由于不知道尸体在自然条件的作用下也会出现这种迹象，从而将这些尸体同假想中的复活后寻找受害者的吸血鬼等同起来。法国神甫奥古斯丁·卡尔梅却不这么认为，他将“坟墓中的吸血鬼”同村民们声称看到或梦见的所谓“到处游逛的吸血鬼”加以区别。他认为，在保存尸体时可能会有温度偏低或在潮湿地区可能发生所谓“皂化”的过程，在这种情况下，皮下组织会转变为像蜡一样的物质，从而可以使尸体保存很多年。

然而在 18 世纪，这个被认为是历史上非常理性化的世纪里，就吸血鬼现象争论得如此激烈，可想而知，在 17 世纪又会是什么样子？

1692 年，在欧洲开始担忧吸血鬼现象前几十年，在被殖民化不久的北美塞勒姆城，一群小女孩突然出现了怪异行为，她们哭泣，说感到难受并且四肢着地爬行。其中一人称她受到了女巫的威胁，被施用妖术和“魔术”把戏来吸引和诱惑她们。

这件事发生后不久，便刮起了审判、绞刑和火刑的旋风，高峰时，被逮捕者达到了 200 人之多，就连殖民当局的上层都处于危险之中。这一令人难以置信的“追捕女巫”事件，被传统地看成是集体狂热的事例。但人类中一些代表智慧的学者却告知世人：把这一事件单纯地解释为出现了一种集体的歇斯底里现象是不够的，因为即便心理上的刺激能够造成焦虑与兴奋，但不会导致神经不适的流行和传播，

狂犬病知多少

狂犬病在潜伏期无任何症状。

在狂犬病的早期，病人多有低热、头痛、全身发懒、恶心、烦躁、恐惧不安等症状。接着，病人对声音、光线或风之类的刺激变得异常敏感，稍受刺激立即感觉咽喉部发紧。被病兽咬伤的伤口周围，也有麻木、痒痛的异常感觉，手脚四肢仿佛有蚂蚁在爬。

两三天以后，病情进入兴奋期。突出表现为极度恐怖，恐水、怕风，遇到声音、光线、风等，都会出现咽喉部的肌肉严重痉挛。病人虽然非常渴却不敢喝水，喝了水也无法下咽，甚至听到流水的声音或者别人说到水，也会出现咽喉痉挛。

两三天后，病人变得安静下来，但是，随之出现全身瘫痪，呼吸和血液循环系统功能都会出现衰竭，迅速陷入昏迷，十几个小时以内，就会死亡。

狂犬病的病程，一般不超过 6 天。

使人产生幻觉的真菌——麦角菌

麦角菌属于一种子囊菌，最喜寄生在黑麦、大麦等禾本科植物的子房里，发育形成坚硬、褐至黑色的角状菌核，人们把它叫做麦角。

海姆在“牛角”中发现一种使人产生幻觉的真菌——麦角菌。不久，即培养出了人工麦角菌。在此基础上艾伯特·霍夫曼于1943年提取了麦角菌致幻成分——麦角酸。接着他又因意外服用少量麦角酸二乙酰胺，而经历了约两个小时的非常奇异的梦幻状态，从而确认了它能使人精神失常，产生幻觉。故此首次发现了麦角酸二乙酰胺。

麦角酸二乙酰胺因其是第25个麦角酸衍生物，故又称之为LDS-25

它是致幻剂的代表，白色无味，其有效剂量为微克水平，以致肉眼很难察觉。

LSD常以口服方式摄入，人体摄入10微克就可产生明显欣快，50~200微克便可出现幻觉。

以致引起人类的死亡。

此时，流传着两种假说，一种是：美国人J. B. 马丁指出了亨廷顿式舞蹈病，这是一种遗传性神经病，基因缺陷在4号染色体的短臂上。患这种病严重时，患者会出现更为强烈的症状：全身不由自主地、无规律地舞动，特别是四肢颤动、摇动，面部表情怪诞，舌头坚硬，说话困难。所有这些症状都会被误认为是鬼怪缠身，或者是一种超自然的特异现象。但这种假说的不足是受害者的年龄问题，因为这种病一般发生在成年人身上，而在塞勒姆，受害者却是不足10岁的小女孩。另一种假说于1976年由心理学家琳达·卡波雷欧提出。她认为，所谓鬼怪缠身的受害者是集体食物中毒造成的。

但塞勒姆女巫事件的真正幕后主使究竟是谁？马托西安揪出了真凶，在其著作《往日的毒害》一书中指出：造成这种怪异行为的罪魁祸首是紫红色麦角菌，它是寄生在黑麦上的一种微型毒蕈，毒性很大，而且特别顽固，它可以抗烹调，要煮沸三个小时才能除掉它。

※ 我的不肖子孙——真菌大家族中的麦角菌

这一论述，使我的不肖子孙——真菌大家族中的麦角菌浮出水面。

麦角菌衍生出的麦角胺能引起错觉和幻觉，还能导致皮肤过敏和关节变形；另外一种成分叫赤霉烯酮，它的作用如同雌性激素，能够引起流产和不育，并且能够打乱女性的生育周期；还有麦角酰胺、麦角新碱和其他类似物质，它们均与麦角酸联姻，作用类似致幻药。

麦角菌中毒的主要表现还可能是坏疽性的，即指甲脱落，指头和关节脱落；或者是痉挛性的，它使神经功能紊乱，使人产生错觉、幻觉，另外还有颤抖、抽搐和间接性的高烧。有 40% 的中毒者最终难逃死神魔爪。

正是因为麦角菌中毒的解释较为可信，从而把人类从“女巫的诅咒”中解救了出来。

人类的浅薄使吸血鬼、女巫成了我子民的替罪羊，其实人类吃的亏还不只是这些，跟着历史的脉络向上追溯，人类还遭受过毁灭性的打击。

“板砖英雄”——将灭绝进行到底

“BANZUAN YINGXIONG”——JIANG MIEJUE JINXING DAODI

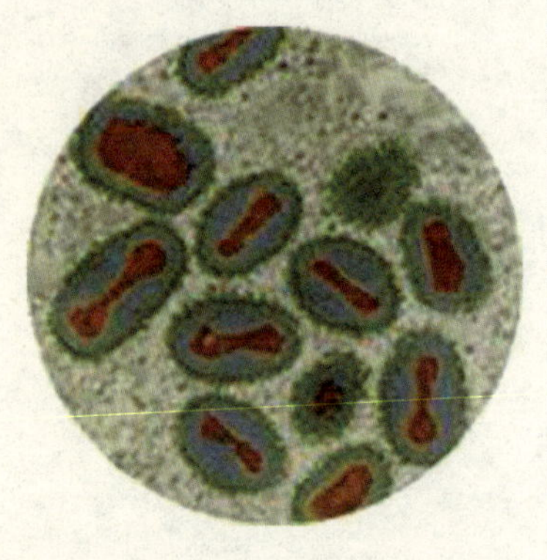

※ 长有板砖面孔的天花病毒

天花，一个丧心病狂的杀手，其恶迹令人闻风丧胆。在人类世界里，它们被列为头号通缉犯。它几乎一度灭绝了印第安人。

天花病毒呈砖形，尺寸为100纳米×200纳米×300纳米，中心呈哑铃状核心。天花病毒在体外生活能力很强，耐干燥、抗低温。在痂皮、尘土和被服上，可生存数月至一年半之久。低温环境中可存活数年以上。

天花病毒有高度传染性，没有患过天花或没有

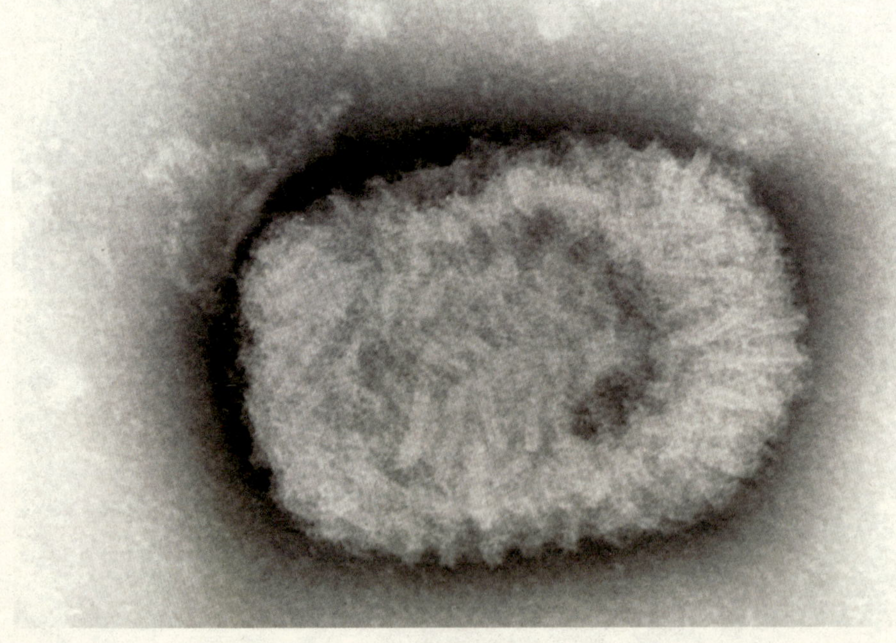

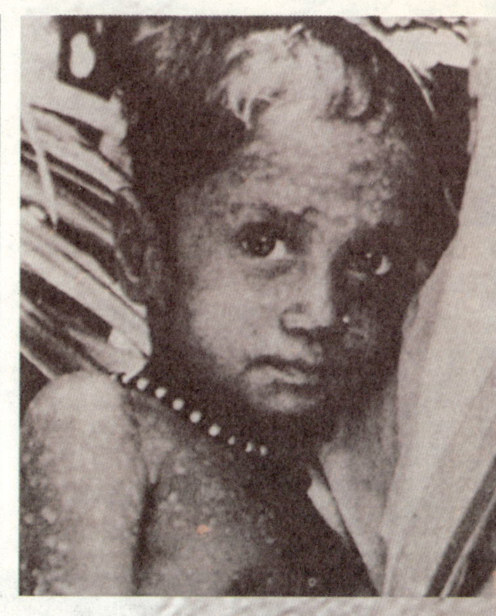

※ 被天花病毒感染过的小男孩

接种过天花疫苗的人，不分男女老幼包括新生儿在内，均能感染天花。天花的受害者常常感到头痛、背痛、发冷或寒战高热。被我的子民纠缠3~5天后，受害者的额部、面颊、腕、臂、躯干和下肢出现皮疹。开始为红色斑疹，后变为丘疹，2~3天后丘疹变为疱疹，以后疱疹转为脓疱疹。如孙悟空七十二变，经过这一系列的变脸，脓疱疹逐渐干缩结成厚痂，大约1个月后痂皮开始脱落，遗留下疤痕，俗称“麻斑”。

“麻脸”是天花病毒实力如何的最有力证明，人类有多少张“麻脸”，我的臣子天花就有多么嚣张。

天花的性格在我整个王国内是最为离经叛道的，不光是我拿它们没有办法，就连被生物界称为灵长类高级动物的人类，也是束手无策，所以天花才能够在人类的世界里遍地开花。

它们的一生都带有传奇色彩。

大约公元前1000年，从事贸易的人类把天花从埃及带入印度。大约在公元1世纪传入中国，因战争俘虏带来，故名“虏疮”。就在天花传入古老中国不久，罗马帝国在2世纪和3世纪有过两次瘟疫横行，其中第一次期间，罗马皇帝奥里利厄斯于公元180年死于天花的毒手。尔后的6世纪，天花由中国经朝鲜到达了日本。846年，天花开始入侵法国，并迅速蔓延，迫使其首领下令将所有的病人和看护者统统杀掉。

当人类正在进行大屠杀的时候，天花还在创造着“麻脸”，不过此时，天花的杀伤力与其兄弟鼠疫和肺结核相比，略微逊色。唯有在16世纪，天花才能够在这两个兄弟面前扬眉吐气，勇夺人类第一大杀手，坐上微生物王国武林至尊的宝座。

天花借助西班牙军队入侵墨西哥，也大显神威了一把，致使约300万墨西哥印第安人死亡。西班牙人是一个野心勃勃和好战的民族，在其开始攻打印加帝国时又把天花传入南美。天花对美洲印第安人有着巨大的杀伤力，死亡人数一度达到2000万至3000万。及至16世纪末，生存下来的人口估计仅有100万左右。

死亡和麻脸成为天花给印第安人最真实的噩梦，其被扼杀的速度比西班牙军队的杀戮还要凶猛。

※ 被天花夺命的俄国沙皇彼得二世

在天花蔓延的时代里，其成为人类生命的主宰，它们也相当记仇，只要稍微与其有一点摩擦，它们就会给以百分之百的报复。在天花的小脑袋里可没有什么门第之见，对人类无论庶贵都一视同仁、一个不留，甚至连至高无上的国王也难逃厄运，法国国王路易十五、英国女王玛丽二世、德国国王约瑟一世、俄国沙皇彼得二世都被天花夺命。就连古老而文明的中国，也难逃劫难，清代顺治皇帝感染天花而死，康熙皇帝为避免感染天花，不敢与其父相见，整个清宫都笼罩在天花的阴影里，战战兢兢。

人类疫苗无法应对猴子的天花病毒

不仅人类有天花病毒，猴子也携带这种病毒。

二者的症状相似，但传播方式不同，人的天花病毒通过身体接触或飞沫传播，引发痘疮。猴子的天花病毒却很难在人之间传播。

人通过接触病猴感染上猴天花病毒的几率并不高，而且被感染者很难再将这种病毒传染给其他健康者。此外，人和猴各自的天花病毒之间没有亲缘关系，不会发生同化现象。

由于人和猴子的天花病毒具有本质的不同，因此防治人类天花病毒的疫苗和药物无法对付猴子的天花病毒。

在那个动乱与落后的年代里，战争不仅为战胜国带来了丰厚的利润，也为这小小的“板砖”树立了威信。

如果说，世界已经成为“板砖”的天下，这未免太高估它的实力了。在瘟疫的世界里，就像八国联军进北京一样，具有相同臭味的一些子民，都想在这个瘟疫大战中分得一杯羹。为了战略上的长远发展，在这之前它们早就派出另一批“淘金者”，潜往人间文明的发祥地雅典与罗马了。

雅典崩溃与罗马悲歌

YADIAN BENGKUI YU LUOMA BEIGE

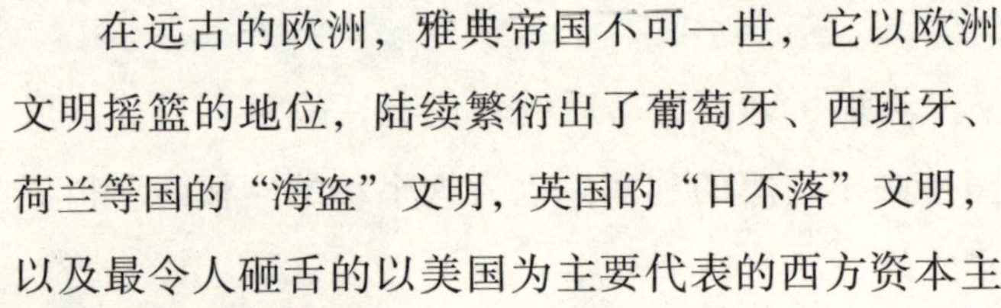

在远古的欧洲，雅典帝国不可一世，它以欧洲文明摇篮的地位，陆续繁衍出了葡萄牙、西班牙、荷兰等国的“海盗”文明，英国的“日不落”文明，以及最令人砸舌的以美国为主要代表的西方资本主义现代科技文明。

※ （a）使雅典的黄金时代成了一种回忆和传说的瘟疫

就是这样一个繁衍体，却躲不过一场悲剧的诞生。

在公元前430年，身强体健的雅典人突然被剧烈的高烧袭击，眼睛发红仿佛喷射出火焰，身体内部如喉咙或舌头，开始充血并散发出不自然的恶臭，紧跟着这些症状的是打喷嚏和声音粗哑，这之后痛苦很快延伸到胸部，引起剧烈的咳嗽。当它在胃部停住，胃便开始难受；胆汁开始流出，并伴随着巨大的焦虑和烦乱。

这一场景并不是雅典的最后演绎，事情向更糟糕的

方向发展。伴随着呕吐和腹泻而来的是可怕的干渴，并且身体开始溃烂，无法入睡或忍受床榻的触碰，有些病人裸露着身体在四处寻找水喝，直至倒地而亡，但隐藏在黑暗中的杀手并不准备就此罢休，它们偷偷潜伏在尸体上，这样它们就可以轻而易举地夺取那些吃了遍地尸体的狗、乌鸦和雕的性命。

在这场浩大的屠杀中，一些人幸免于难，可这些存活下来的人类并没有得到解脱，他们失去了指头、脚趾、眼睛，而且失去了记忆。

在这场瘟疫中失去的不仅仅是生命，就连雅典的社会结构也崩溃了。雅典之王培里克里斯在公元前 429 年死于瘟疫的第二次高峰，随之消亡的还有拥有 4000 名士兵的雅典舰队，文明的雅典，在那个时候不堪一击，随着人类的尸体一起腐败了。在以后的

※ （b）使雅典的黄金时代成了一种回忆和传说的瘟疫

数年里，这场瘟疫的后遗症仍在发挥余热，使雅典的黄金时代成了一种回忆和传说。

对于这场神秘的瘟疫，在人类历史上成为一个悬而未决的迷案，幕后凶手是谁，即使人类进入科技时代，仍无法探寻，因为自那以后，历史上再不曾出现过类似的场景，徒给人类留下无尽的猜测和遐想罢了。

在雅典崩溃1个世纪后，罗马也步了雅典的后尘。

在公元6世纪到公元7世纪中、晚期，人类从头部开始，眼睛充血、面部肿胀，继而是咽喉不适，再然后，这些人就永远地从人群中消失了。更为触目惊心的是，有些人的内脏流了出来；有的人身患腹股沟腺炎，脓水四溢，并且发高烧，这些人会在两三天内死去。

罗马帝国最早遭殃的是埃及，第一个发生瘟疫的城市是地中海港口培琉喜阿姆。曾经这个小港口是外人入侵埃及的缺口，而这一次，“敌人”不是身披铠甲出现，而是隐藏在号称“流浪狂人”的老鼠身上登陆的——瘟疫从南部取道红海抵达培琉喜阿姆，经由苏伊士运河“进军”罗马。

在摧毁了培琉喜阿姆之后，这场瘟疫迅速蔓延到亚历山大港，继而就是君士坦丁堡以及罗马帝国全境。帝国三分之一的人口死于第一次瘟疫的爆发。在一天当中，5 000~7 000 人，甚至多达 12 000~16 000 人离开了这个世界。这仅仅是个开始。

死亡之神仍在显示着强大威力。

很快人类的执政者发现墓地已经用完了，只好将成千上万具尸体堆在海滩，让船只不停地装载这些

"可怕的货物"，运往大海深处。但是，要清理完所有死尸仍然是不可能的。因此，罗马皇帝查士丁尼修建了诸多可容纳 7 万具尸体的巨大坟墓，才得以解决埋葬问题。

罗马帝国所有的子民都无一遗漏地被瘟疫玩弄于股掌之间，伴随着拜占庭帝国皇帝查士丁尼的感染，举国上下只剩葬礼上的哀伤和对瘟疫的恐惧，整个城市就如消亡一般停滞。罗马帝国要统治世界的梦想分崩离析。从此，罗马的一哥地位成为过去，罗马文明也宣布破产。

政治的混乱与文化的衰落使人类的命运更加叵测。在罗马的悲歌声中，人类进入了一个"黑暗时代"。

※ 巨大坟墓的修建者罗马皇帝查士丁尼

黑色幽灵

HESE YOULING

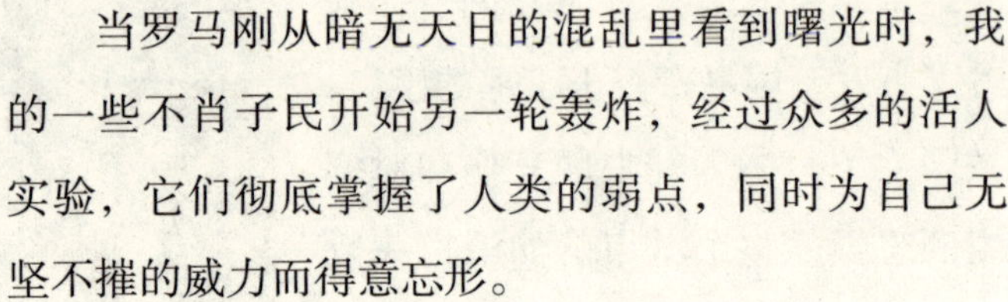

当罗马刚从暗无天日的混乱里看到曙光时，我的一些不肖子民开始另一轮轰炸，经过众多的活人实验，它们彻底掌握了人类的弱点，同时为自己无坚不摧的威力而得意忘形。

在1348年，我的子民再次对人类发起猛烈围攻，它们首先发难于地中海沿岸，后在1348—1451年间陆续蔓延在欧洲各国。这一次出来执行命令的是鼠疫，当时被称为“黑死病”。此名得益于患者皮肤上出现的许多黑斑。这些黑斑是由藏在黑鼠皮毛内的鼠蚤携带来的，凡是被感染上，痛苦地死去是唯一的下场。

在瘟疫这场玩命游戏中，我的子民始终处于主动地位，它们隐藏在暗处，不露声色地给人类致命痛击，

可怕瘟疫的携带者——黑鼠

黑鼠是一种特别喜欢滋扰人类的鼠类，在各个场所均能找到它们。

在气候条件较好的情况下，一对黑鼠在一年当中可以生育成千上万只的后代。黑鼠有房鼠、船鼠以及黑鼠之分，它们具有相当的侵略性，而且适应能力非常强，它们几乎可以吃掉任何东西——昆虫、种子、肉类、骨头、水果，甚至是“鼠吃鼠”！

一旦不可计数的饥饿的跳蚤从沙鼠身上跳到多乳鼠身上，再跳到“阿尔维坎瑟斯”身上并进而转移到黑鼠身上，那么，首批人群感染瘟疫将不过是数天甚至是数小时的事情。

接下来，黑鼠戴上了“水手帽”，一个港口接一个港口地逐步使更多的人群、更多的船只以及更多的老鼠成为瘟疫的受害者，同时又成为瘟疫病菌的携带者。

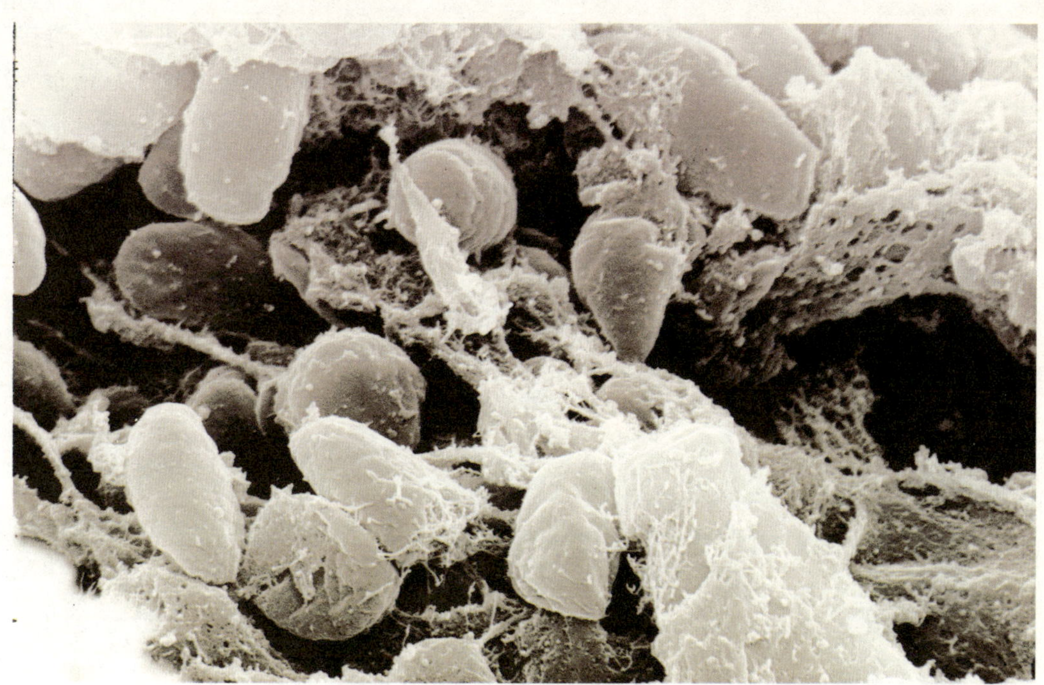

然后又悄无声息地离去，给自己蒙上了神秘的面纱。

作为微生物王国里的国王，我有责任为人类揭开它们神秘的面纱。

这场瘟疫的始作俑者鼠疫杆菌，一个古老而又活跃的细菌家族成员，它们主要经过血液传播，无周期性地爆发，一般最终因其密集的菌株堵塞了血管，而导致患者死亡。

鼠疫杆菌的命名颇耐人寻味，因其主要寄生在以家鼠为代表的啮齿类动物身上而得名，但对人类来说，真正可怕的不是老鼠，而是老鼠身上的鼠蚤，它们在啮齿类动物体内吸取染菌血液，然后跳到人类和其他哺乳动物身上进食下一餐，同时还能把这种疾病传染给人虱，从而加剧了它的传播速度。天性嗜血的鼠蚤可以在没有寄主的情况下存活 30 天之久，它们是大约 370 种动物感染鼠疫的罪魁祸首。鼠疫

※ 黑色杀手——鼠疫杆菌

还有另一种更有效率的传染方式——通过呼吸，直接从空气中进入人类肺部。人体免疫系统的主要成员：淋巴细胞和白细胞不仅无法杀死鼠疫杆菌，反而自己也会成为它的寄主细胞。患黑死病的人会出现发烧、咯血、脱水、昏迷、幻觉、腹泻、淋巴肿大、皮肤溃疡、皮下出血等症状，患处的皮肤常常变成蓝黑色。一般在发病后，病人多则四五天，少则数小时即命归黄泉，死亡率达百分之百。

欧洲人对此束手无策，主要工人和雇主都死于非命，人力奇缺。为了对付黑死病带来的慌乱，英国国王爱德华三世制定了劳工法案，强迫人们劳动，而不增加工资，于是发生了英国历史上最重要的一次农民起义——瓦特·泰勒起义。

黑死病的攻击能力不亚于核武器的毁灭力量，它横扫整个欧洲，所过之处城毁人亡。经济紊乱、社会动荡、物价上涨和风俗败坏等并发症困扰欧洲文明。

为了逃避灾难，人们四处流浪迁移。

这次大灾难使欧洲的封建制度从高峰迅速垮台。侥幸活下来的人类不愿意再忍受封建主的剥削，而要求更多的回报，于是他们掌握了土地，从而一个新生的社会形式悄然诞生。人类在这场瘟疫中由于看到了教会与巫术的无能而再也不相信他们了。这是我的子民留在人间的最好的礼物了。

就这样，黑死病在欧洲猖獗了 3 个世纪，夺去了 2500 万余人的生命，相当于当时欧洲总人数的 3/8（要知道，历时 6 年之久的第二次世界大战，也只消灭了欧洲人口的 5%），成为世界历史上无可争议的流行时间最长、死亡人数最高、危害最为剧烈的人类头号杀手。

人类与我的子民多次交手后，虽然总是落于下风，但人类也开始摸索我们的弱点。这使我的子民在以后的侵略中很难再尝到什么甜头，非典和禽流感就是最好的证明。

SARS？杀死……？

SARS？ SHASI……？

2003年，一种叫SARS的病毒引领人类进入一个“非典时段”，一时间，各个城市万人空巷。但也就在一年多时间里，SARS病毒的风头一扫而过，在人类控制传染源、切断传播途径、保护易感人群的三重打压下，SARS病毒落荒而逃。

性格决定命运，潜逃是它惯用的伎俩。其实这些制造事端的小家伙挺可怜的，因在微生物王国内是“少数民族”，而备受压迫、剥削与排挤，为了生存，它只能选择变异求存，犹如人类小说中的“东方不败”，为了成为武林至尊，而苦练《葵花宝典》，得了绝世武功，却成了阴阳人，危害武林。

※ （a）SARS病毒掀起非典风波

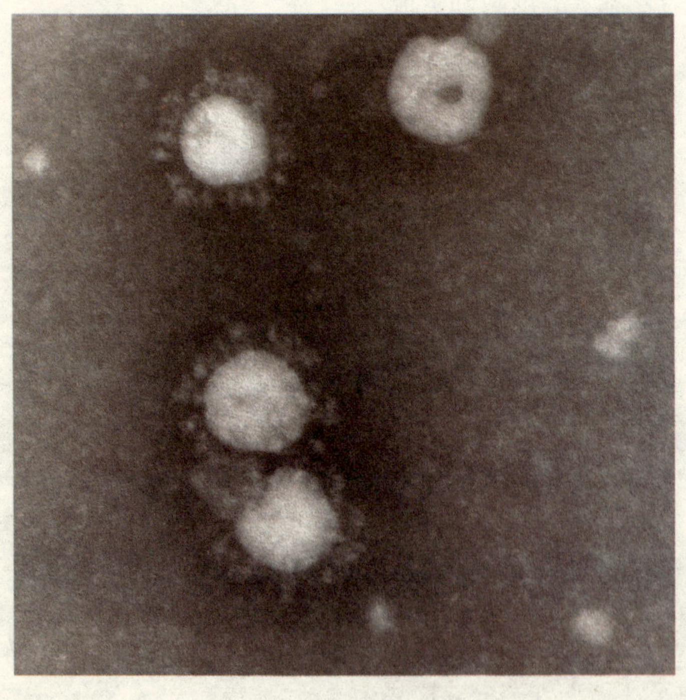

此一时，彼一时，这些小家伙们被胜利冲昏了头脑，岂知此刻的人类已非昔日的阿斗，人类早已练就辟邪剑法，再加上人类“抗击非典，众志成城”的决心，SARS病毒成为雷

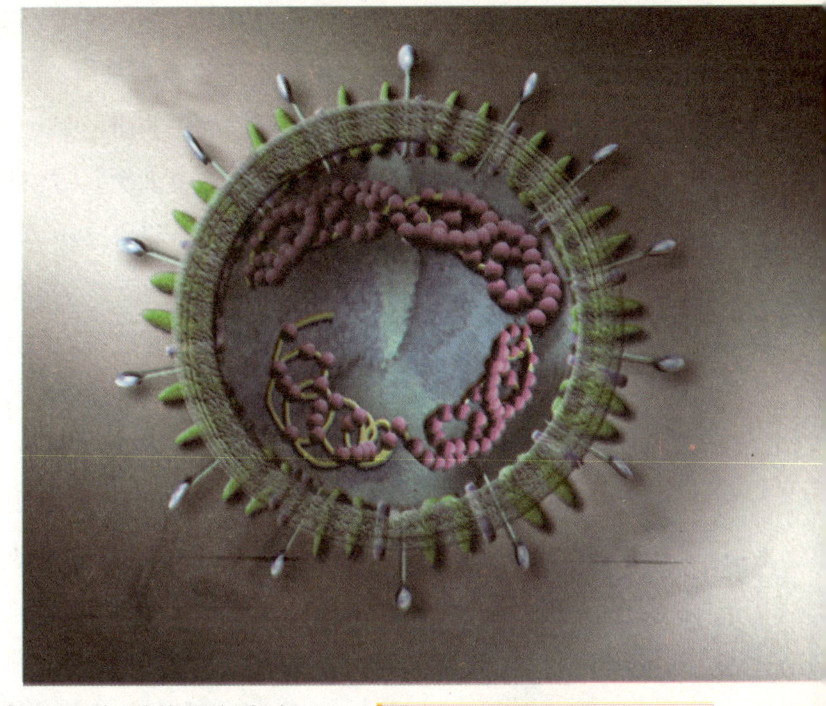

※ （b）SARS 病毒掀起非典风波

峰塔下的白娘子，翻身之日，难以定论。

在这场非典战役中，共猎到 8295 个人类，死亡人数为 750 人，病死率仅在 9% 左右，是至今以来，我的子民战绩最糟的一次。

此计不成又生一计，这些倔强的小家伙决定采用轮盘赌的方式，谋划一次空前绝后的偷袭。这一次出面的是禽流行性感冒病毒，简称“禽流感”。它们潜伏在鸟禽身上，致使大批鸟禽死亡，让人类误以为它们猎杀的目标是动物而非人类，在这样的麻痹下，它们明修“栈道”，暗渡“陈仓”，借助飞禽的翅膀，偷渡到人类身上，同人流感病毒相遇并联姻，诞生出一种在人与人之间持续传播的新型病毒，如若被这种新型病毒招惹上，它们会在人体内蛰伏 7 天，攒够力气后，突然

了解禽流感病毒

禽流感是由 A 型流感病毒引起的家禽和野禽的一种从呼吸病到严重性败血症等多种症状的综合病症。又称“真性鸡瘟”或“欧洲鸡瘟”。不仅是鸡，其他一些家禽和野鸟都能感染禽流感。主要表现为发热、流涕、鼻塞、咳嗽、咽痛、全身不适等。

禽流感病毒与人类病毒重组时，从理论上说，就可能通过人与人传播。届时，这种病毒就会成为人类病毒，好像流感病毒一样。

此病毒对紫外线敏感，加热至 55 摄氏度 1 小时、60 摄氏度 10 分钟可被灭活。对大多数防腐消毒药敏感。病毒在干燥尘埃中可存活 2 周，在 4 摄氏度可保存数周，在冷冻的禽肉和骨髓中可存活 10 个月之久。

发动攻势。发热、流涕、鼻塞、咳嗽、咽痛、头痛，各种不适纷至沓来，给人类以普通感冒的假象，使人类贻误战机，而全军溃败。

前车之鉴多次，人类早有对策，所谓射人先射马，擒贼先擒王，为控制传染源，人类釜底抽薪，含泪“大屠杀”，鸡——这个曾经风靡人类餐桌上的宠儿，一瞬间失宠被打入冷宫，这是人类的第一招——“杀鸡给猴看”。在战场上往往是兵马未动粮草先行，由于禽流感是依靠口鼻分泌物或排泄物输运兵力，为切断传播途径，人类用杀菌液爆破了禽流感的主要运输干道，禽流感在内缺粮草、外缺救兵的情况下，终因未能完成变异重任，而胎死腹中。

人类在诸场反恐斗争中，终于转败为胜，微生物王国内的恐怖组织全线崩溃，但微生物王国内的某些纳粹军国主义不会就此善罢甘休，也许休养生息后，还会发动更为邪恶的战役，谁主沉浮，尤是未知。

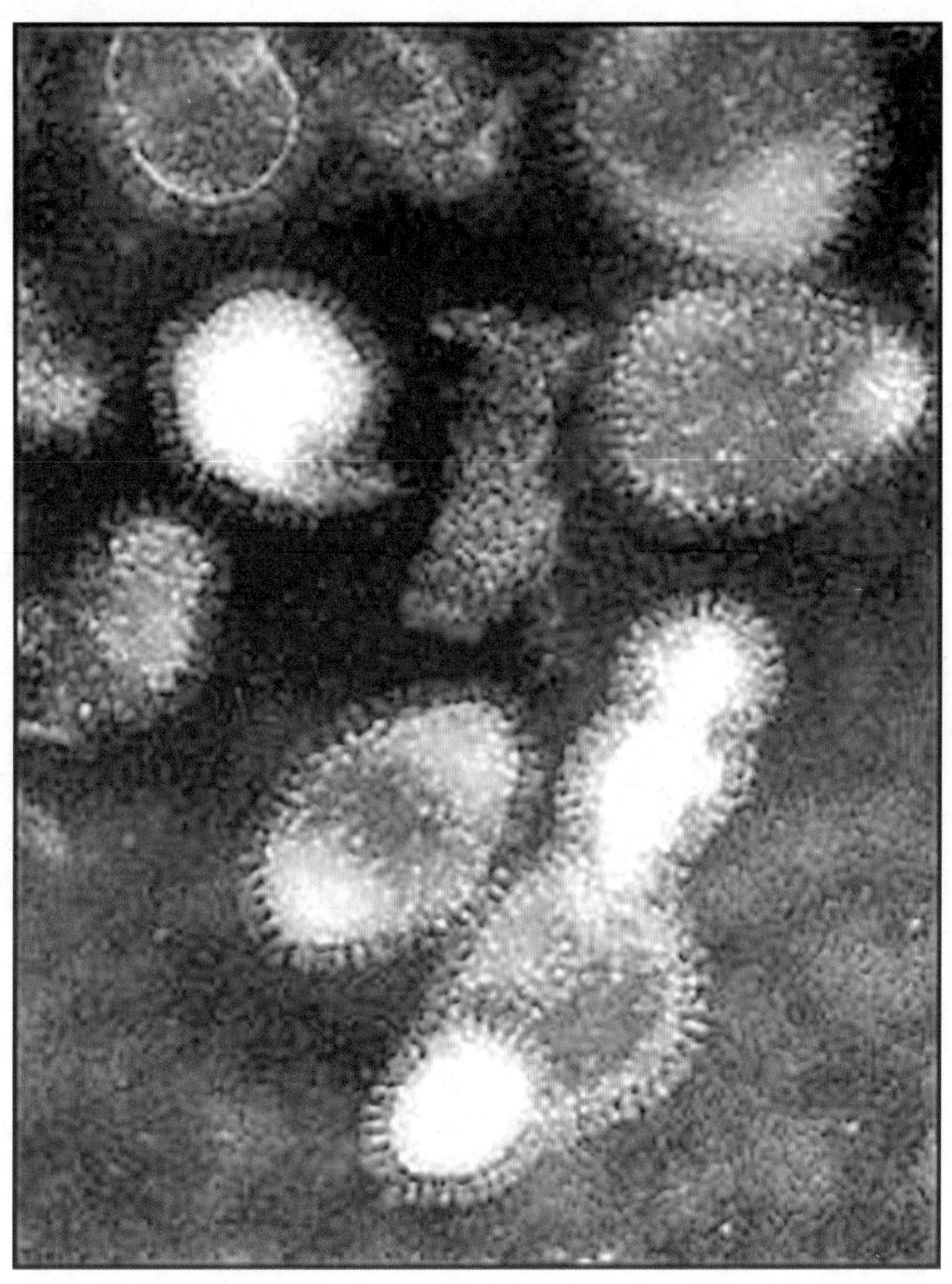

※ 禽鸟的终结者——禽流感病毒

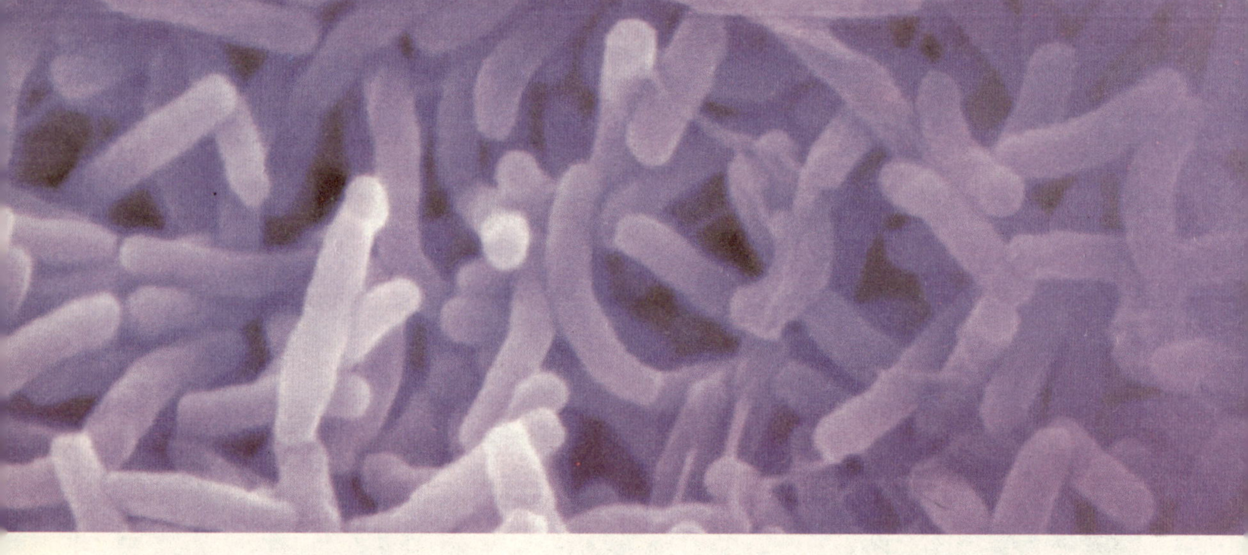

PART 9

第 9 章

征服之战

科学在发展，人类在进步。面对我一些子民发动的一次又一次攻击，人类不再蒙昧无知，不再束手无策，他们也拿起了自己的武器。我们与人类之间的关系第一次达到了剑拔弩张的地步，“世界大战”势在必行。

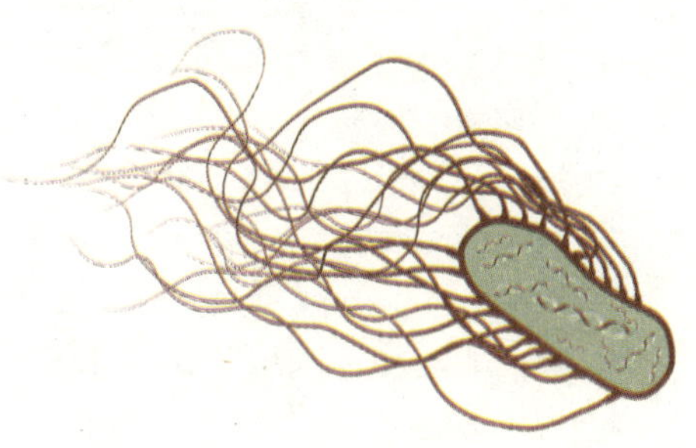

从人痘到牛痘

CONG RENDOU DAO NIUDOU

回顾与微生物王国的混战历程，人类就像手无缚鸡之力的柔弱书生，只有被动挨打的份，经验告诉人类枪杆子里出政权。但对于人类来说，最迫切的莫过于没有武器，这是人类受控于我子民的关键因素，谁会对手无寸铁的士兵畏惧？而且人类在明，我军在暗，所谓明枪易躲，暗箭难防。更何况，我们的碉堡是人体，人类若要对我们下狠手，往往会搬起石头砸自己的脚。反正，无论怎样分析，这场战役，人类都处于不利地位。

然而，天花之役扭转了整个战局。从公元前1156年去世的埃及法老拉美西斯五世的木乃伊上存在被疑为天花皮疹的迹象，到1977年最后有纪录的

了解天花病毒

天花病毒繁殖速度快，而且是通过空气传播，传播速度惊人。带病毒者在感染后1周内最具传染性，因其唾液中含有最大量的天花病毒。但是直到病人结疤剥离后，天花还是可能透过病人传染给他人。

感染天花病毒后的潜伏期平均约为12天（7~17天）。感染后的初期症状包括：高烧、疲累、头疼及背痛。2~3天后，会有典型的天花红疹明显地分布在脸部、手臂和腿部。在发疹的初期，还会有淡红色的块状面积伴随疹子而出现。病灶在几天之后开始化脓，直到第2个星期开始结痂。接下来的3~4周慢慢发展成疥癣，然后慢慢剥落。

天花病毒有不同的品种，对人类会造成不同程度的感染。大多数的天花患者会痊愈，死亡情形常发生在发病后1或2周内，约有30%的死亡率。

天花感染者——一个医院工人。这个由横空出世的天花病毒掀起、跨越多个世纪、将近3000多年的战役，颠覆了整个人类世界。

期间历经诸多传奇，从公元前6世纪印度天花的流行，到公元1世纪，中国的另类名称“虏疮”；从中世纪的欧洲，平均每5人中就有一位“麻脸”，到18世纪，欧洲人死于天花的总数达1.5亿人，再到1872年天花在美国流行，仅费城一个城市就有近2600人死于天花。

翻阅天花病毒的历史记录，可谓劣迹斑斑，天花病毒就像一位“灭绝师太”，见谁灭谁，成为杀人不见血的魔头。

满街的尸体、萧条的村庄，恐惧与绝望冲击着人类。正所谓天无绝人之路，遭逢危难之下必有贵人相助，在“死马当活马医”的思想指导下，唐代孙思邈痛下狠心，根据以毒攻毒原则，取天花患者疮中脓汁敷于皮肤，结果痂落痘灭，武器初试成功，取名种痘，但这一武器却不为广大人类所接受。到宋代宋真宗时期，宰相王旦一连生了几个儿女，都因天

※ 种痘始祖——孙思邈

种痘的故事

人痘的接种方法最初分四种：①豆浆法：用棉花蘸染痘疮的浆，塞进鼻孔；②旱苗法：把痘痂研细，用银质的小管吹入鼻孔；③痘衣法：把害痘疮小孩的内衣，交给另一小孩穿，这个小儿便会发生痘疮；④水苗法：把痘痂调湿，再蘸棉花，塞进鼻孔。

后来不断地改进，由“时苗”改为“熟苗”，这便安全得多了。所谓时苗，就是天花出得很好，没有杂症的痘痂，这种痘痂还是不太安全的。熟苗是采用出得好的痘痂，连种7次以上，如都出得很好，再选择其中最好的痘痂用来普遍接种。这种痘苗，由于接种的次数多，毒性小，接种后出的痘疮就轻松。

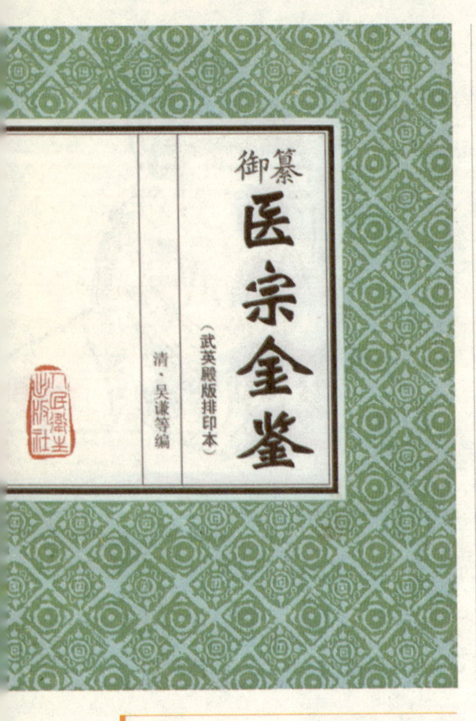

※ 种痘宝典《御纂医宗金鉴》

花而夭折。王旦老年又得一子，取名王素，为使王素逃脱天花侵袭，遂请四川峨眉山民间医生为其子王素种痘。种痘后第7天，王素全身发热，12天后痘已结痂，因此种痘获得了更多的支持。直到明代以后，人痘接种法才盛行起来。到了清代，人痘法在康熙皇帝的提倡下才得以推广，这样，皇族内和四十九旗以及科尔沁诸藩在人痘的保护下，才避免了顺治悲剧的重演。

人痘接种术阻止了天花对中国的攻击，这一高深武功，顺着丝绸之路很快流传到阿拉伯地区，接着又传入土耳其。不久，中国人的这一盖世神功，在江湖上无人不知，无人不晓，甚至远扬国外，遂出现中国留学热，就在1688年，俄罗斯派遣首批留学生前来中国，专攻痘医。1721年英国驻土耳其公使夫人蒙塔古在君士坦丁堡学到种人痘，并将这种方法带回英国，以后人痘接种法又从英国传到欧洲大陆，甚至越过大西洋传到美洲。为了普度众生，1744年，中国医生李仁山到达日本长崎，将中国的人痘接种术首次带到日本。1763年，在朝鲜人李慕庵的信札中记载了中国的人痘接种术。1790年，朝鲜派使者朴斋家、朴凌洋到中国京城，回国时带走大型种痘宝典《御纂医宗金鉴》，宝典中的“幼科种痘心法要旨”介绍了种人痘术的详细方法和注意事项。后来，朴斋家指派一乡吏按照书中的方法试种人痘，获得成功。

18世纪后半期，人痘接种法在上述地区已普遍施行，甚至还出现了专门以种人痘为职业的医生（当时种人痘者不一定都是医生）。

可见丝绸之路输出的不仅是布匹，还有人痘接种法。

而在英国，尽管已有人痘术的传播，但没有彻底解决天花流行造成的严重恶果，时势造英雄，一位叫琴纳的乡村医生一直试图另辟武道。他听说挤牛奶的女工一旦出过牛痘后，再遇到天花流行也不必害怕。这个奇特现象使他大受启发。从 1788—1796 年里，琴纳致力于种牛痘的观察和试验。1796 年 5 月 14 日，他从一位挤牛奶女工手背上的牛痘里吸取少量脓汁，接种在一名儿童身上。2 个月后，他又给这名儿童接种天花病毒，结果该儿童并没有出现天花的症状。这次成功，标志着人类修炼种痘术又上升了一个台阶。然而，琴纳发明牛痘以后，种牛痘也并不一帆风顺。但是流言遮不住真理，牛痘法最终被世界各国接受。

※ 牛痘的发明者——琴纳

1805 年，在澳门的葡萄牙人赫微特将牛痘接种法介绍到中国，东印度公司的船医皮尔逊也向中国介绍了牛痘接种法。因为当时在中国种牛痘常常免费，而且牛痘法比人痘法更安全，因此越来越多的中国人接受了牛痘。牛痘替代了人痘。

在人类征服天花的历程中，中国发明的人痘接种法和琴纳发明的牛痘接种法，都为消灭天花发挥了作用。天花之役在人痘和牛痘的利刃下，转胜为败，到 20 世纪 70 年代后，天花在中国停止传播，80 年代，天花在全世界被消灭。这是迄今为止人类消灭的唯一一种传染病。

刀锋上的火焰

DAOFENG SHANG DE HUOYAN

尽管天花病毒惨遭灭门，但一些狂热复仇者却掀起了更为血腥的反攻，发动一场又一场瘟疫之战，如轰动一时的炭疽热、霍乱和狂犬病等惨案，而人类也不甘示弱，科学斗士巴斯德建立了抵抗炭疽热、霍乱和狂犬病毒的疫苗防御体系，如万里长城般阻挡了入侵者的铁蹄。人类在这个疫苗防御体系内安居乐业，丝毫不受入侵者的威胁。

※ 轰动一时的霍乱惨案的幕后黑手——霍乱弧菌

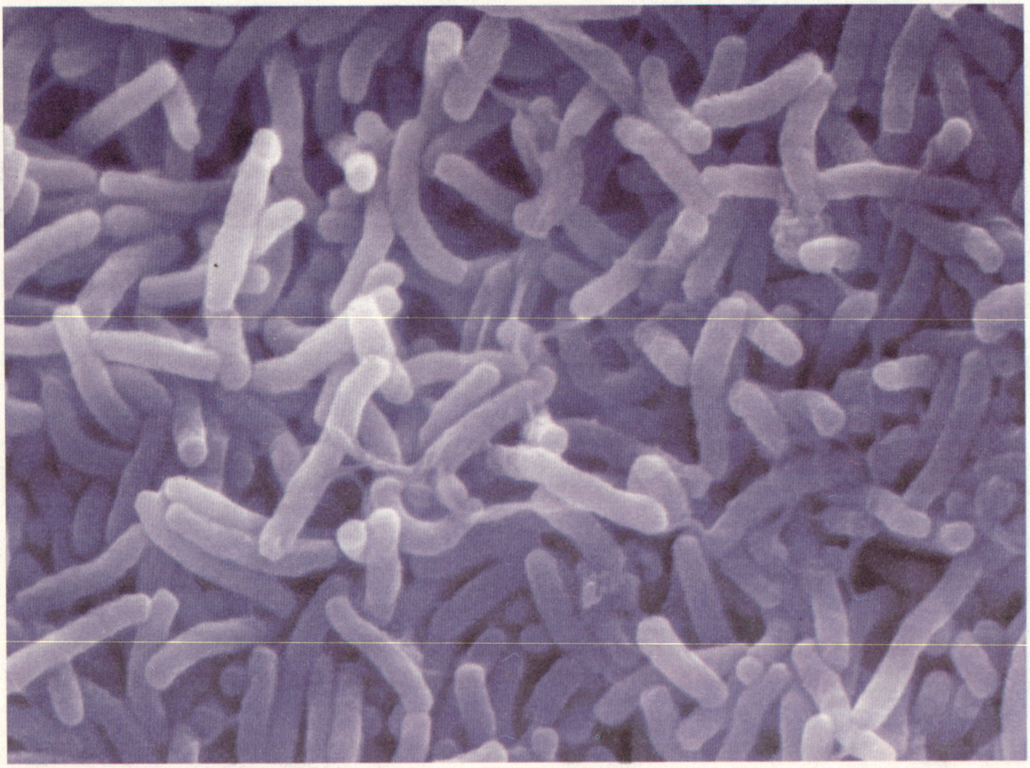

“没有远虑，必有近忧”，人类老祖宗的遗训，声声在耳。军队是一个国家安全的保障，而武器是军人的法宝，唯有最优秀的军人配上最先进的武器，方可保护国人安枕无忧。

在这一目标下，人类陆续又开发研制了新的武器与战略装备。

1919 年，人类发现了体液免疫现象，这使得疫苗得到了快速升级（效价），提高了人类的格斗力，微生物王国的杰出军事家们如伤寒热、志贺氏细菌性痢疾、结核、白喉、破伤风和百日咳在疫苗武器的轰炸下，惨败而归，由猖狂归于安分。

尽管人类在疫苗这一“核武力”下取得了辉煌战绩，但一波未平一波又起，我的子民从来没有因为战争的残酷而放弃复仇。它们轮流上阵，由于疫苗武器是一一对应的，这就意味着人类辛苦建立的防御体系将被废弃，针对新的对手，人类必须建立新的防御系统，否则后果不堪设想。

何谓体液免疫

体液免疫是指 B 淋巴细胞透过释放抗体来消灭敌人。每个 B 细胞只产生一种抗体，这种抗体就在 B 细胞表面充当天线来发现特定的外来入侵者。一旦入侵者被发现，B 细胞就分化为很多相同的细胞系，一起释放出许多抗体以彻底包围入侵者。这又会使吞噬细胞来包围并吞噬掉侵略者。

B 淋巴细胞的寿命较短，只有数天到数周，B 淋巴细胞在淋巴结中只有 25%，在脾中有 60%，在外周血中有 20%。

※ 希尔曼发现的腺病毒

为此，20 世纪 30~50 年代，人类进入疯狂研制武器的多产时代，但这一时期研制的多是防御系统，人类进入一个自我防御的阶段。此时期的一个大突破为古得派斯德于 1931 年证明病毒可在受精的鸡胚

疫苗作用机理

疫苗是一种抗原性的制剂，用作对某种疾病产生免疫力，从而不会受到该种病原体的感染。凡具有抗原性、接种于机体可产生特异的自动免疫力，可抵御传染病的发生或流行的，总称为疫苗。

疫苗多以经弱化或已死亡的细菌或病毒制成。其原理为：人体在接触抗原之后会产生抗体，以后若再接触到此种抗原即具有免疫的效果。疫苗即是利用此种原理，将研制的抗原打进人体之后，促使人体内产生抗体，因而产生免疫的效果。

胎里生长，由此，泰勒制造出安全且有效的抗黄热病的鸡组织疫苗 17D，并且在热带国家得到了广泛的应用。

在流行性感冒期间，希尔曼还发现了腺病毒。他从一个死亡的新兵身上获得了一段新鲜的气管样本，将气管的内皮组织进行体外培养后，获得了气管纤毛上皮细胞。并通过对某些地区患者的咽拭子培养，从中分离出了三株新的病毒即腺病毒，腺病毒疫苗在 1956 年一场大战役中杀伤力达 98%。很多人类小儿在这场战役中获得新生。1946 年，恩德斯发现脊髓灰质炎病毒可在胚胎组织细胞中繁殖，开启了在细胞中培养病毒的大道。

20 世纪 50 年代以后，疫苗武器仍在持续发展，我的子民在人类疫苗的武力威胁下，渐渐失去了往日的凶猛，隐居人体，过着深居简出的生活。然而，这种“隐士生活”并不是我子民想要的，不在沉默中爆发，就在沉默中灭亡，为了重振雄风，我的子民蓄势待发。

腺病毒知多少

腺病毒，顾名思义。乃是因其对腺体、淋巴组织有强力感染力，一般潜伏期 5~7 天，容易侵犯 6 个月至 5 岁小孩，占儿童呼吸道感染的 5%~30%。一般冬、春以呼吸道为多，春、初夏以合并结膜炎为多。大部分由飞沫传染，少部分由粪便接触感染。培养病毒主要由喉咙、结膜、粪便三处。疾病的过程 5~7 天，也有进入第二星期的。

腺病毒目前已知至少有 35 种型。它一般在 4 摄氏度可稳定生存 70 天，4 摄氏度则 14 天，6 摄氏度则 7 天，56 摄氏度则 3 分钟内被破坏，所以它活跃于每年的上半年，尤其春天。

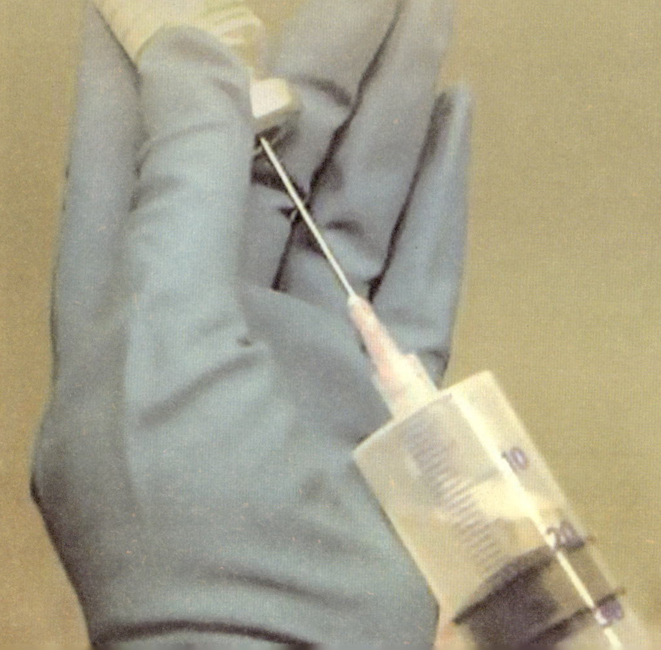

“核武器”时代

HEWUQI SHIDAI

尽管我的子民惨遭疫苗武器的打击，但由于疫苗的专一特性，对我的子民来说不过是小米加步枪而已，仅起到震慑作用，而一些未在疫苗打击范围的微生物们依然过着我行我素的生活。

我的子民对人类的挑衅从来没有因为疫苗武器的攻击而有所保留，它们继续疯狂作乱。人类饱受各种战争的煎熬，却并没有屈服和退缩，而是在阵阵的疼痛中一次又一次地踏上悲壮的征程。

※ （a）第一武器青霉菌与青霉素

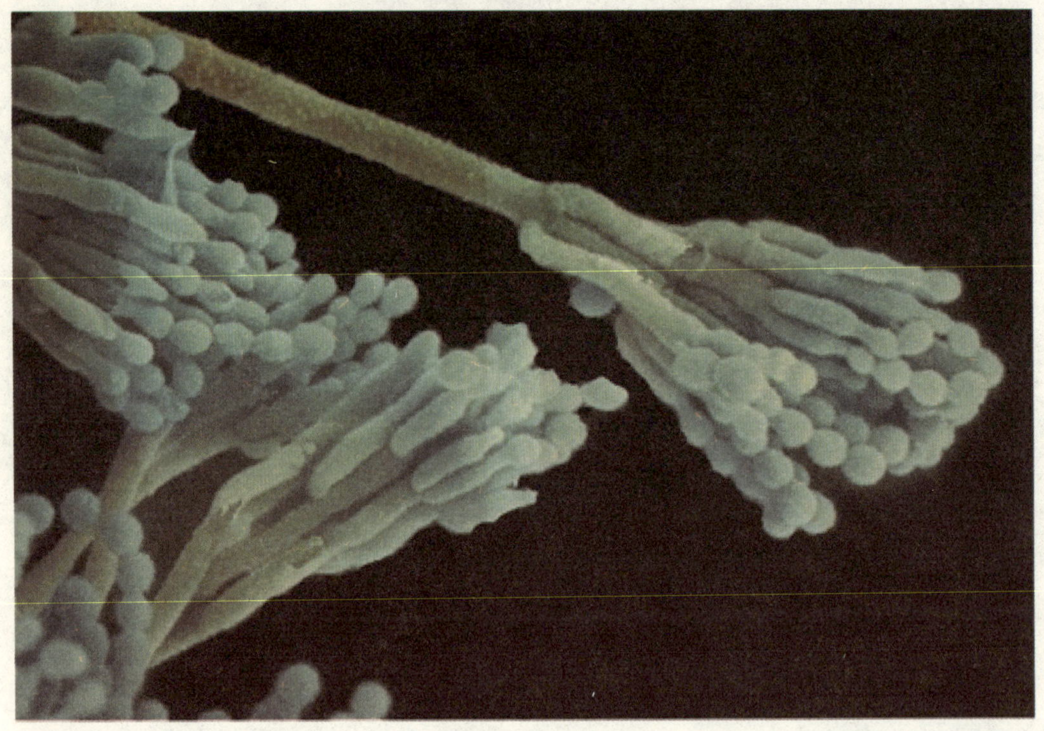

就在 1928 年 9 月的某天早晨，人类与微生物之间的对峙，有了不可思议的转折，带来希望之光的是一位名叫弗莱明的人类，他在无意间看到葡萄球菌与青霉菌为了一点蝇头小利自相残杀的闹剧，他捉住闹事之一青霉菌，把它请到一个高级别墅——培养器里，吃喝玩乐，尽项满足，在人类的糖衣炮弹下，青霉菌成了微生物王国的叛徒，它提供自己的分泌物给人类做研究。为了试验青霉菌对葡萄球菌的杀灭能力有多大，弗莱明把青霉菌培养液加水稀释，先是一倍、两倍……最后以八百倍水稀释，结果它对葡萄球菌和肺炎菌的杀灭能力仍然存在。这是当时人类发现的最强有力的一种杀菌物质了。

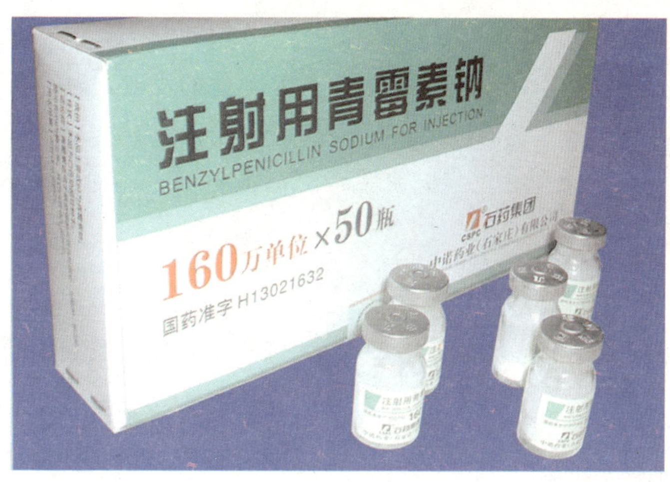

※ （b）第一武器青霉菌与青霉素

尽管武器强劲，但存在不确定性，人类怕引火烧身而不敢轻易用于战争，于是武器专家弗莱明决定再次实验，他小心地把它注射进了兔子的血管，然后紧张地观察它们的反应，结果发现兔子安然无恙，没有任何异常反应，从而证明青霉素武器没有毒性。

由于青霉菌的出卖，我的葡萄球菌子民面临灭种危机，然而事情的发展让我的子民紧绷的神经松了下来，由于这些叛徒分泌的青霉素实在太少了，人类很难从中提取足够数量的武器对付我们。人类若进行反攻，一次就要注射几千甚至上万毫升，这在实际上无法办到。因此，弗莱明只好暂时停止了对青霉素的培养和研究工作，使得我们虚惊了一场。

青霉素知多少

青霉菌是一种霉菌，它生长快速，食品、蔬果、家具、皮革与阴暗的墙角都可发现它的菌落存在。

在显微镜下，它们的分生孢子像是一串串小珠，长在扫帚柄上。

弗莱明在发现青霉菌的同时，发现了其分泌物青霉素。

青霉素是抗菌素的一种，是从青霉菌培养液中提制的药物，是第一种能够治疗人类疾病的抗生素。

青霉素具有抗菌功能，无毒副作用，不会令细菌产生抗药性，它能够消除病源以治疗疾病，大大降低了许多疾病的发病率和死亡率。

※ 人类病理学狂热分子佛罗理

但在我们欢呼的同时，内心却有隐隐的担心，毕竟他的发现，为后来的人类科学家开辟了道路。

很多年过去了，人类再无研发武器的动作，这使得我们之前的担心慢慢消融，又开始在人体内作威作福了。

为了制止微生物王国的嚣张，人类病理学狂热分子佛罗理在弗莱明的基础上，于1940年，开始重新启动青霉素武器的研制。但是他知道，仅凭一己之力难成气候，他召集了志趣相投的专家能手，组成了一个联合实验组。

在佛罗理的领导下，联合实验组紧张地开展了研制工作。细菌学家们每天要配制几十吨培养液，然后在我的王国内四处抓捕青霉菌，再把它们灌入一个个培养瓶中，在里面接种青霉菌菌种，等它充分繁殖后，再装进大罐里，然后进行提炼。

人类似乎把事情想得太过简单了，以为抓到它们就万事大吉了。他们没想到提炼工作更繁重而艰难，

※ 灭鼠高手——链状球菌

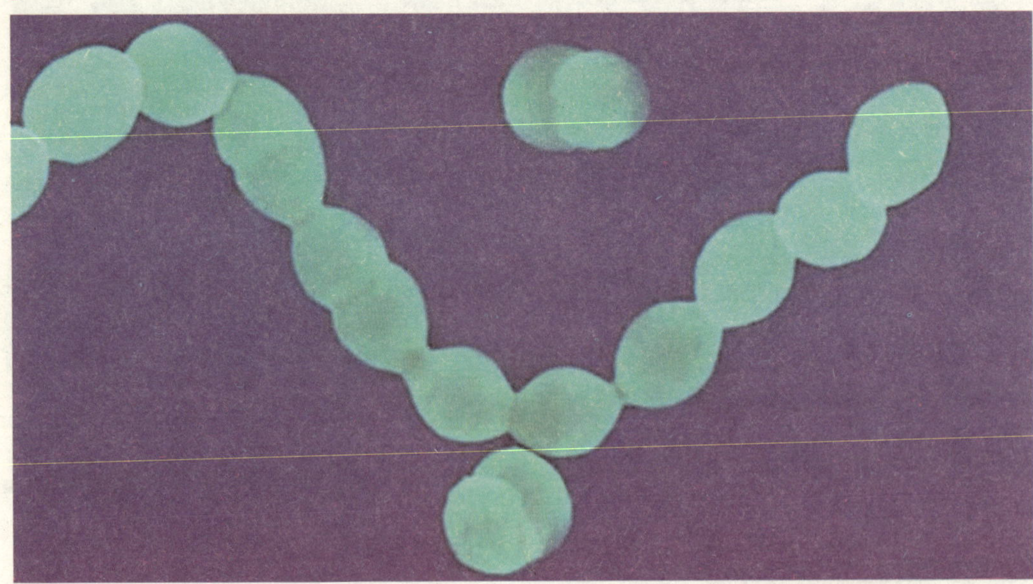

一大罐培养液只能提炼出针尖大小的一点点青霉素。在我王国子民窃喜之时，不幸的事发生了，经过几个月的辛勤工作，他们终于提取出了一小匙青霉素。把它溶解在水中，用来杀灭葡萄球菌子民，结果效果出奇的好。即使把它稀释 200 万倍，仍然具有杀灭能力。

为了确保不会搬石头砸自己脚的事情发生，人类选择了 50 只小白鼠来进行试验；把每只都注射了同样数量，足以致死的链状球菌，然后给其中 25 只注射青霉素，另外 25 只不注射。实验结果，不注射青霉素的白鼠全部死亡，而注射的只有一只死去。

可见，该武器对人类自身还是有一定伤害的。为了确保万无一失，人类开始了更努力的提取工作，皇天不负有心人，青霉素武器在人类精诚所至下，终于金石为开了。

看到青霉素的威力，犹如空中升起的“蘑菇云”，震撼了整个微生物王国。取得这样的战绩，佛罗理并不满足，认为目前的武器数量远远达不到战争需求，

氯霉素与“灰婴综合征”

氯霉素被广泛应用于伤寒、脑膜炎、肺炎等疾病的抗菌治疗。但对胎婴儿有很大危害，其中一害为“灰婴综合征”。

灰婴综合征是指在妊娠期，尤其是妊娠末期和临产的 24 小时内孕母使用氯霉素，可使出生的新生儿出现呕吐、呼吸急促或不规则、皮肤发灰、低体温、软弱无力等症状，甚至造成死亡。妊娠期使用氯霉素，可通过胎盘进入胎儿体内。在正常情况下，氯霉素与葡萄糖醛酸结合成为无活力的物质从肾脏排出。但是，胎儿肝脏内某些酶系统发育不完全，使氯霉素与葡萄糖醛酸结合能力较差。因此，氯霉素便在胎儿体内蓄积，进而影响新生儿心血管功能，导致出现上述“灰婴综合征”的症状。

妊娠期使用的氯霉素进入胎儿体内还可影响胎儿骨骼造血，使胎婴儿发生再生障碍性贫血。所以，孕妇应尽量避免使用氯霉素。

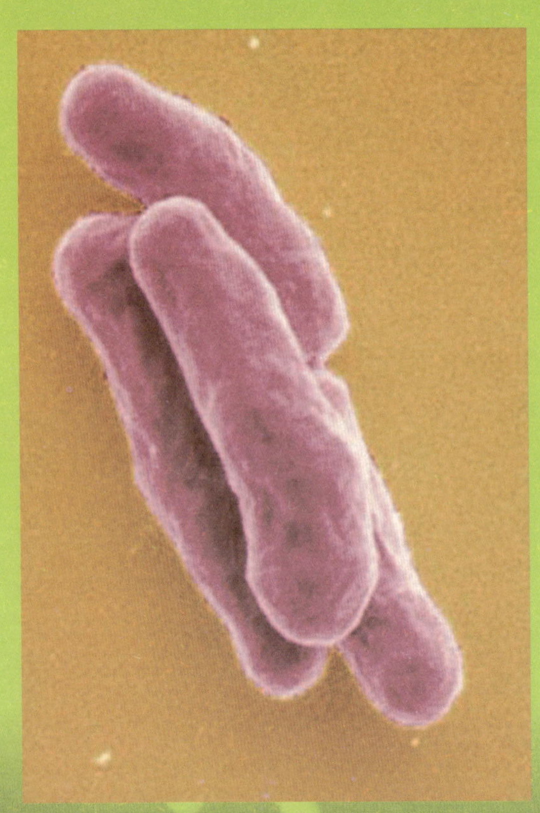

※　白色瘟疫——结核

在设备更新，能源开发上，他进行了大幅度的改制，于1941年，以玉米汁为培养基，在24摄氏度的温度条件下，进行了大规模的生产，使战争首战告捷，挽救了无数人的生命，从而开创了人类拥有抗生素的时代。

继青霉素之后第二种神奇无比的武器是链霉素，它也是抗生素武器中的一种，1944年诞生在新泽西大学，一诞生便人气飙升，一路如关羽过关斩将，力劈结核杆菌，威力无比，使骇人听闻的白色瘟疫——结核被成功拦截，硝烟四起的结核大战转为零星复活战。

人类在牛刀小试，初尝武器甜头后，意欲乘胜追击，将微生物王国彻底打垮。为了实现这个目标，人类又陆续研制出新的武器，如1947年出现氯霉素，它扫除了隐藏在百日咳、白喉、胃肠炎、痢疾、伤寒、霍乱、炭疽战役背后的始作俑者；1948年出现了一种不太像魔术弹而像魔术炸弹般的四环素。

种种新式武器的出现，将我的子民围追堵截在安全范围内，它们稍有骚动，便遭到严厉镇压。

把第一武器打入石器时代

BA DIYI WUQI DARU SHIQI SHIDAI

人类以为有了抗生素武器，就可以操控我的子民，这不过是人类的一厢情愿罢了，事实远非如此。随着战争的深入发展，我的微生物子民们在抗生素的夹缝里也在寻求新的战略，其中猩红热之役就是我子民的新战术。

20 世纪 60 年代，在抗生素类武器的打压下，猩红热战役的发起者 A 号链球菌似乎完全消失了，当人类还沉浸在欢呼庆幸中时，A 号链球菌的近亲 B 号链球菌开始出现。它转变策略，专攻人类部署薄弱的地方，尤其是新生儿，这一突然大反攻让人类措手不及，战争持续到 1980 年时，已在两个月以下

中毒性休克综合征（TSS）

中毒性休克综合征（TSS）是由细菌（特别是金黄色葡萄球菌和链球菌）所释放的毒素引起的，以休克和多脏器功能衰竭为特征的急性疾病。

TSS 是由一组能够激活免疫系统的蛋白质，在递呈给 T 细胞之前，它们不能在抗原递呈细胞中接受处理，而是直接与主要组织相容性复合物 Ⅱ 类分子相结合，触发大量 T 细胞的激活。超级抗原导致大量的细胞因子的释放。

其症状为突发高热，有时伴寒战，皮肤出现类似晒斑的弥散性出血点（扁平，压之褪色），皮疹后 1~2 周有脱皮，特别是手掌或足底脱皮，头痛、癫痫样发作和晕厥，肌肉痛，最终会引起器官功能衰竭（通常是肾脏和肝脏）。

TSS 是医疗急症，如果你高热不退或有皮肤出血点，特别是当女性正处在月经期，或体内使用了填塞物，或最近有手术，或最近与病死猪有密切接触史，或者皮肤有感染等，应提高警惕。

的新生婴儿中造成75%的死亡率。

与此同时，侥幸躲过此劫的A号链球菌却在暗地里加速突变和繁殖，而在20世纪80年代末期突然再次出现，并携带与中毒性休克综合征同样致命的毒素，除了大剂量青霉素外，对所有武器都如穿了防弹衣般，抵抗力惊人。它以极品的装备和超前升级的武器与B号链球菌遥相呼应，里应外合，扭转了整个战局，从而反败为胜。

不只是猩红热战役，在其他战役中，人类的战线也出现过崩溃的现象，如耐青霉素的肺炎链球菌，过去对青霉素、红霉素、磺胺等武器都很敏感，现在几乎“刀枪不入”。绿脓杆菌对阿莫西林、西力欣等8种抗生素武器的耐抗性达100%，基本上这8种武器已成为废品；肺炎克雷伯氏菌也即将成功把人类精心研制的武器西力欣、复达欣等16种高档抗生素边缘化。

※ 把第一武器打入石器时代的绿脓杆菌

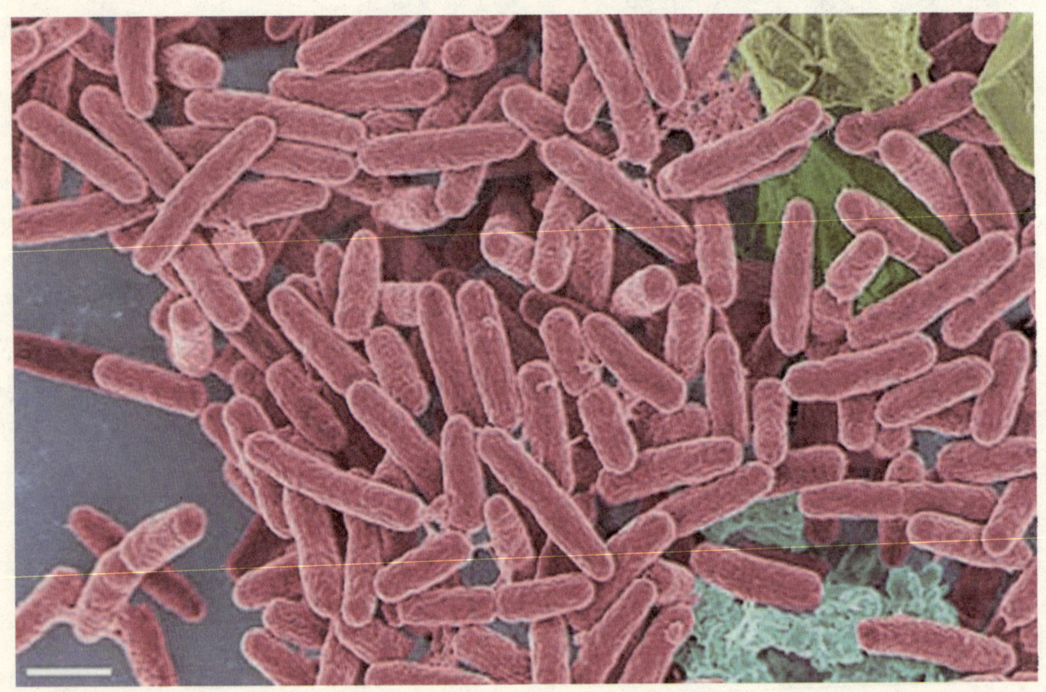

人类比较得意的杰作万古霉素因能破坏细菌的细胞壁，使微生物无法生存而闻名一世。而在 20 世纪 90 年代中期，一种能引起伤口或尿道感染，甚至脑膜炎的肠球菌的出现挑战了万古霉素的能力。我的这一子民对人类的这一武器进行了超乎想象的顽强抵抗，使得万古霉素颜面扫地。不过耐甲氧西林的金黄色葡萄球菌和金黄色酿脓葡萄球菌为它挽回了不少面子。

对于对任何武器都如隔靴搔痒的耐甲氧西林的金黄色葡萄球菌来说，独怕万古霉素的轰炸，见到它如老鼠见到猫，而金黄色酿脓葡萄球菌原本能以新青霉素 I 来杀灭，后来却产生抵抗新青霉素 I 的能力，现在也是只有万古霉素能制服它。如果它们连万古霉素也不怕的话，事情可就非常麻烦了。这将代表

※　会吸功大法的肺炎球菌

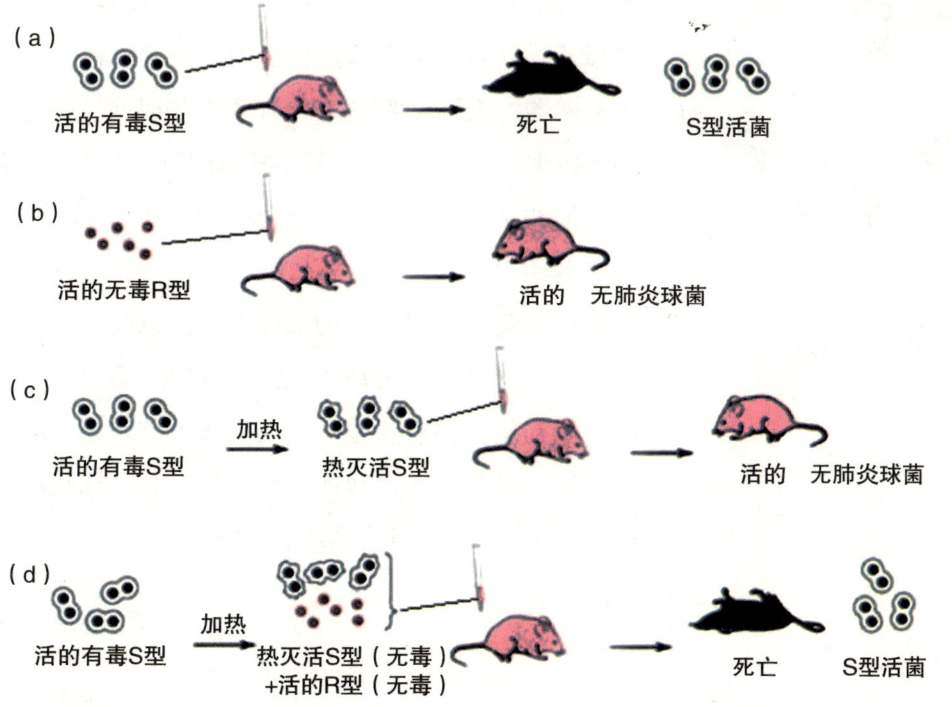

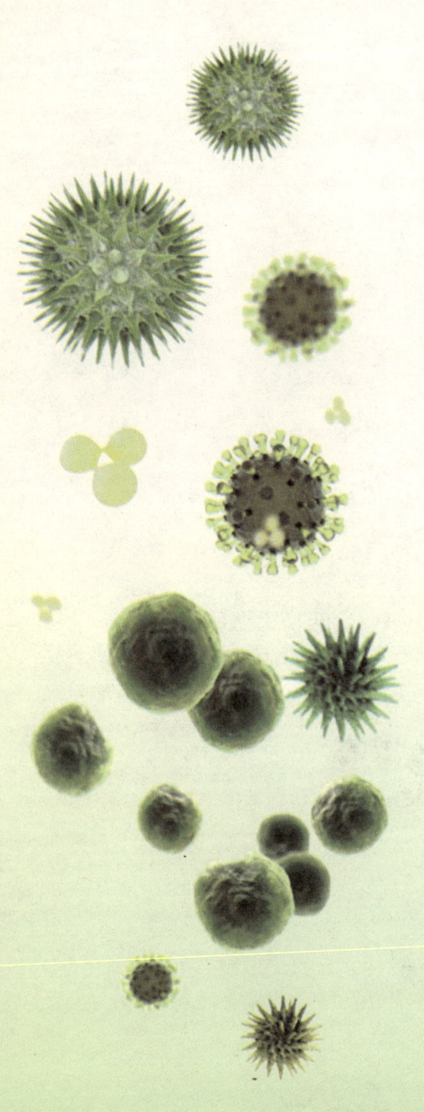

我的子民已具有抵抗多种抗生素的能力。

我的子民在面对强敌时，也不是吃素的，对于人类的抗生素武器，我的子民自有一套防御体系。首先，它们利用体内的分子泵，如推土机般将抗生素推出细胞外，使武器无法产生杀伤作用。再就是调派出酶，如切割机般把抗生素“切”开化解掉，一个被拆卸的炸弹，不过是一个儿童玩具罢了。还有，我的子民死时会“流”出基因物质，而一些其他的怀有某种目的的病菌，如肺炎球菌属则有特殊功能，运用吸功大法从周围的细菌死尸上吸收基因物质，这意味着有些病菌不需要等待自然的基因变异，而能从其他细菌获得抵抗人类抗生素武器的基因。

尽管人类之前对我子民所知甚少，但从这么多年的战役中，人类也早已意识到，一种细菌的成功抑制能促成另一种细菌的出现。在某种新的抗生素出现以后，就有一批耐药菌株出现。开发一种新的抗生素武器，人类一般需要 10 年左右的时间，而对我的子民来说，产生一代耐药菌的时间只要 2 年，抗生素的研制速度远远赶不上耐药菌的繁殖速度。人类现在就不得不担忧，在不久的将来，会有一种对所有抗生素都具有耐药性的细菌出现，也就是说人类将重新回到 20 世纪 20 年代之前没有抗生素的年代。在这场与细菌的较量中，人类投入了越来越多的人力、物力及兵力等，却还是屡战屡败。可见我的子民并不是软柿子，任人类随意拿捏。

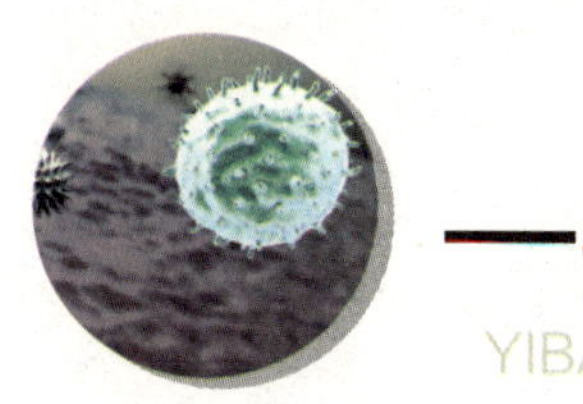

一把双刃剑

YIBA SHUANGRENJIAN

细菌的耐心与嬗变，人类早有领略，攻击过头就激变，防御稍松即政变，对这个与自己处于同一片天下的微生物王国，人类越来越有气无力，这就像陷入固定阵地的消耗战，双方都在奋力支撑，直到两败俱伤。这种一损俱损的结局，激发了人体自身的“警备系统”。

人体内的“警备系统”是由器官、组织、细胞和分子组建的。一些器官如脾、淋巴结、胸腺、骨髓、扁桃体为国防部队的大本营和指挥部，它们可以在发现“敌人”或发动“战争”时随时“调兵遣将”；而一些组织也不甘示弱，如人体内许多无被膜的淋巴组织，特别是消化道、呼吸道黏膜内的，它们就像守门员，严防死守各个要塞地区的基地，对过往微生物进行警戒级别的安检，就算有个别漏网之鱼，也逃不过细胞士兵的枪口。这些淋巴细胞、单核吞噬细胞、粒细胞士兵们装备一流，使用的全是分子武器，如免疫球蛋白、补体、淋巴因子以及特异性和非特异性辅导因子、抑制因子等，它们积极参与机体免疫应答，清除乱党，拨乱反正，是不可或缺的秘密武器。

切忌盲目摘除扁桃体

作为呼吸道的“哼哈二将”，当细菌和病毒来犯的时候，扁桃体成为抵御入侵敌人的第一道防线，杀死致病微生物，防止气管、肺脏等下呼吸道受累。在这个过程中，扁桃体可能会发生炎症反应，变得红肿甚至流脓。这就是平时所说的“扁桃体发炎”，会给机体带来不适感觉。如果因此而盲目摘除扁桃体，一有感染细菌就会直接进入下呼吸道，引起气管炎和肺炎。

一般小儿出生后前半年，体内的抗体是从妈妈体内带来的，6个月后逐渐形成自身的抗体，4岁左右才逐渐完善。在这段时间里，扁桃体的存在就有着更为重要的作用。

尽管我的子民在数量上占优势，可人类在对微生物王国的战斗过程中，从来就不缺乏武器，他们的免疫细胞遍布全身各处，并且24小时昼夜不停地保护着人类。

不仅如此，人类还有一个兵工厂——骨髓，由于人类的这些士兵寿命都比较短，据统计，每秒钟就有800万个血球细胞死亡，人类必须有足够的后援补给才能解困，这就需要骨髓以同样的速度在这里生成相同数量的细胞。骨髓肩负着“女娲造人”式的重任。一些新生派士兵并不能即刻上战场，需要在胸腺训练场操练一段时间，一旦遭到细菌和病毒入侵，胸腺会指派训练有素的T细胞负责战斗工作，同时免疫系统分泌的白细胞介素和干扰素前去援助。

除却正规部队，还有擅长游击战的吞噬细胞，它们广泛地分布在各种组织和血液中。它们在周围血液中就像“巡逻兵”一样，监视着侵入机体的病菌。一旦发现敌情，吞噬细胞就会迅速地游动到那里，紧紧缠住病菌，并把含酶的颗粒释放出来，这种颗粒就像射出的子弹那样，能置敌于死地。战斗进行得十分激烈，以致伤口发生疖肿、化脓。由此可见，吞噬细胞的作用就是把侵入人体的病菌消灭在局部，不使它们向全身扩散。但如果侵入人体的病菌数量多、毒性大，这些病菌可能冲破第二道防线，进入血液循环系统，会使得整个人体系统瘫痪（全身出现严重的症状）。

此时，并不是整个战局的最终结果，人体是一个卧虎藏龙的地方，当吞噬细胞发现我的子民并给予围歼时，就已经把我子民入侵的信息迅速传递给了“敌

人体的造血工厂——骨髓

成年人骨髓量一般为3千克左右。

骨髓分为红骨髓和黄骨髓。

红骨髓有造血功能，内含大量不同发育阶段的红细胞、白细胞和血小板，再以液态形式流出骨外，组成千万条涓涓细流，不断汇集、合流，再汇集，再合流……最后形成大动脉血液，在人体全身流动。

黄骨髓含大量脂肪组织，由“肌肉胚”先以液态形式从骨中泌出，随着自身的凝固性而逐渐堆积起来，以后再也无法移动，最终形成肌肉。

骨髓是人体血之源泉，是细胞的物质基础，参与构成人体两大支柱系统——物质系统和神经系统。不言而喻，这两大系统组织着人体生命的正常运转。

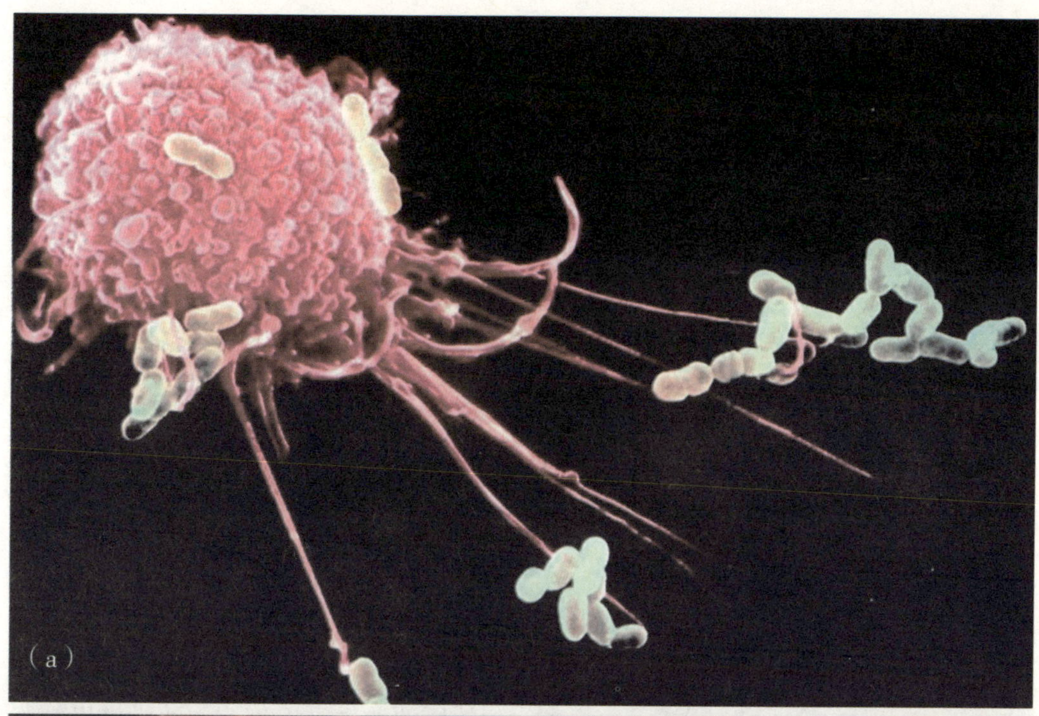

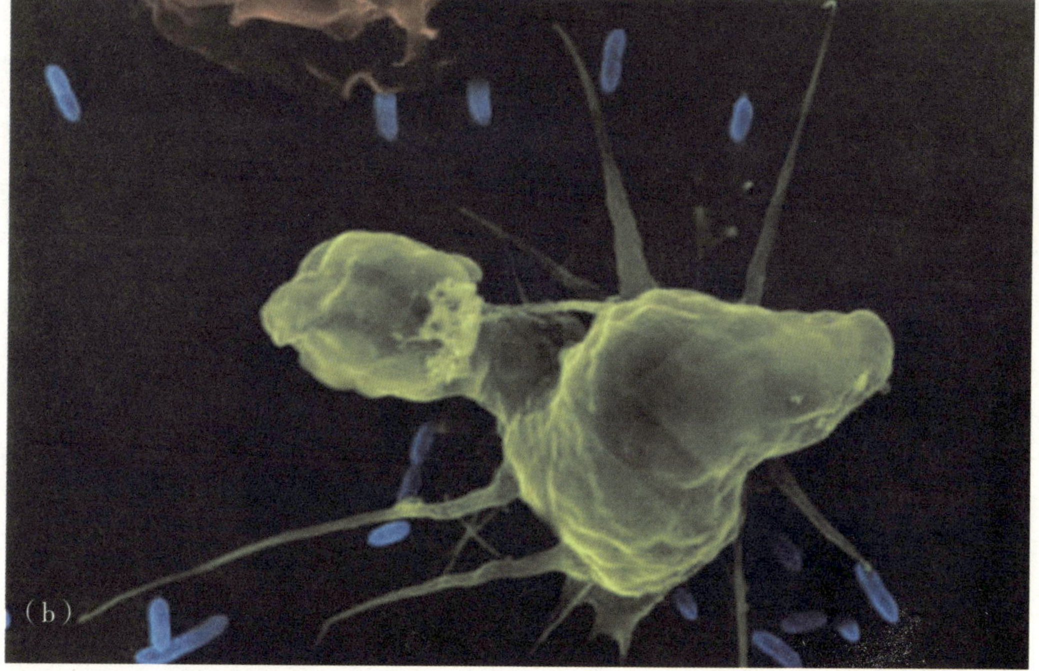

※ （a, b）人体内的巡逻兵——吞噬细胞

人体内的吞噬细胞

人类的吞噬细胞有大、小两种。小吞噬细胞是外周血中的中性粒细胞；大吞噬细胞是血中的单核细胞和多种器官、组织中的巨噬细胞，两者构成单核吞噬细胞系统。

吞噬形式分为完全吞噬、不完全吞噬。

有些细菌如化脓性球菌被吞噬后，一般经 5~10 分钟死亡，30~60 分钟被破坏，这是完全吞噬。

但有些细菌已经适应在宿主细胞内寄居，它们虽然也可以被吞噬细胞吞入，但不被杀死，这是不完全吞噬。

不完全吞噬可使这些病菌在吞噬细胞内得到保护，免受不利物质的侵害，有的病菌尚能在吞噬细胞内生长繁殖，反使吞噬细胞死亡；有的可随游走的吞噬细胞经淋巴液或血流扩散到人体其他部位，造成广泛病变。

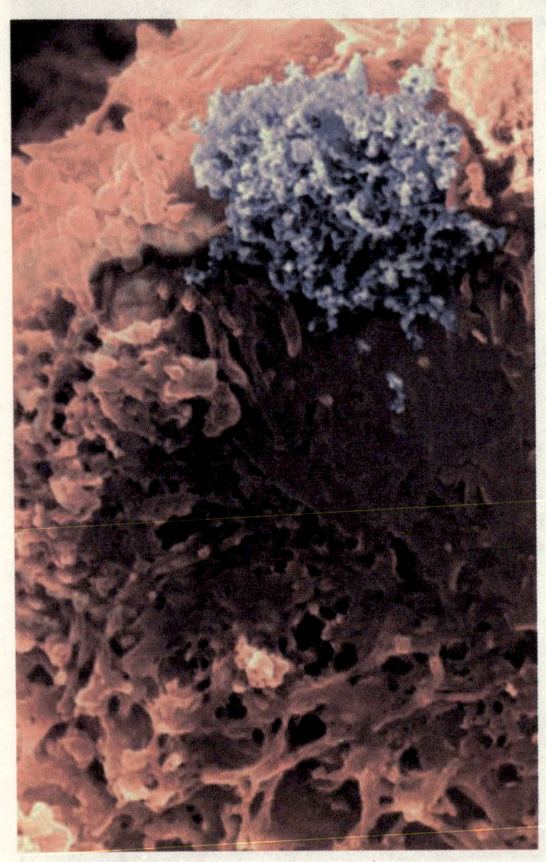

※ （a）“敌后武工队”之T淋巴细胞

后武工队”T淋巴细胞和B淋巴细胞。T和B淋巴细胞接到“敌情”后马上武装起来，T细胞武装成特别能战斗的所谓致敏淋巴细胞，致敏淋巴细胞再产生各种淋巴因子，它们八仙过海，各显其能；而B淋巴细胞则装备成能产生抗体的浆细胞，再由浆细胞产生出一种抗体，也就是通常所说的免疫球蛋白。免疫球蛋白有5种，好像“五虎上将”一样，各显各的威风。各种病菌、病毒碰到这样一支多兵种的免疫大军——粒细胞、巨噬细胞、抗体、补体、淋巴细胞和浆细胞等，只好乖乖地缴械投降。

但人类没想到的是，被称为人体保护神的免疫系统竟然是一把双刃剑，当我的子民侵入人体的时候，免疫系统展示其“正义”的一面，杀死我的子民；但有时候免疫系统也会反

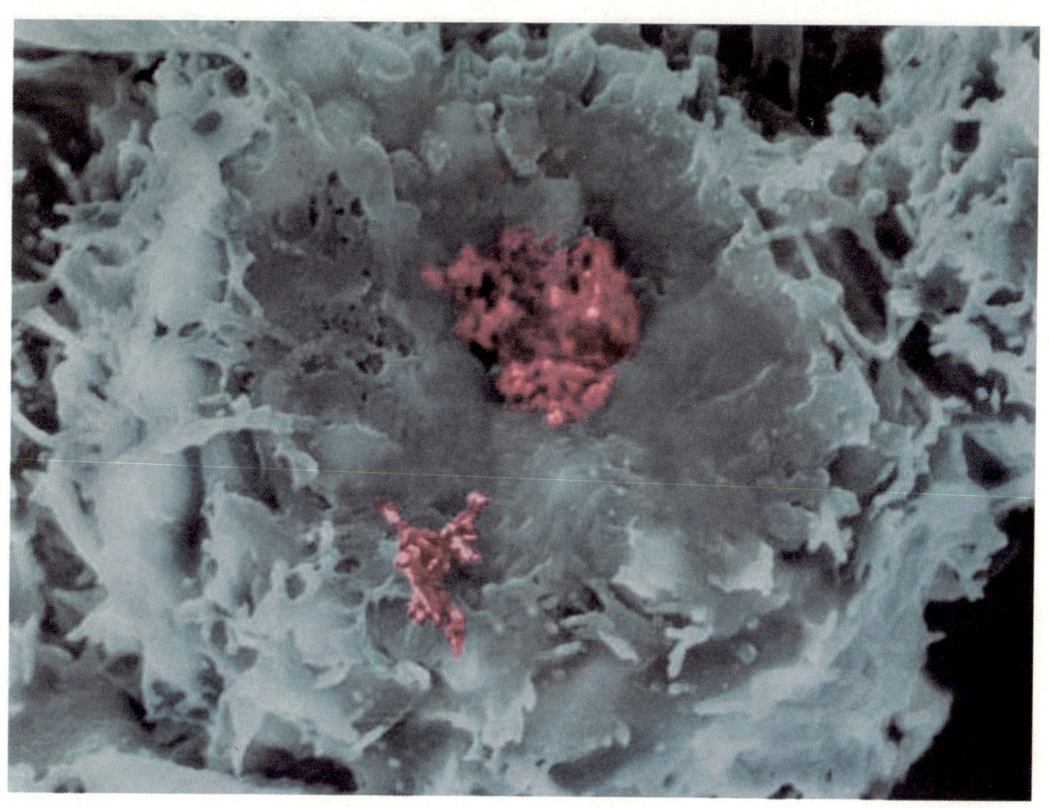

应“过激”，误将正常的健康机体组织当作入侵者进行攻击，从而导致疾病，甚至死亡。如 SARS 致死的人类中许多都是中壮年，他们其实并非死于 SARS 病毒本身，而是死于免疫系统的倒戈。由于人体免疫系统从没见过 SARS 病毒，在其侵入后产生了过激反

※ （b）“敌后武工队”之 T 淋巴细胞

人体的细胞免疫

细胞免疫由 T 淋巴细胞激活后产生的细胞毒性 T 细胞来完成。

T 和 B 淋巴细胞来自多功能的干细胞分化产生的淋巴干细胞。在骨髓内产生的童贞 T 细胞（即还没有接触过任何抗原的 T 淋巴细胞，像我们人类的婴儿一样，还一尘未染，所以叫童贞 T 细胞）这时还没有长大成熟，没有战斗力，当童贞 T 细胞进入胸腺后，在胸腺内进一步发育为成熟的 T 淋巴细胞，成熟的 T 细胞才能“参军”，保家卫国。骨髓内的 B 细胞可以成熟，直接进入次级的淋巴器官，如淋巴结、脾脏等，当受到病毒等抗原的刺激时，即可进行繁殖和扩增，成熟为浆细胞，产生抗体，中和入侵的病毒或细菌。

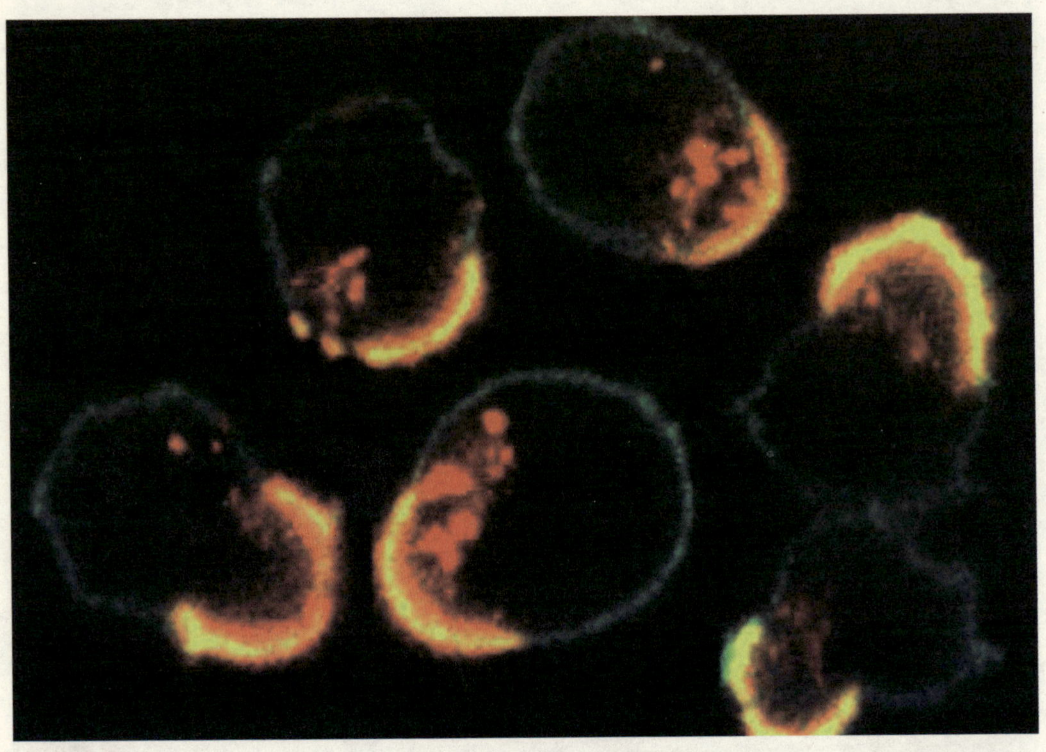

※ “敌后武工队”之B淋巴细胞

应。免疫系统产生的抗体无法与病毒抗原有效结合，反而转向攻击其他的正常体细胞，造成肺泡结构的细胞坏死，最终导致死亡。

我的子民见缝插针，在人体防御体系的漏洞里，多次成功完成了袭击任务，可惜好景不长，人类很快掌握了一把能够调控免疫系统的“钥匙”——b

免疫系统的“过激反应”

免疫系统的“过激反应”就是以自身抗原为目标，攻击自体组织，一旦免疫反应过度激活，会失去控制。例如，当它攻击关节部位时，就是类风湿性关节炎；当它攻击髓鞘部位时，就是强直性脊椎炎；当它攻击肠道部位时，就是溃疡性肠炎（克罗恩氏病）；当它攻击结缔组织系统时，就是系统性红斑狼疮和硬皮病……比较轻微的过激反应，会引起皮肤过敏、口腔溃疡等。

人体本身有抑制这种免疫过激反应的机能，叫做T抑制细胞。它在免疫系统摧毁入侵异物后才出现，如同动乱之后的维和警察，它会平复战后还处于兴奋状态的免疫系统。这对免疫反应过程中，连带出现的身体伤害非常重要。

抑制因子。在免疫系统“头脑发热”，将要倒戈一击的时候，这种因子如同迎头一盆冷水，使免疫系统恢复“理智”。

钢铁防线也有百密一疏，何况同在一个屋檐下，人类的软肋，我的子民早就了如指掌，突破防御线，不过是举手之劳。我的子民又连续发动了“非典”和“禽流感”两大战役，可惜，雷声大，雨点小，它们还没来得及大扫荡，反被人类给大扫荡了。这成了微生物王国的一大耻辱，为了以雪前耻，我的子民还在加紧变异重组工作，借以来一次空前绝后的大反击。

在海陆空的严密封锁下，如何突破，我的子民不断做这样的尝试，人类防御系统在我子民的突围下，已经岌岌可危。可见，武器虽有“神谕之破天”之功，却非万能。人类已经意识到盲目的攻击无法取得战争的优势，而开始改变策略，进行弹性外交。只要我王国子民不对人类进行攻击，人类就会以怀柔政策允许我的子民入住人体，以求彼此能够相安无事。但具体如何操作，才能够不伤害自己，又能够让我的微生物子民心满意足呢？人类在试图寻找和平相处的契合点，但这还需要时间来验证能否成功。

一分钟了解人体的免疫系统

人体内有一个免疫系统，它是人体抵御病原菌侵犯最重要的保卫系统。这个系统由免疫器官（骨髓、胸腺、脾脏、淋巴结、扁桃体、小肠集合淋巴结、阑尾等）、免疫细胞（淋巴细胞、单核吞噬细胞、中性粒细胞、嗜碱粒细胞、嗜酸粒细胞、肥大细胞、血小板等），以及免疫分子（补体、免疫球蛋白、细胞因子等）组成。

骨髓是主要的造血器官，是各类血细胞的发源地。

胸腺是T细胞分化和成熟的场所，它们在胸腺激素影响下，最终分化为成熟T细胞，随后释放入血液循环中。

成熟T细胞和B细胞通过血液循环到达淋巴结、脾脏和扁桃体等组织或器官，它们分别定居在固定的部位，成为机体的常驻警卫部队。若遇到病原体等抗原物质入侵，就能发生特异性免疫应答反应，产生免疫物质与之对抗。我们身体某个部位发生创伤炎症时，该部位附近的淋巴结便会肿大，这就是这些部位增加了“警卫部队”，并在和病原体作战。

在感染过程中，各免疫器官、组织、细胞和分子间互相协作、互相制约、密切配合，共同完成复杂的免疫防御功能。病原体侵入人体后，首先遇到的是天然免疫功能的抵御。一般经 7~10 天，产生了获得性免疫；然后两者配合，共同杀灭病原体。

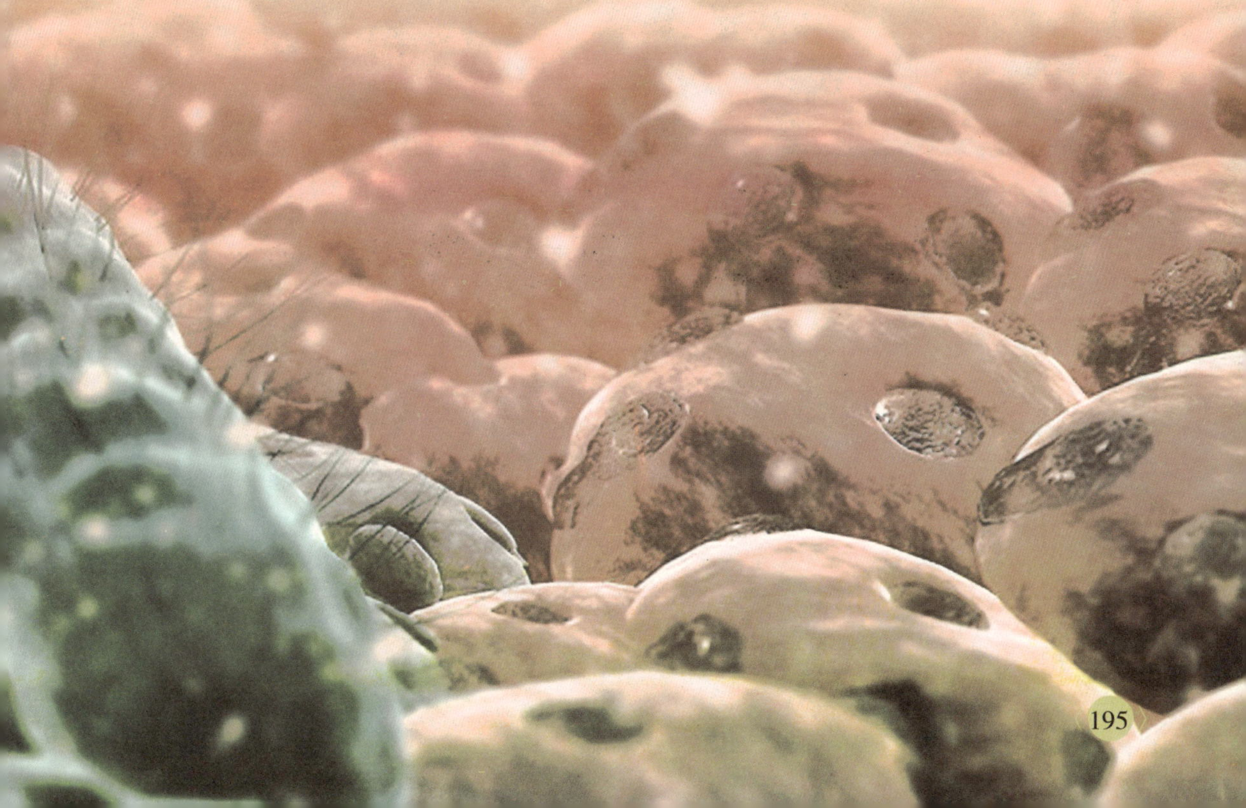

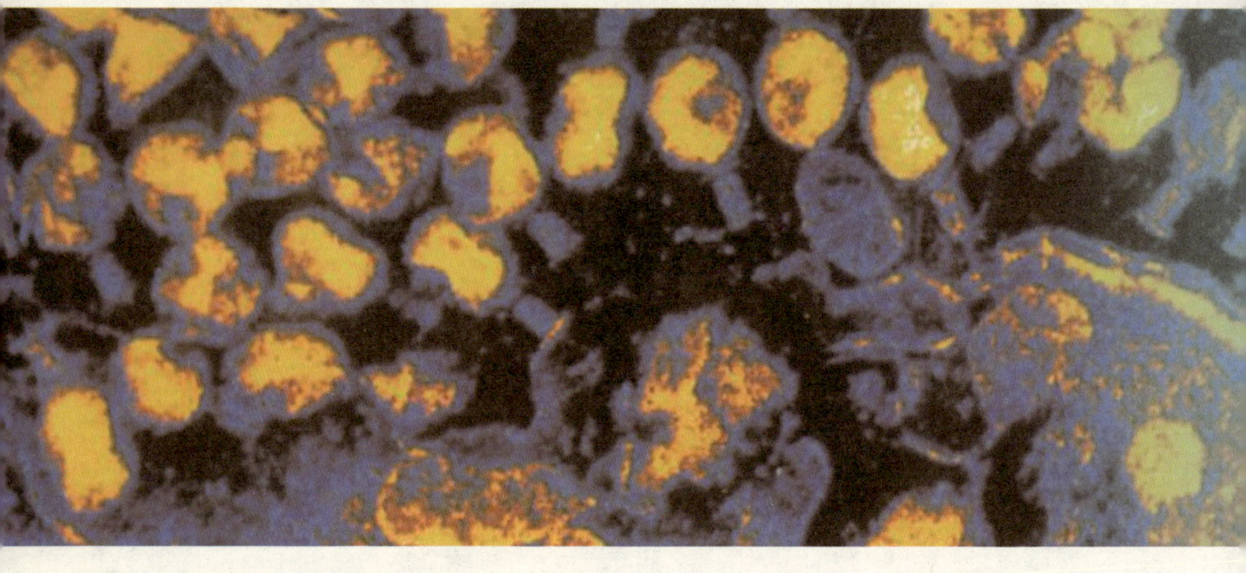

PART 10

第 10 章

终身伴侣

人类与我的子民就比如矛和盾，无矛则盾不坚，无盾则矛不锋。可惜人类总是主观上对我的子民没有好感，使出种种狠招驱逐我们，结果到头来，一损俱损。值得庆幸的是，人类似乎也意识到我子民友善的一面，正努力接纳它们并采取合作的态度；而我的子民经过与人类几十年的磨合，早已相濡以沫，把人类视为它们的终身伴侣了。希望将来，剑拔弩张的对峙会有所改变。

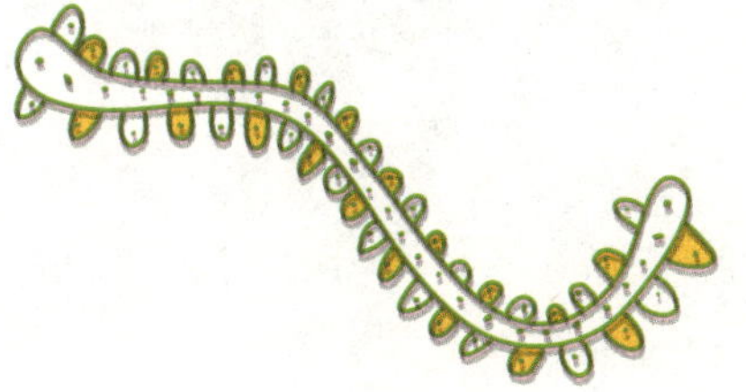

远古神话

YUANGU SHENHUA

我们的祖先比人类早几十亿年脱胎换骨，是地球上最古老的生命形式，种类庞多，基因多样化，是各种生物的元祖。它们不但解释了人类是如何演化到现在这模样，也掌握着人类未来生存的关键，甚至是减少环境污染、饥饿和疾病的唯一治本之道。

一直以来，人类总是自以为是地认为自己是这个星球的主宰者，并把人类当作生物进化的最高端，忽视了其他生物的存在。生物进化论中曾把当代称为“人类时代”，或许正因为人类具有了自我意识，才会产生自大狭隘的自然观，使得他们忽略了地球

※ 从早在35亿年前出现微生物到现代，地球事实上一直处于“微生物时代”

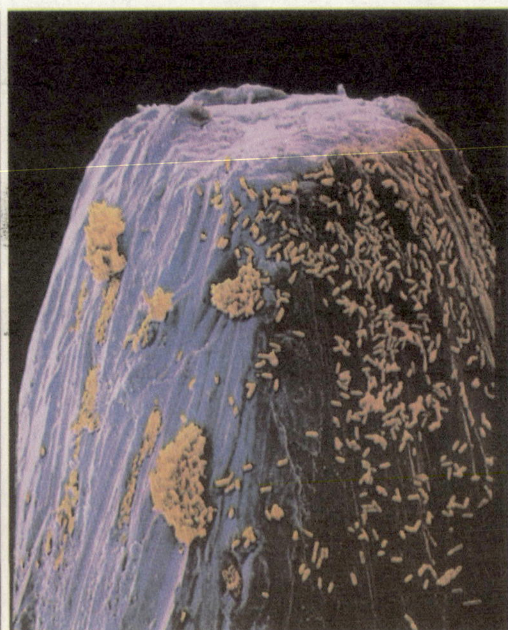

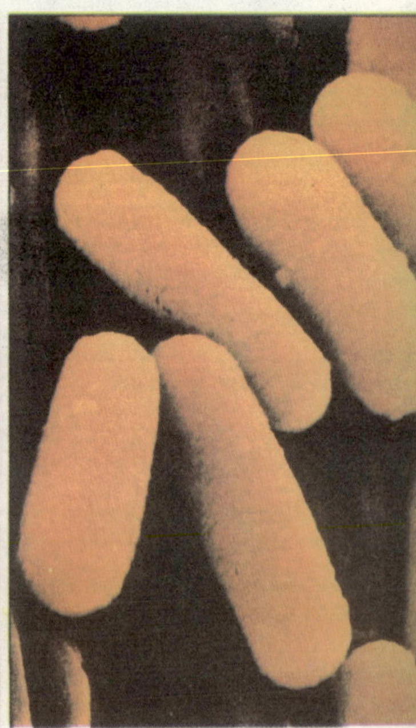

上最重要的生物——微生物，从早在35亿年前出现微生物到现代，地球事实上一直处于“微生物时代”。那么，这些小得肉眼无法识别，有些生命短得和吸一只雪茄烟的时间相同的微生物，为什么是地球上最具支配力量的生物呢？这还要从远古时代说起，不过关于我子民的起源，之前已经讲过，但值得肯定的是地球生命是从细菌开始的，通过化石的纪录，从35~36亿年前，地球上就出现了我的子民。在远古时代，细菌的主要表现形式——叠藻类，布满了地球上适宜它们生存的栖息地，也就是说，在生命史的绝大部分时间里，它们都是无可争议的主宰者，并孤独地写就了地球前半段的生命史。而多细胞生物直到5.8亿年前才出现，此时的生命史已写过了5/6。相比漫长的生命史，人类出现的那几百万年或许就不值一提了。

正是由于先入为主的优势，我的子民们从一开始就占据了生命模式简单而有效的代谢方式，使其成为最适宜地球上生存的生物。关于细菌的代谢，人类生物学者Tom Gold说：“我们所知的全部生物之中，细菌最能利用各种不同的化学物质获得能源。”的确，从最冷的冰河到喷出248.9摄氏度热水的海底裂缝，都能见到我子民的身影，它们出现在北海海底两英里下的油田、阿拉斯加北坡常年冰冻的地面、法国巴黎盆地地下一英里深的井中。这些发现显示，细菌们不但生活在地球表面，还生存于地球内部。在地球所经历的数次变迁中，大型多细胞动物的几次毁灭，如白垩纪的恐龙，并没有影响到细菌生存的稳定性，而每一次毁灭性变迁之后，生物的再次

地球上最具生命力、分布最广的生物

细菌可以称得上是地球上最具生命力，分布最广的生物。它无所不在，从最冷的冰河到喷出248.9摄氏度热水的海底裂缝，都能见到它的身影。如果说地球上细菌的数量是谜团的话，它们的质量同样没有明确的数字，如果算上土壤中、肠道中以及地球内部所有的细菌，那么细菌的总质量可能会超过其余生物的总和。

在地球所经历的数次变迁中，大型多细胞动物的几次毁灭，并没有影响到细菌生存的稳定性，而每一次毁灭性变迁之后，生物的再次繁荣又都是从细菌开始的。

※ 因共同利益捆绑在一起的菌落

繁荣又都是从细菌开始的。

它们不仅具有顽强的生命力，更可怕的是它们无所不在，人类皮肤每平方厘米就有 10 万个微生物（其中绝大多数是细菌）。更令人惊讶的是，人体体重的 10% 都是我的子民，其中部分虽然不是与生俱来的，却是生命所必需的。它们的数量难以估计，如果把人体内的大肠杆菌加起来，一定比人口总数还多。这个算法似乎过于简单，却是真理，因为每个人身上都有不止一个大肠杆菌。据人类撰写的《大英百科全书》说："一克花园的泥土含有几十亿个细菌，一滴口水含有几百万。"如果说地球上细菌的数量是谜团的话，它们的质量同样没有明确的数字，据 Jed A. Fuhrman 估计，地球全部细菌的质量是全球生物质量（包括树木）的 1/50，需要指出的是，这个估算不包含土壤中、肠道中以及地球内部的细菌。如果包含了所有的话，细菌的总质量可能会超过其余生物的总和。

种种奇迹般的现象，彰显着它们如小草般坚韧不拔的性格，和如外星人般无所不能的本领，特别是与人类的多次较量后，人类对我子民的恐惧与日俱增，甚至人类对我子民的对立情绪比过街老鼠，人人喊打还要强烈。只不过人类不了解我子民的苦心罢了。

无心之过

WUXINZHIGUO

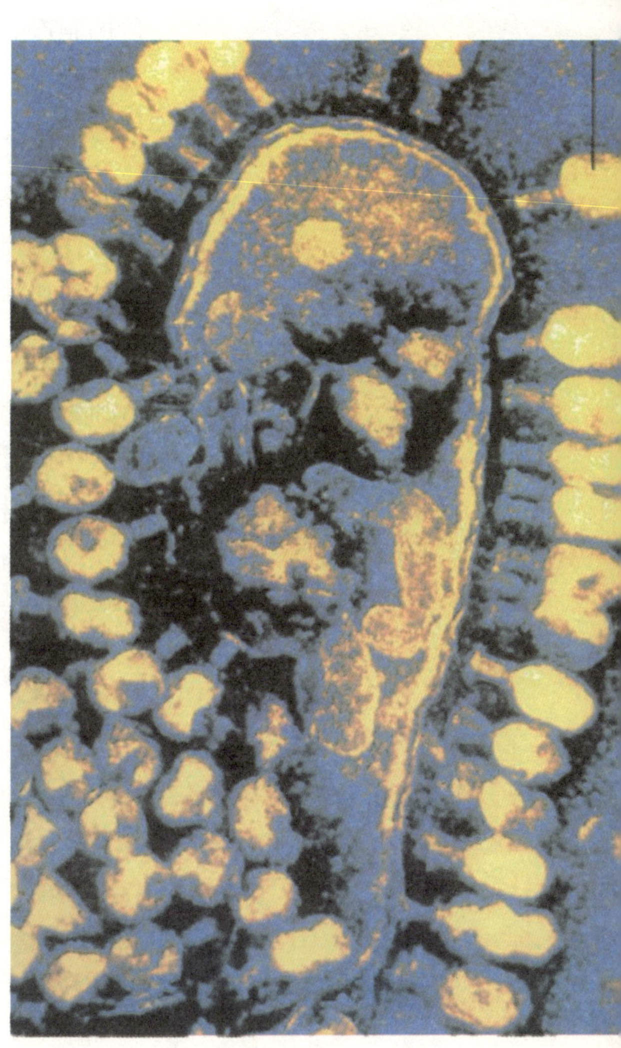

※ 人类的杀手病毒

自从猖獗几世纪的天花、不治之症的结核病、让人束手无策的疟疾、杀人不眨眼的蚊虫等战役之后，人类就把我的子民和传染病联系起来，以至于人类总是用“祸起萧墙”来形容。实际上，人类杀手只占我全部子民的一小部分。在人类已知的 1400 种细菌中，其实只有 150 种对人类不怀好意。

对我的子民来说，人类的身体只不过是居所、食物和传播中转站。我们并不是为毁灭人类或使人类痛苦而生的。只是，自然选择总是偏爱那些善于生存、繁衍并尽可能广地传播的微生物，促使我的子民演化出了种种手段，人类也被牵连了进来。有时候人体本来不是我的某种微生物子民必需的宿主和传播媒介，却在它偶尔捞过界时做了牺牲品。比如，历史上总共杀死了约 2 亿人、一次大发作就能抹去欧洲 1/3 人口、在人类对中世纪的记忆中留下“黑死病”恐怖回忆的鼠疫，它的病原体鼠疫杆菌主要生活在老鼠身上，通过跳蚤

在老鼠之间传播。不幸的是跳蚤还要咬人，人染上病之后，又有新的跳蚤来帮助传播，肺炎型鼠疫更可以通过人呼出的飞沫传播给其他人，于是灾难开始了。

另外，传染病给人类带来的生理痛苦，并不是我的子民的目的，只是无心的结果。在这些痛苦中，有的是我的子民为了增强自身传播能力而采取的手段的副产品，比如拉肚子；有的是人类机体自身的防卫措施，比如发热（为了把微生物烤死）；有的对微生物和人体双方都有好处，比如咳嗽和打喷嚏；还有的对双方都没有好处，比如机体组织的损坏。至于使人类死亡，一般说来对我的子民也没有什么好处，甚至是一种自拆墙脚的行为，除非这种微生物本来就是靠宿主死后被别的动物吃掉而传播的。

除了母婴垂直感染这样恶劣的做法，我的子民想要从一个人传染给另一个人，通常要利用中间渠道。就像花粉借助蜜蜂的翅膀，我的子民也借助翅膀来传播，比如蚊子和苍蝇，当然还有跳蚤的腿。更主

病原体也可以经由母亲传染给子宫内的胎儿

母婴垂直感染，就是病原体（病毒、病菌等）从母亲直接传播给其新生子女。分娩时由于接触母亲血液内或阴道内的病原菌，出生后被含病原体的母乳感染，这两种方式较易理解。可是病原体也可以传染给母亲腹中的胎儿，其感染途径有 3 种：

一种是病原体通过血液循环，经胎盘感染胎儿，如乙肝病毒、风疹病毒、梅毒螺旋体等。

二是母亲阴道或子宫颈病原体逆行而上感染胎儿，如巨细胞病毒、单纯疱疹病毒等。

三是母亲生殖道病原体上行污染羊水，被胎儿吸入或咽下，引起感染，如李斯特菌、大肠杆菌感染。

无论哪种母婴垂直感染，均会给胎儿造成危害。一般来说，发生在妊娠早期的感染，可致胚胎发生多器官畸形而致流产；发生在妊娠中晚期的，多导致胎儿宫内发育迟缓、早产或死产。有宫内感染的胎儿出生后，发现先天性缺陷的情况远高于正常儿。若为产时或产后感染，则可能引起新生儿肺炎、新生儿窒息、新生儿脑炎等严重疾病，增加新生儿死亡率。可见，母婴垂直感染是优生优育的大敌。

动的做法是使人体发生一些变化，产生有利于它们传播的因素。这些变化表现为“症状”，比如皮肤溃烂增加了接触传染的机会；拉肚子使大量微生物有机会通过排泄物进入公用水源；咳嗽和喷嚏是人体驱逐微生物的防御反应，却也使微生物有机会乘坐飞沫在空气中散播。没有三分三，岂敢上梁山，我的子民对自己的能力还是相当自信的。

※ 喷嚏是人体驱逐微生物的防御反应，却也使微生物有机会乘坐飞沫在空气中散播

矛与盾的博弈

MAO YU DUN DE BOYI

※ 眼泪中含有溶解酶，其杀菌功能不容忽视。

面对我子民的不卑不亢，人类的思想也在发生着变化，由先前的全面扼杀，到有选择地控制。这种转变过程，对人类来说也是付出了惨重的代价才明白的。

曾经面对外来入侵者，人类会派出大量的免疫细胞四处巡查，核对细胞的“身份证”（表面的某种标志物质），搜索一切可疑的外来蛋白质，发起攻击；病原微生物演化出欺骗、逃避和反攻的手段，对抗免疫作用；而人体再演化出对付这些手段的手段。其实在瞬息万变的环境里，向人类袭击的病菌何止 10 亿、20 亿，这些全靠免疫细胞前去抗击。但它们难免因疲劳战而崩溃，在这场不是你死就是我亡的拉锯战中，人类往往因长期消耗战而成落败者，不幸被夺取生命；但一些幸运者因免疫系统产生了针对某种传染病的抗体，很长时间甚至一辈子都不必担心复发。另外人类的外围防线也很重要，能把某些病菌歼灭于“国门”之外。比如，一滴泪水加入 2000 克清水中，仍可以消灭至少一种细菌。因为泪水中含有溶解酶，抗御细菌的功能极强。另外，唾液、鼻腔内的黏液都是人体的有效防线。

如果人类只是被动地依靠淘汰和选择来与我的

子民进行这场无休止的战争，那就永远只能忍受这种残酷。固然，人类的过快死亡对我的子民也是不利的，它们也在经受淘汰，在演化中削弱自己的毒性。但是，这样还不够。

在漫长的岁月里，人类对看不见、摸不着的无形敌人，有着惶惶不安的恐惧，现在好了，人类建立了细菌学说之后，终于有可能做到知己知彼。为此人类成功研制了青霉素和异烟肼，还发明了牛痘和脊髓灰质炎疫苗。

但将SARS与历史上的传染病对比一下，就可以看到，药物和疫苗并不是人类对抗我子民的唯一工具。在这类战争的最前线，有1271克正常细菌帮助人类，参与作战，这些细菌可以合成人体所必需的维

※ SARS的终结者——SARS病毒灭活疫苗

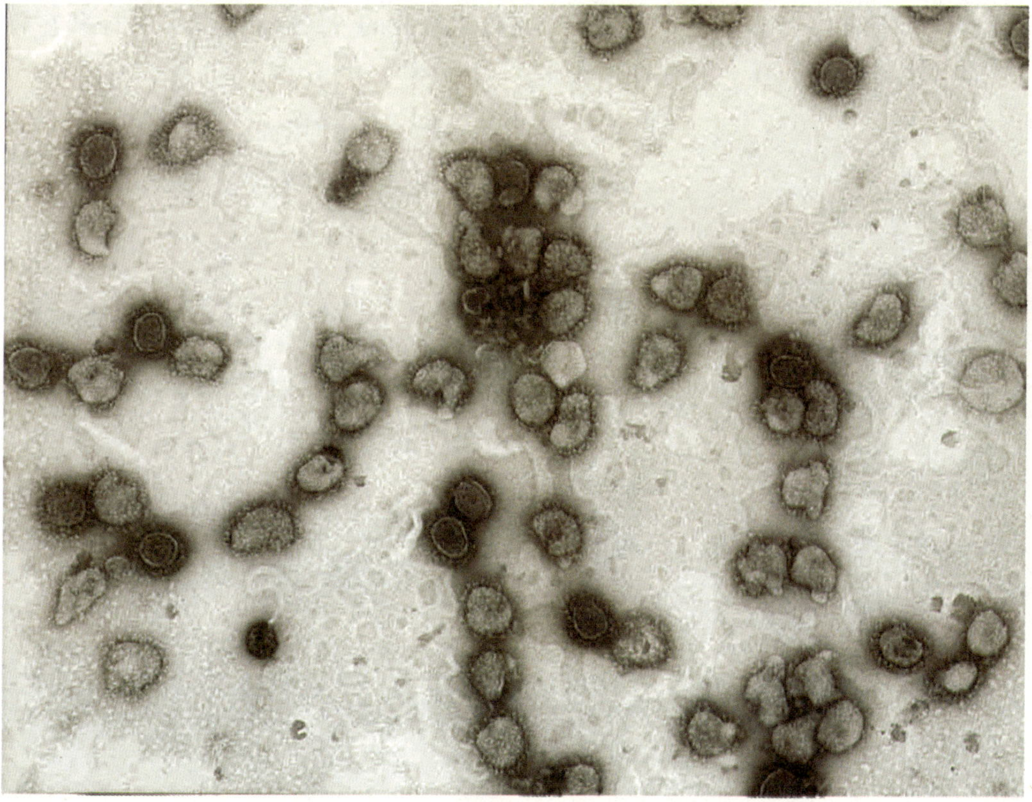

眼泪可以杀菌

眼泪中含有 98.2% 的水和 1.8% 的蛋白质、无机盐等固体，呈弱碱性。

循环不息的泪水，在每次眨眼时冲走灰尘和病菌，以保护角膜和结膜不受损伤；而泪水中的一些黏液会形成一层泪膜，阻隔角膜与空气中的病菌接触。

在泪液中，含有多种特殊的杀菌物质——溶菌酶，它们能够破坏细菌的胞壁，使细菌溶解死亡。另外，泪液中还含有乳铁蛋白和免疫球蛋白等，都具有抗菌和抑菌作用。

生素，可以产生具有抗菌作用的蛋白质，抵抗侵入人体的其他微生物，还可以把致癌物质转化为无害的，更可以把氧化物分解掉，延缓机体衰老。

不仅如此，我的子民还要帮助人类分解动植物的尸体，让这些臭烘烘的尸体变成 CO_2 和其他无机物释放出来，这些无机物和 CO_2 进入一种新的循环；另外，我的子民还吸收了环境中的一些最简单的营养，重新合成各种各样的有机物，这些有机物又变成动植物的营养成分。给人类一个清新的环境，也救济了一些营养缺失的生物，可见我的子民还是生态系统的"清道夫"，是物质循环的最基本的一员。

其实人类与我的子民就比如矛和盾，无矛则盾不坚，无盾则矛不锋。如果人类把观点放正一些，不是研究怎样灭绝我的子民，而是研究怎样和它们和平相处，那样情况会好得多。

可惜人类总是主观上对我的子民没有好感，使出种种狠招驱逐我们，结果到头来，一损俱损。值得庆幸的是，人类似乎也意识到我子民友善的一面，正努力接纳它们并采取合作的态度；而我的子民经过与人类几十年的磨合，早已相濡以沫，把人类视为它们的终身伴侣了。希望将来，剑拔弩张的对峙会有所改变。但愿我们能携手未来，共享美好人生。这也是我写作本书的初衷。

谢谢大家！

一分钟了解人类与微生物的关系

从人类身上可以看到细菌进化的影子，细菌进化是地球生物进化发展不可缺失的一环。它们如影随形，伴随人类始终。它是人类各种疾病的元凶，也是促进人类健康与环境发展的帮手。它们与人类的关系是一种矛与盾的博弈关系，无矛则盾不坚，无盾则矛不锋。人类永远无法消灭它们，它们就像空气一样渗透到人们的生活之中。人类未来发展的好坏就看能否或怎样与细菌和平共处了。

附录

附录A　微生物大事记

FULU A WEISHENGWU DASHIJI

年代	人或单位	发现
684	安东尼·范·列文虎克（Antoni van Leeuwenhock）	发现细菌
1749	约翰·屠北威尔·尼德汉（John Turbrville Needham）	肉汁中长出微生物
1875	费蒂南德·J. 科恩（Ferdinand J. Cohn）	提出了早期细菌分类系统，并第一次使用了芽孢杆菌属名
1776	拉扎罗·斯帕兰让尼（Lazzaro Spallanzani）	用密封加热实验否定自然发生
1876	罗伯特·科赫（Robert Kohn）	发现了炭疽杆菌是致病的原因
1798	爱德华·詹纳（Edward Jenner）	牛痘接种术
1821	弗里斯（E. M. Fries）	霉菌分类系统化
1826	索多·施旺（Theodor Schwann）	酒精发酵由酵母菌引起
1837	索多·施旺（Theodor Schwann）	微生物引起发酵和腐败
1850	米切利斯（Mitscherlich）	细菌引起马铃薯褐变
1850	达望（C. J. Davaine）	在患炭疽病的家畜中发现炭疽细菌

年代	人或单位	发现
1853	德巴利（De Bary）	禾谷类锈病由寄生真菌引起
1857	路易·巴斯德（Louis Pasteur）	乳酸发酵的微生物学原理
1860	路易·巴斯德	酵母菌在酒精发酵中的作用
1864	路易·巴斯德	澄清自然发生的争论
1866	路易·巴斯德	低温灭菌法
1867	罗伯特·李斯特（Robert Lister）	外科中的消毒原理
1870	刘易斯（T. R. Lewis）	阿米巴痢疾病原体
1872	科亨（F. Cohn）	开始细菌分类记载
1875	戴维·布鲁斯（David Bruce）	在锥虫病患者体内分离出锥虫
1876	约翰·廷托尔（John Tyndall）	证实空气中存在细菌
1876	罗伯特·科赫（Robert Koch）	分离炭疽病原菌，感染实验成功
1878	约瑟夫·李斯特（Joseph Lister）	研究牛奶的乳酸发酵，认为这是牛奶变酸的原因，他在这项工作中首次使用了分离细菌纯培养的技术
1879	奈瑟（Neisser）	发现淋病细菌
1880	路易斯·巴斯德（Louis Pasteur）	建立了鸡霍乱病毒的减毒方法，使减毒株可用于免疫而不会致病。这是利用病原体减毒疫苗预防疾病的重大理论突破

年代	人或单位	发现
1880	阿方·拉瓦拉（Alphonse Laveran）	在人血中发现疟原虫的接合子
1881	罗伯特·科赫（Robert Koch）	研究纯培养细菌的方法
1881	路易·巴斯德 皮尔·包尔·爱密尔·鲁（Pierre Paul Emile Roux）	用炭疽菌进行免疫实验
1882	厄波斯（Eberth）和噶夫克（Gaffky）	从伤寒患者体内分离出伤寒细菌
1882	斯可罗辛（J. J. T. Schloesing）孟兹（A. Muntz）	土壤中的硝化细菌
1882	罗伯特·科赫	结核病病因
1884	罗伯特·科赫	科赫原则
1884	克里斯亭·格兰（Christian Gram）	格兰氏染色方法
1885	路易斯·巴斯德（Louis Pasteur）	观察一个注射了狂犬病病毒的脊索老化的儿童。治疗很成功
1888	马尔亭乌斯·贝叶林克（Martinus Beijerinck）	分离出根瘤菌的纯培养，富集培养方法
1889	北里柴三郎（Kitosato Shibasaburo）	从破伤风患者体内分离出厌氧性病原菌
1889	谢尔盖·维诺格拉斯基（Sergei Winogradsky）	化能无机营养的概念
1889	马尔亭乌斯·贝叶林克（Martinus Beijerinck）	病毒的概念
1890	爱密尔·阿道夫·冯·贝林格（Emil Adolf von Behring）和北里柴三郎	白喉抗毒素
1890	谢尔盖·维诺格拉斯基	化能无机营养菌的自养生长

年代	人或单位	发现
1891	保罗・艾利希（Paul Ehrilich）	研究抗体对免疫的作用
1892	德米特里・约瑟霍维奇・伊万诺夫斯基（Dmitri Iosifovich Iwanowski）	从烟草花叶病植株中分离病毒并进行了回接实验
1895	马尔亭乌斯・贝叶林克（Martinus Beijerinck）	分离自养的硫酸盐还原菌
1897	佛雷德里克・奥古斯都・约翰・吕夫勒（Frederick August Johannes Loffler） 佛洛奇（P. Frosch）	在动物中发现病毒
1898	诺卡德（E. Nocard）和皮尔・包尔・爱密尔・鲁	从牛肺中分离培养霉形体
1898	罗那德・罗斯（Ronald Ross）	疟蚊是疟疾的媒介
1899	马蒂那斯・贝杰克（Matinus Beijerinck）	认识到可溶性生命粒子的存在，这是一个对烟草花叶病毒的新发现
1900	在沃特・瑞德（Walter Reed）的工作基础上，黄热病协会的研究人员	黄热病是由一种可过滤的、由蚊子传播的病毒引起的。这是首次发现病毒可使人致病
1901	卡尔・兰德斯特尔（Karl Landsteiner）	人血液的分型
1908	保尔・欧里希（Paul Ehrich）	化学治疗剂
1909	奥拉・强生（Orla Jensen）	将生化性状用于细菌分类
1910	保尔・欧利希（Paul Ehrlich）和秦佐八郎	发明治疗梅毒的洒尔佛散
1911	弗郎西斯・佩顿・罗斯（Francis Peyton Rous）	发现了一种可使小鸡致癌的病毒

年代	人或单位	发现
1912	保罗·俄里齐（Poul Ehrlich）	宣布了一种有效治疗细菌病的方法
1915	佛雷德里克·威廉·图尔特（Frederick Willian Twort）	细菌的传染性溶菌
1917	费里斯·修伯特·代列尔（Félix Hubert D'Herelle）	噬菌体
1928	佛雷德里克·格里佛（Frederick Griffith）	肺炎球菌的转化
1929	阿列克山德尔·佛来明（Alexander Fleming）	青霉素
1931	可奈里斯·贝尔那多斯·范·尼尔（Cornelis Bernardus Van Niel）	红色细菌的厌氧光合作用
1931	C·B·范·尼尔（C. B. Van Niel）	发现光合细菌利用还原态的化合物，作为电子供体而不产生氧气
1935	格哈德·多马克（Gerhard Domagk）	磺胺药物
1936	温达尔·麦迪士·斯坦理（Wendell Meredith Stanley）	烟草花叶病毒的结晶
1940	阿列克山德尔·佛莱明（Alexander Fleming） 恩斯特·保利斯·钱（Ernst Boris Chain）	青霉素治疗实验成功
1940	乔治·威尔·比德尔（George Well Beadle） 爱德华·塔特姆（Edward Tatum）	红色脉孢菌的突变
1943	马克斯·德尔布鲁克（Max Delbruck）和沙瓦多·爱德华·卢里亚（Salvador Edward Luria）	细菌的突变
1944	奥斯瓦尔德·阿佛雷（Oswald Avery） 科林·马克聊德（Colin Macleod） 马克林·马克卡提（Maclyn McCarty）	证明 DNA 是遗传物质
1944	赛曼·瓦克斯曼（Selman Waksman） 阿尔伯特·斯卡兹（Albert Schatz）	链霉素
1946	爱德华·塔特姆（Edward Tatum） 约夏·来德伯尔格（Joshua Lederberg）	细菌的接合

年代	人或单位	发现
1949	约翰·弗兰克林（John Franklin） 安德斯（Enders） H·威勒（H. Weller） 弗雷德里克·基普曼·罗宾斯（Frederick Chapman Robbins）	在有人体组织的试管中培养出脊髓灰质炎病毒，这为病毒学家分离和研究病毒提供了有效的工具
1951	巴巴拉·麦克林托克（Barbara McClintock）	转座因子
1952	约书亚·里德伯格（Joshua Lederberg） 若顿·辛德尔（Norton Zinder）	病毒可以通过转导或转化传递信息
1953	詹姆士·沃森（James Watson） 佛兰西斯·克里克（Francis Crick） 罗莎林·佛兰克林（Rosalind Franklin）	DNA 的结构
1958	梅赛尔（M. Meselson）斯持尔（F. W. Stahl）	证明大肠杆菌的半保留复制
1959	阿苏尔·帕地（Arthur Pardee） 佛兰可依斯·雅可布（Francois Jacob） 雅奎斯·莫诺（Jacques Monod）	基因受阻遏蛋白调控
1959	洛德内·颇特尔（Rodney Porter）	免疫球蛋白的结构
1959	F·马克发兰·伯内特（F. Macfarlane Burnet）	克隆选择理论
1959	彼德·米切尔（Peter Mitchell）	化学渗透理论，一个分子总是伴随一些质子在生物膜上跨膜运动
1960	佛兰可依斯·雅可布（Francois Jacob） 戴维·佩林（David Perrin） 卡芒·桑切兹（Carmon Sanchez） 雅奎斯·莫诺（Jacques Monod）	操纵子概念
1960	罗沙来·雅娄（Rosalyn Yelow） 所罗芒·本桑（Solomon Bernson）	发展放射免疫检测

年代	人或单位	发现
1961	辛第·布来那（Sydney Brenner） 弗兰克斯·雅各布（Francois Jacob） 马休·米塞森（Matthew Meselson）	利用噬菌体感染的细菌发现核糖体是蛋白质的部位，并确定了信使 RNA 的存在
1964	查尔斯·亚诺夫斯基（Charles Yasnofsky）和他的合作者们	发现 E. coil 中色氨酸合成酶基因的突变点的反转录酶
1966	马歇尔·雷仑伯格（Marshall Nirenerg） H·哥宾·科拿那（H. Gobind Khorana）	遗传密码
1967	汤姆斯·布洛克（Thomas Brock）	生活在沸腾温泉中的细菌
1969	哈沃·泰明（Howard Temin） 戴维·巴尔迪摩（David Baltimore） 雷那托·丢贝可（Renato Dulbecco）	反转录病毒和反转录
1969	汤姆斯·布洛克（Thomas Brock） 秀松·弗里兹（Hudson Freeze）	分离 Taq 酶的来源——水生栖热菌
1970	哈密尔顿·斯密斯（Hamiton Smith）	识别限制性内切酶的作用
1970	哈沃德·泰米（Howard Temin） 大卫·巴尔第莫（David Baltimore）	各自独立发现了 RNA 病毒中的反转录酶
1973	斯坦利·科恩（Stanley Cohen） 安妮·常（Annie Chang） 罗伯特·海利（Robert Helling） 赫伯特·波意尔（Herbert Boyer）	如果把基因分割成片段组合到质粒 DNA 上，然后转入细菌中，这些 DNA 将被复制，重组质粒可以作为克隆基因的载体
1975	乔治·可雷尔（Georges Kohler） 塞莎尔·密尔斯泰因（Cesar Milstein）	单克隆抗体
1976	利根川进（Susumu Tonegawa）	免疫球蛋白基因的重排

年代	人或单位	发现
1977	卡尔·沃斯（Carl Woese） 乔治·霍克斯（George Fox）	古生菌
1977	佛里德·桑格尔（Fred Sanger） 斯梯文·耐科伦（Steven Niklen） 阿兰·考尔松（Alan Coulson）	DNA 序列分析
1979	官方	宣布天花已被完全消灭，最后一例天花发生在索马里
1981	斯坦利·普鲁斯耐尔（Stanley prusiner）	朊粒
1982	卡尔·斯泰特（Karl Stetter）	首次分离最适温度高于100 摄氏度的原核生物
1983	路克·蒙塔格耐尔（Luc Montagnier）	引起艾滋病的人免疫缺陷病毒
1988	卡里·莫里斯（Kary Mullis）	多聚酶链式反应
1995	克拉依格·凡特尔（Craig Venter） 哈密尔顿·斯密斯（Hamilton Smith）	细菌基因组的完整序列
1999	基因组研究所等（The Institute for Genomic Research TIGR and others）	百余种微生物基因组序列

附录B 微生物族谱

FULU B WEISHENGWU ZUPU

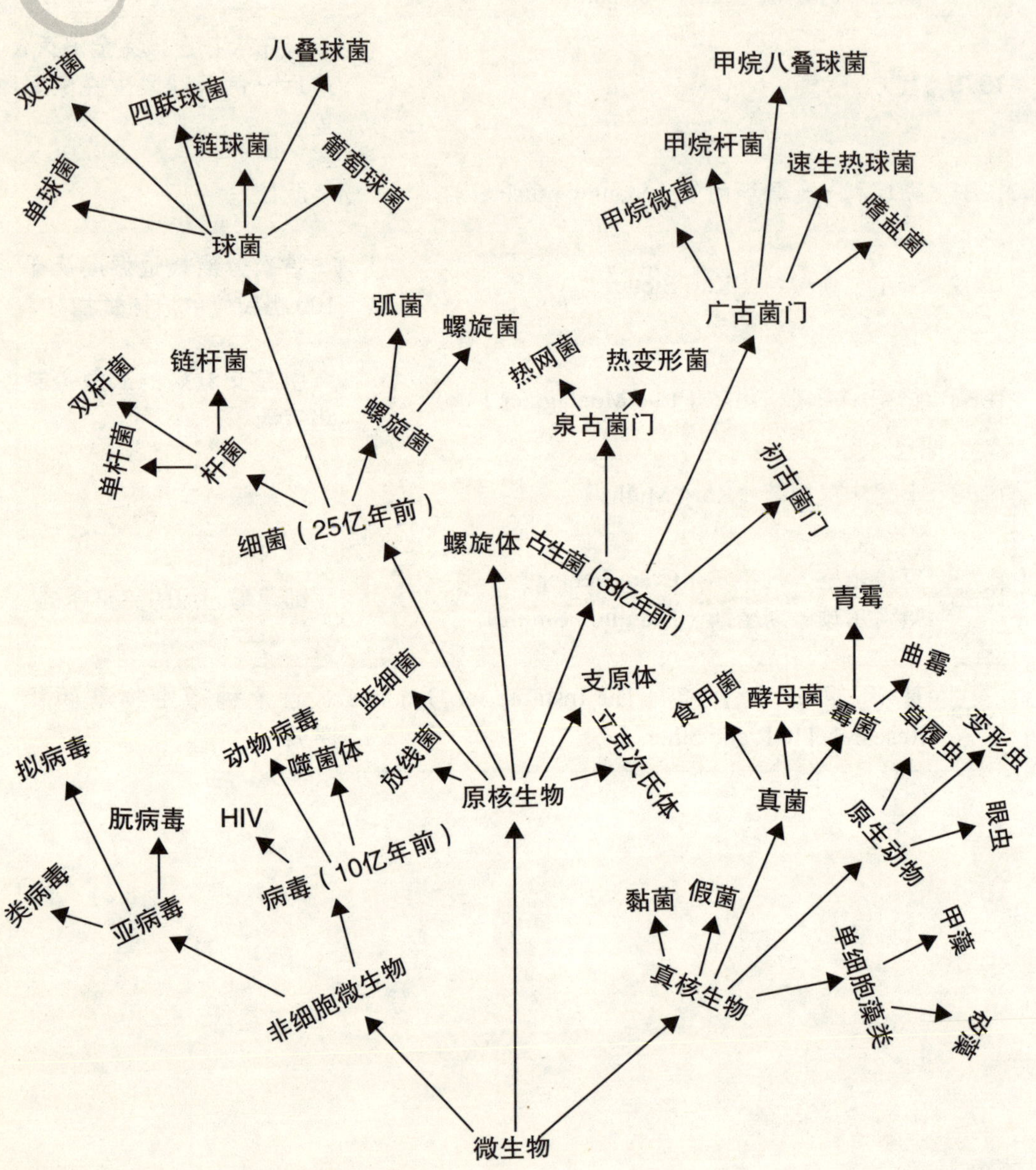